车工操作技术

CHE GONG CAO ZUO JI SHU

陈家芳 ◉ 主编

上海科学技术文献出版社

图书在版编目（CIP）数据

车工操作技术 / 陈家芳主编．—上海：上海科学技术文献出版社，2013.1
ISBN 978-7-5439-5594-3

Ⅰ．①车… Ⅱ．①陈… Ⅲ．①车削—技术培训—教材 Ⅳ．① TG510.6

中国版本图书馆 CIP 数据核字（2012）第 265882 号

责任编辑：祝静怡 夏 璐
封面设计：汪 彦

车 工 操 作 技 术
陈家芳 主编
*
上海科学技术文献出版社出版发行
（上海市长乐路 746 号 邮政编码 200040）
全国新华书店经销
上海市崇明县裕安印刷厂印刷
*
开本 850×1168 1/32 印张 8 字数 215 000
2013 年 1 月第 1 版 2013 年 1 月第 1 次印刷
ISBN 978-7-5439-5594-3
定价：20.00 元
http://www.sstlp.com

内容提要

本书是按一个车工初学者应具备的技术知识，以及学习后能上岗工作的基本要求来编写的。内容包括车床及其使用；工具、夹具和量具；车刀与切削；轴类零件的车削方法；套类零件的车削方法；角度类零件的车削方法；螺纹类零件的车削方法；特殊形状零件的加工方法和附录等。

为便于读者复习考试，每章后面都有复习思考题，书的最后有答案供参考。

本书可作为初学车工或上岗不久的工人短期培训学习教材之用，也可作为自学用书。

QIAN YAN

前言

一个机械工厂的初级车工，他在接受零件的加工任务后，能根据工作图纸要求，独立确定零件的车削步骤，准备工具、夹具和量具，调整车床有关部分等，完成零件从毛坯开始到成品为止的车削全过程。当然他还要懂得安全生产、文明生产、如何提高劳动生产率等。目前工厂里需要大量这样的技术工人。

要达到上面所说的要求，他就必须学习一些有关基础技术知识，例如能看懂工作图，懂得主要金属材料的性能，如何选择车削步骤，在加工过程中选用什么刀具、夹具和量具，如何按要求调整机床，加工后如何测量零件的精度等。

编写本书的目的，就是为培养符合上述要求的技工人材铺路搭桥。在编撰过程中，我们力求做到通俗易懂，删繁就简，开门见山，以实例用图文配合的方法来说明零件车削加工的全过程，使学习者有一个较完整的概念。

由于编者水平有限，有些方面考虑得还不够周到，请广大读者提出宝贵意见，以便日后改进。

参加本书编写的还有顾霞琴等同志。

编　者

MU LU

目录

第1章　车床及其使用

学习者应掌握：

1. 不论何种类型卧式车床，应能初步指出它的主要部分名称和作用。
2. 判断车床上能加工哪些类型的零件。
3. 能按如图1－4所示的传动系统图，了解床头箱、进给箱和滑板箱等的大致结构。
4. 懂得如何组织自己的工作位置和工作时的操作顺序；遵守安全技术规则。

一、车床上能加工的零件

一般车床上能加工的零件如图1－1所示。

二、车床的各部分名称和用途

车床有很多种，常见的有卧式车床、立式车床、落地车床、转塔车床、多刀车床、自动车床和数控车床等，但以普通卧式车床用得最多，下面以普通卧式车床为例进行介绍。

图1－2所示为卧式车床，它的各部分名称和用途如下：

卧式车床虽有各种不同外形，但其主要部分和用途还是基本相同的。图1－2所示的卧式车床是精度较高、加工范围较大的一种，所以很多工厂都有应用。但有些工厂由于条件限制，还有如图1－3a所示的简易无进给箱车床。随着技术的进步，目前很多工厂

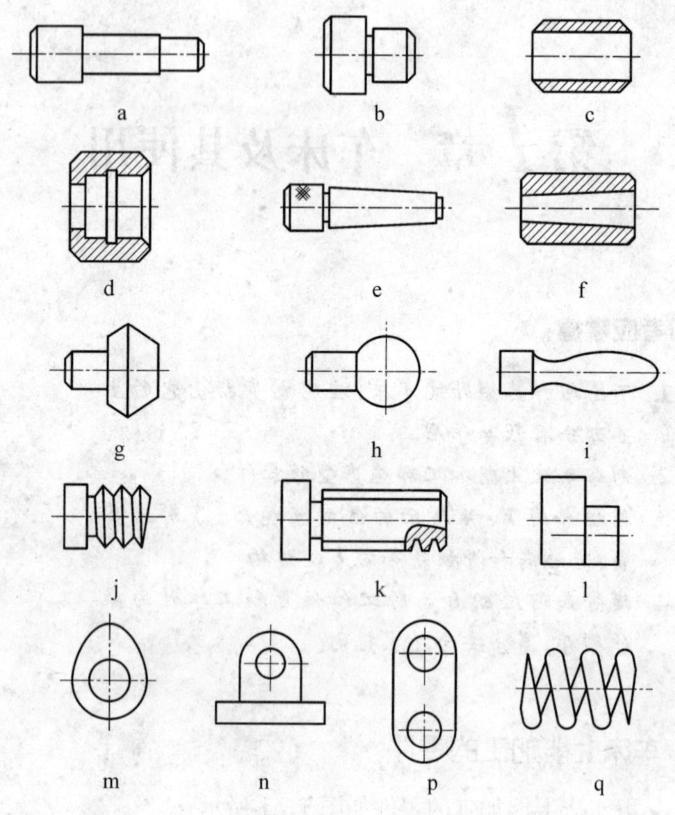

a—轴；b—短轴；c—圆柱孔；d—圆柱阶台孔；e—圆锥体；f—圆锥孔；g—角度；h—球面；i—特形表面；j—三螺纹；k—梯形螺纹；l—偏心；m—凸轮；n—轴承座；p—多孔壳体；q—弹簧

图 1－1　车床能加工的零件

都有如图 1－3b 所示的数控车床，这种车床自动化程度较高，它的加工全过程是由程序指令控制的。加工前在计算机上用指定的指令代码，按工件图纸编制出程序，然后按这一程序指令自动地进行加工*。这种车床适用于单件小批生产、精度较高、形状复杂而采用一般机床又无法加工的零件。

---

* 详细见这套丛书中的《数控机床操作技术》。

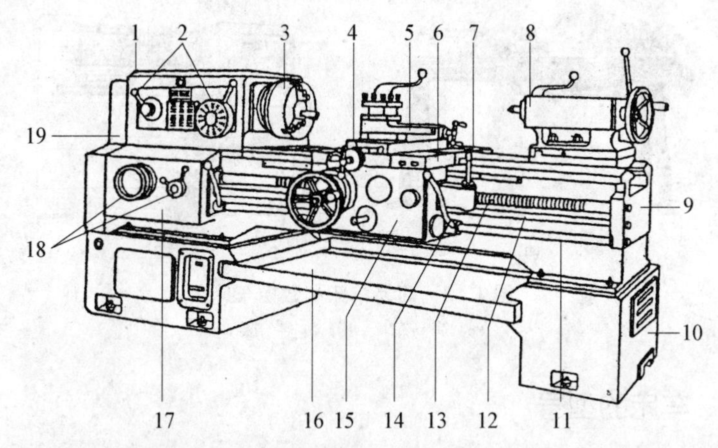

*1—主轴箱。用来使车床的主轴及主轴上卡盘作回转运动。

2—主轴箱变速操纵手柄。用来变换主轴转速。

3—卡盘。用来夹持工件,并带动工件一起作回转运动。

4—横滑板。使车刀作横向移动。

5—斜滑板(又称小滑板)。用来使车刀作短距离进给(包括纵向、横向或斜向)。斜滑板上有方刀架,用来安装车刀。

6—纵滑板。它安装在床身上,并与溜板箱连接在一起,用来使车刀作纵向(较长距离)移动。纵滑板上有横滑板和斜滑板及其四方刀架。

7—快速移动操纵手柄。用来使纵滑板或横滑板作快速移动。

*8—尾座。用来支持较长的工件进行车削加工。它还可以安装麻花钻、铰刀等切削刀具加工内孔。

9—床身。用来支持车床的各个部件,如主轴箱、纵、横滑板、尾座等都安装在床身上。

10—床腿。用来支持床身。

11—操纵杆。通过操纵手柄的动作,操纵杆转动一定角度,可使车床主轴正转、反转或停转。

12—光杠。用来传递进给箱的运动,使车刀作纵向或横向自动进给,以便车削外圆、内孔或端面。

13—丝杠。车螺纹时,用它来传递进给箱的运动,以车出各种不同螺距的螺纹。

14—开停车操纵手柄。用来使操纵杆在上下方向转动一定角度。在进给箱右面也有一个开停车操纵手柄,其目的是方便操作者使用。

*15—滑板箱。用来把光杠或丝杠的运动传给纵滑板或横滑板,使其上面的车刀作纵向或横向自动进给。

16—盛液盘。用来盛切屑和冲洗以后的切削液。切削液在经过此盘以后再回流。

*17—进给箱。用来把主轴的运动,经过它内部的齿轮组合变换传给光杠或丝杠,使光杠或丝杠有各种不同的转速。

18—进给箱操纵手柄。变换手柄位置,可以使车刀有不同的进给量,车出不同螺距的螺纹。

19—挂轮箱。用来将主轴箱的运动传给进给箱。箱内的交换齿轮可根据进给箱上铭牌的说明进行变换。

图 1-2　卧式车床外形

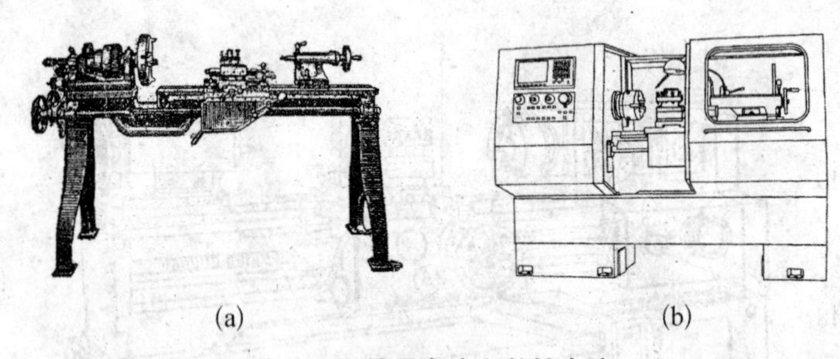

(a) (b)

图 1-3　简易车床和数控车床

(a) 简易车床;(b) 数控车床

三、车床的型号

工厂中的车床、刨床、铣床、钻床和磨床等统称为机床,它们的类别代号见表 1-1,特性代号见表 1-2。

表 1-1　机床类别代号

类　别	车床	钻床	镗床	磨　床			齿轮加工机床	螺纹加工机床	铣床	刨插床	拉床	电加工机床	切断机床	其他机床
代　号	C	Z	T	M	2M	3M	Y	S	X	B	L	D	G	Q
参考读音	车	钻	镗	磨	2磨	3磨	牙	丝	铣	刨	拉	电	割	其

表 1-2　机床的特性代号

高精度	精密	自动	半自动	数字程序控制	自动换刀	仿形	万能	轻型	简易
G	M	Z	B	K	H	F	W	Q	J

车床的型号如下:

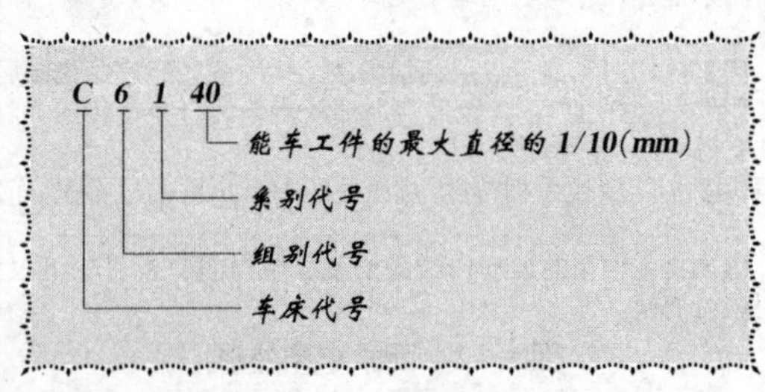

C Q M 6 1 32

能车工件的最大直径的1/10(mm)

系别代号

组别代号

精密代号

轻便代号

特性(表1-2)

车床代号

从机床型号中可以了解机床类别、特性和主要规格等内容。

四、车床的传动系统和主要部件结构

1. 传动系统

车床的传动系统是指从车床电动机开始，通过带传动、齿轮传动直至主轴箱上主轴转动，然后由主轴箱主轴转动，通过交换齿轮、进给箱中齿轮、光杠、滑板箱中齿轮使纵滑板纵向移动或横滑板横向移动。或由进给箱中齿轮通过丝杠、闸瓦使纵滑板纵向移动。这种传动过程称它为车床的传动系统。

车床的传动系统可用下面方法来表示：

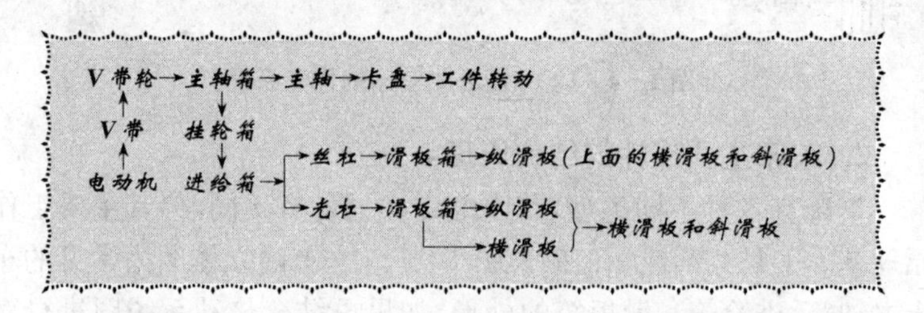

也可用如图 1-4 所示的方法来表示(数字表示齿轮齿数或带轮直径)，则：

主轴转动：ϕ105→ϕ210→33→55→43→45→67→43→主轴

丝杠转动：主轴→42→25→32→42→z_1→z_2→z_3→z_4→40→32→24→52→26→丝杠

光杠转动：主轴→42→25→32→42→z_1→z_2→z_3→z_4→40→32
→24→52→26→30→30→24→75
→ ┬→16→62→16→80→13→齿条
  └→16→55→60→15→丝杠($P=4$)

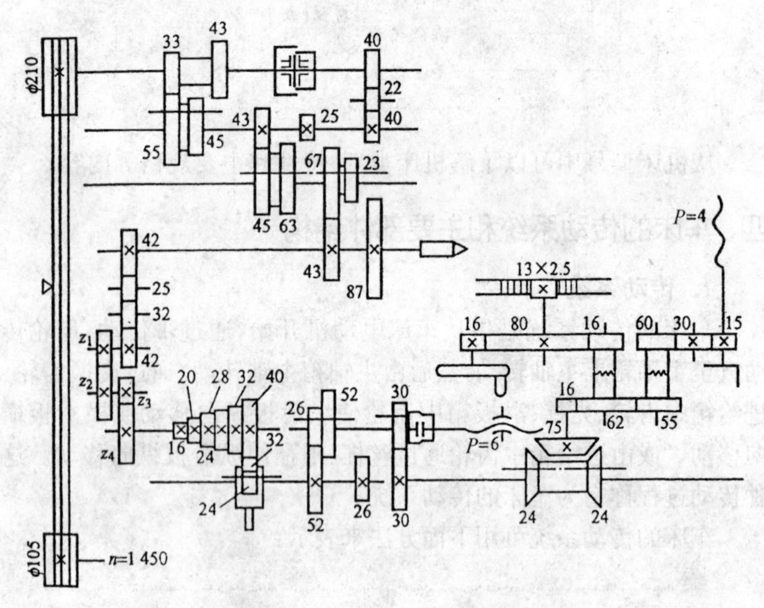

图 1－4　C618 型卧式车床的传动系统

2. 车床主要部件的结构原理

车床有各种不同类型，其内部结构也各有不同，但其主要工作原理基本上是相同或相似的。图 1－5～1－7 的立体图为常见的车床主轴箱、进给箱和滑板箱的外形，如果再结合传动系统图进行对照，那就更容易理解了。

(1) 主轴箱　图 1－5 所示为一种滑移齿轮和离合器组成的主轴箱。电动机 1 通过带轮 2 使轴 3 转动。轴 3 上有三联齿轮 4、5 和 6，可以在轴滑移(但与轴 3 一起转动)。齿轮 4、5 和 6 可以分别与齿轮 9、10 和 11 啮合，这样可以使轴 8 转动。轴 8 上的齿轮 11

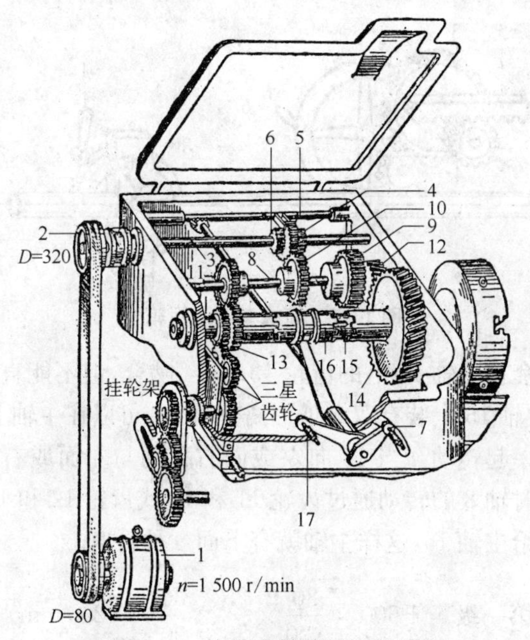

图 1-5 车床主轴箱结构原理图

件号	4	5	6	9	10	11	12	13	14
齿数	25	60	40	75	40	60	30	60	90

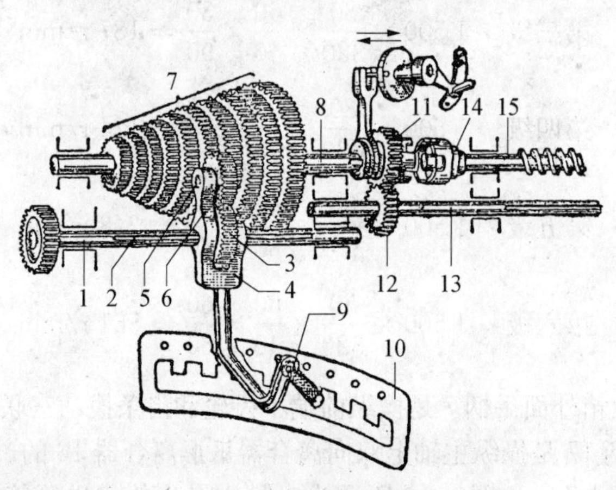

图 1-6 车床进给箱结构原理图

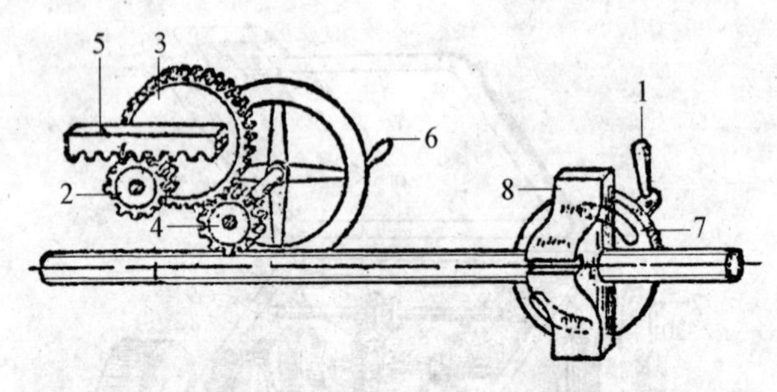

图 1-7　简式车床滑板箱

和 12 与空套在主轴 15 上的齿轮 13 和 14 啮合，但不能直接使主轴转动。在主轴 15 上装有双向爪形离合器 16，可以在主轴上滑移，但与主轴 15 一起转动。当 16 向左或向右移动与左面或右面离合器啮合时，这时轴 8 的转动通过齿轮 11 和 13 或齿轮 12 和 14，以及离合器 16 传给主轴 15，这样主轴就有下面 6 种转速。

$$\text{第一级}\quad 1\,500\times\frac{80}{320}\times\frac{25}{75}\times\frac{30}{90}=42\ \text{r/min}$$

$$\text{第二级}\quad 1\,500\times\frac{80}{320}\times\frac{40}{60}\times\frac{30}{90}=84\ \text{r/min}$$

$$\text{第三级}\quad 1\,500\times\frac{80}{320}\times\frac{60}{40}\times\frac{30}{90}=187\ \text{r/min}$$

$$\text{第四级}\quad 1\,500\times\frac{80}{320}\times\frac{25}{75}\times\frac{60}{60}=124\ \text{r/min}$$

$$\text{第五级}\quad 1\,500\times\frac{80}{320}\times\frac{40}{60}\times\frac{60}{60}=248\ \text{r/min}$$

$$\text{第六级}\quad 1\,500\times\frac{80}{320}\times\frac{60}{40}\times\frac{60}{60}=561\ \text{r/min}$$

齿轮箱外面手柄 7 是操纵前端小齿轮和齿条拨动三联齿轮 4、5 和 6；手柄 17 是操纵主轴上双向离合器爪形离合器 16 的。

(2) 进给箱　图 1-6 所示为一种宝塔齿轮式进给箱。在轴 1

上有一较长键槽 2,上面装有齿轮 3 和拨叉 4,并可沿轴 1 滑移。齿轮 3 通过中间齿轮 6 将运动传给宝塔齿轮 7 中的任意一个,使轴 8 转动。由于宝塔齿轮由小到大,所以进给箱壳体上就制成斜形插孔板 10,以便插销 9 插入,限制齿轮 3 在工作时移动。轴 8 转动时可以通过离合器 11 和 14 传给丝杠 15,或通过齿轮 12 传给光杠 13。

(3) 滑板箱　图 1－7 所示是一种简式车床滑板箱结构。转动手轮 6 时,同轴上的齿轮 4 也转动,与齿轮 4 相啮合的齿轮 3 也转动,于是与齿轮 3 同轴的齿轮 2 也转动。齿轮 2 与固定在床身上的齿条 5 啮合,因此齿轮 2 只能在齿条 5 上滚动,这样就使滑板箱纵向移动。

车螺纹时,按下闸瓦手柄 1,这时同轴上带有月牙槽的圆盘 7 转动一定角度,使开合螺母 8(8 上两半有销插入月牙槽中)与丝杠抱紧或松开。

图 1－8 所示是较新式车床的滑板箱结构。它的特点是:开合螺母不能与自动进给机构同时使用,即有保险机构;当车刀切削遇到超负荷时,自动进给会自动停止。按图进行分析即可知道滑板箱是怎样起作用的。图中数字是齿轮齿数,其操纵手柄见图 1－9。

(4) 操纵机构　要使车床能开、停、变速、变向、保险、自动停

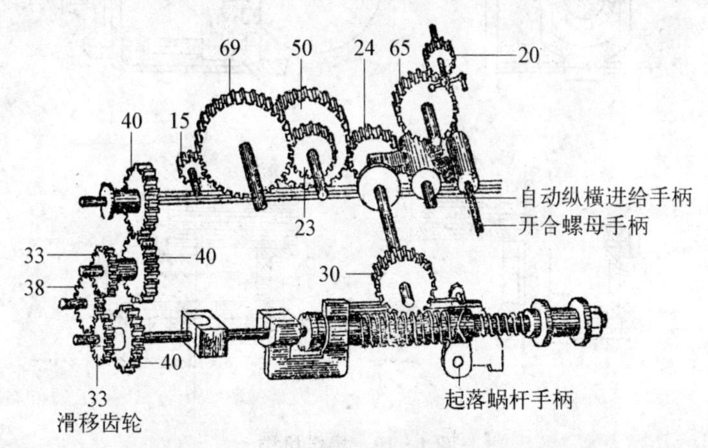

图 1－8　新式车床滑板箱

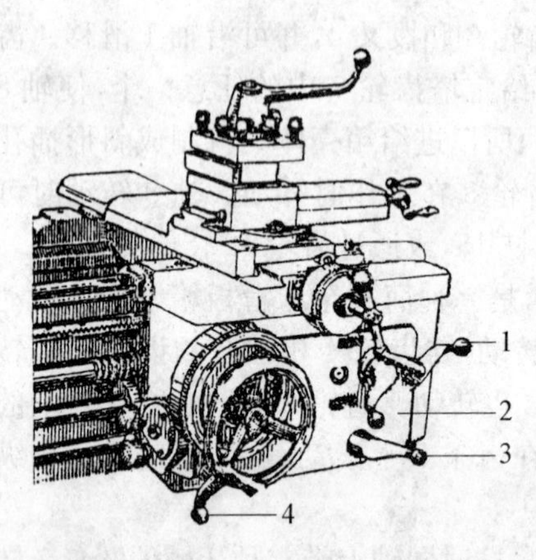

图 1-9 新式车床滑板箱的操纵手柄

止等机构起作用,必须有一套操纵机构。图 1-10 所示为简易式操纵机构。当手柄 4(图 1-10a)扳动时,轴 1 转动一个角度,拨叉 2 就可拨动滑移齿轮(或离合器)3。图 1-10b 所示为另一种形式,当扳动手柄 6 时,通过转轴 5 和拨叉 4 和 3,滑移齿轮 1 即可在花键轴 2 上移动。图 1-10c 所示为弹簧插销式,拉出手柄套 1 时,就可把插销 2 从定位孔中拔出,即可摆动手柄 1 使拨叉摆动而拨动齿轮。图 1-10d所示,拉动拉杆 1,克服定位钢球 2,拨叉 3 即可使齿轮 4 移动至另一档位。

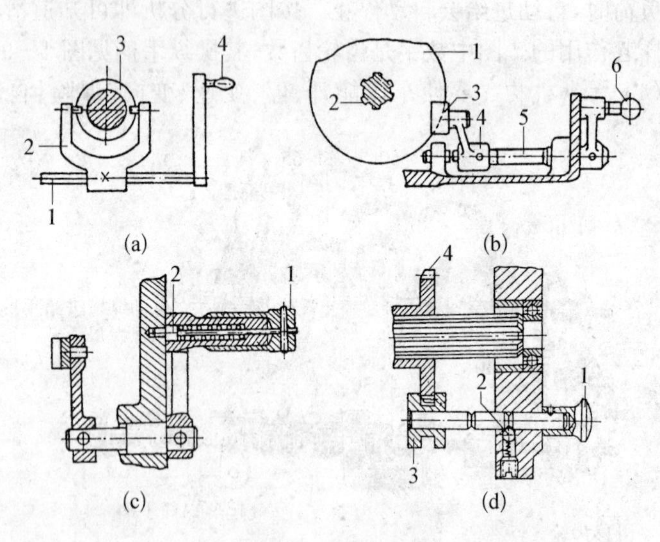

图 1-10 操纵机构

图 1－11 所示为圆盘式操纵机构。图中 1 是机床齿轮箱中的一根花键轴，双联齿轮 2 可在它上面滑动。要改变双联齿轮 2 位置时，可以转动轴套 8 带动圆盘 5。圆盘 5 上有通孔和不通孔 12、13 和 14。当圆盘 5 向箭头方向推进时，就推动了齿条 11，带动齿轮 9 和 7，使齿条 3 向右移动。由于拨叉 4 固定在齿条 3 上，所以拨叉 4 就拨动双联齿轮 2 移动。这时齿条 10 向后退，正好插入通孔 12 中。

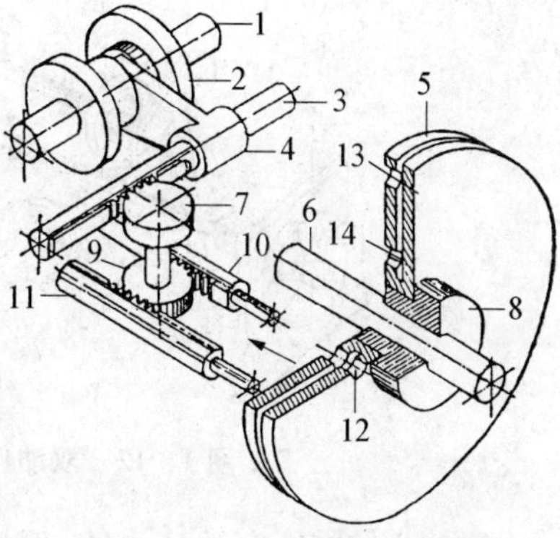

图 1－11 圆盘式操纵机构

如果要使齿轮 2 在中间位置，则只要把圆盘 5 向后拉，并转过一定角度，以后再向箭头方向推进，使不通孔 13 和 14 对准齿条 11 和 10。这样齿条 11 和 10 的移动距离较小，齿轮 2 向左移动一个不大的距离，便处于中间位置。

同样，如果要使双联齿轮 2 在最左位置，可把圆盘 5 向后拉，并转过一角度后再向前推进，这时不通孔对准齿条 10，通孔对准齿条 11，从而使齿条 10 向前移动，通过齿轮 9、齿轮 7 和齿条 3 使双联齿轮向左移动。

图 1－12 所示是一种双动作式操纵机构，这种机构可以使两根花键轴上的两组滑动齿轮同时或前后变换位置。

当手柄 1 转动时，盘 2 和同轴的一端齿轮 3 也随着转动，并带动齿轮 5。齿轮 6 上有曲柄销和滑块 6，它可以跟着齿轮转动。滑块 6 可以在拨叉 7 的长槽中上下滑动，从而带动滑动齿轮的拨叉 B_1。

齿轮 6 的转动通过轴使侧槽凸轮 4 转动。凸轮 4 中嵌有滚子，滚子与杠杆 9 相连。因此，当凸轮转动时，通过杠杆 9 和拨叉 8 而带动齿轮组 B_2。由于侧槽凸轮的槽有三个动作，所以 B_2 有三个不同位置。

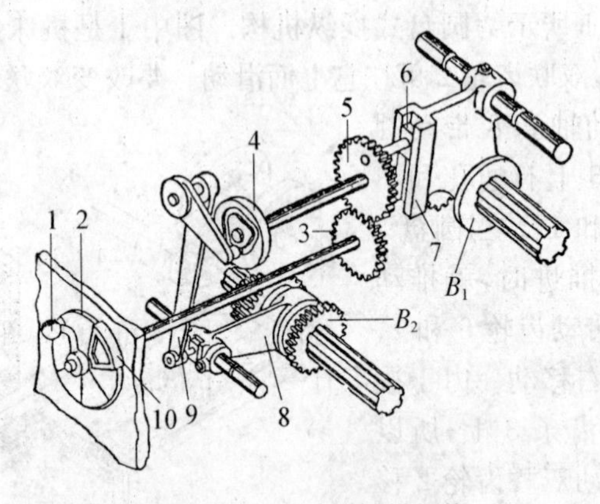

图 1-12 双动作操纵机构

方框 10 是固定在箱体上的，如果我们需要某种转速，就可以把盘中数字转入方框内。

(5) 尾座 尾座由本体 1 和底座 2 组成(图 1-13)。尾座套筒 9 前端有锥孔，用来安插后顶尖或其他刀具或工具。后端镶有螺母(一般是铜质)，丝杠 8 通过螺母伸入套筒内，当手轮 11 转动时，套筒带着顶尖就能伸缩。当要求套筒固定不动时，可拧紧手柄 7。要

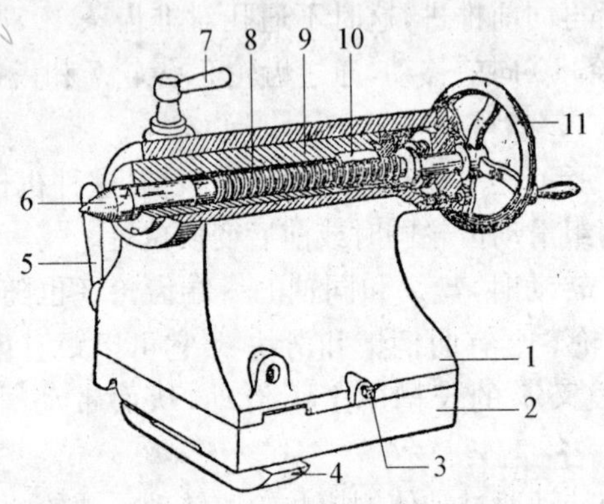

图 1-13 尾座

1—尾座本体；2—底座；3—调整螺钉；4—压板；5—固紧尾座的手柄；6—顶尖；7—固紧套筒的手柄；8—丝杠；9—套筒；10—螺母；11—手轮

求尾座固定在床面上某一位置时，可以扳动手柄5，压板4就把尾座固定。当然还有另一种形式。

五、车床的保养

车床是一种精度较高的工作母机，它与加工出来零件的精度有直接关系，我们必须爱护和保养它。

要爱护和保养好车床，必须做到以下几点：

(1) 床头箱中的油平面，不得在油标线之下，否则油泵的输油管可能吸入空气或齿轮旋转激溅的油雾不够，会产生主轴振动、摩擦离合器及滚动轴承过度发热等现象。

(2) 按车床说明书要求，在所有润滑系统的加油处按时按量注入干净的润滑油。

(3) 按期清洗往复油泵的输油管，并经常从油窗看它是否畅通，以保证主轴前轴承及摩擦离合器有足够的润滑油。

(4) 按时检查电动机V带的松紧程度。

(5) 停车很久后再开动机床时，事先需用油壶注油到后轴承和离合器两处。

(6) 每天工作前应使电动机空转1分钟，随后机床各部分也作空转，使润滑油流向各处。

(7) 主轴转速很高时，在任何情况下不突然改变转速。

(8) 长丝杠只能在车削螺纹时使用。

(9) 用中心架或跟刀架时，卡爪与工件表面之间有足够润滑油。

(10) 机床导轨面上不放置工具、量具或其他杂物，更不能与其他物件撞击，以保持导轨面的精度。

六、车工的工作位置

一个符合要求的车工，工作时必须把自己的工作位置安排得有条有理，即

(1) 工作时所用的物件，应尽可能地靠近和集中在操作者的周

围，当然也不能因此而妨碍自由活动。

（2）常用的物件放得近一些，不常用的物件放得远一些。

（3）物件的安放位置必须符合手的自然动作，如左手拿的物件放在左面，右手拿的物件放在右面。

（4）要求小心使用的物件放得高些，不要求太小心使用的物件放得低些。精密量具、刀具和工具必须分开安放，不能相互碰撞。

（5）图纸、工艺卡片等应放在便于使用的地方，并应使其清晰完好。

（6）毛坯、半成品和成品必须分开堆放，并按次序排列整齐，以方便安放或拿取。

（7）所有物件的布置，应考虑拿取方便，不必经常弯身。

（8）工作位置周围应当整齐清洁，保持通道畅通无阻。

七、车工的工作顺序

1. 开始工作之前

（1）检查车床各部分机构是否完好，有无防护设备。如果正常，则用低速开车 1～2 min，看看运转是否正常，同时让主轴箱内润滑油进入有关部位，这在冬天更为重要。如果机床有异常，则立即通知修理部门。

（2）检查所有加油孔，并按润滑部位图说明进行加油。

（3）熟悉图纸和工艺，确定加工方法。

（4）准备工具、夹具、刀具和量具。

（5）检查工件毛坯是否有缺陷，加工余量是否够。

2. 在工作时间内

（1）爱护机床，不允许在床面上敲击物件，床面上不准放工夹具。应经常保持机床清洁和润滑。

（2）节约用电，工作时不任意让机床空转，离开机床随手停车、关灯。

（3）变换速度时，必须先停车。

（4）每一件工具应放在固定位置上，不乱丢乱放，并应根据工具自身的用途使用，不能任意代用；例如，不能用钢直尺代替螺钉旋具，用扳手代替手锤等。

(5) 车刀钝刃后应及时转位或刃磨，不能用钝刃车刀继续切削，否则会增加车床负荷，损坏车床，并使加工表面质量下降。当然，也不应把还可以使用的车刀轻易丢掉而造成浪费。

(6) 爱护量具，保持清洁完好，并经常校正量具的精确度。

(7) 第一个零件加工好以后，先送交检验人员检查，检查合格后涂上防锈油，然后继续加工下一个零件。

3. 工作结束后

(1) 把所有用过的物件擦干净，并放在原来位置上。需要上油的应涂上一层防锈油。

(2) 把加工好的零件连同工作单一起交给检验人员。如果零件还没有加工完毕，需交给下一班继续加工时，则需交待清楚。

(3) 把不需要再用的工夹具交还工具室。

(4) 清理车床。用刷子刷去机床上的切屑，再用纱头(或纱布)擦去机床上各部分油污，最后按规定在各个部位加注润滑油。

(5) 接受下一天的任务。先熟悉图纸和工艺，然后准备工夹量具。

八、车工在操作时的安全规则

(1) 工作时应头戴工作帽，身穿工作服，脚穿工作鞋，但不准戴手套。

(2) 工作时头不能离转动的工件太近，以防切屑飞入眼睛。如果是飞溅的碎屑，则应戴上护目镜。

(3) 手和身体不能靠近正在旋转的地方，如带和带轮、齿轮、丝杠等。更不能在这些地方开玩笑。

(4) 工件和车刀必须装夹得很牢固，卡盘上的扳手应及时取下，以防飞出伤人。

(5) 装夹较重工件或调换卡盘时，应使用起重设备或请他人帮助，不要一人单干。

(6) 不要用量具去度量正在转动的工件,也不要用手去摸转动的工件表面。

(7) 不可用手直接去清除切屑,应用专用的钩子清除。

(8) 不要用手去刹住正在转动的卡盘。

(9) 不要任意装拆电气设备。

复习思考题

一、选择题

1. ________用来使工件作回转运动;进给箱使________作回转运动;________使车刀作纵向或横向移动。

(1) 滑板箱;(2) 主轴箱;(3) 丝杠或光杠。

2. 主轴箱中有很多大小不同的齿轮是用来________。

(1) 变换车刀移动速度;(2) 变换主轴转速;(3) 变换丝杠转速。

3. 使车刀作横向移动的是________;作纵向短距离移动的是________;作纵向长距离移动的是________。

(1) 纵滑板;(2) 横滑板;(3) 斜滑板。

4. 进给箱是用来把________的运动传给丝杠或光杠的。

(1) 电动机;(2) 主轴箱;(3) 滑板箱。

5. 丝杠是车________才使用。

(1) 外圆;(2) 螺纹;(3) 端面。

6. 挂轮箱的齿轮________。

(1) 需要变化;(2) 不需要变化;(3) 根据具体情况。

7. 机(车)床型号中________表示车床;________表示铣床;________表示磨床;________表示钻床。

(1) Z;(2) C;(3) M;(4) X。

8. CA6140 型车床,型号的最右面两位数字表示________。

(1) 中心高;(2) 能加工工件的最大直径;(3) 能加工工件最大直径的 1/10。

9. 按图1-2所示，变换主轴转速用手柄________；变换进给箱内齿轮时用手柄________；开动或停止主轴转动用手柄________。

(1) 18;(2) 14;(3) 2。

二、计算题

按图1-4所示位置，计算出主轴的转速。

三、问答题

1. 宝塔轮车床与现代车床的不同点有哪些？

2. 简式车床只有丝杠没有光杠，用自动进给车外圆时怎么办？

3. 把图1-8与图1-9结合起来看，图1-9中哪个手柄操纵图1-8哪个部位。

4. 图1-10d所示的操纵机构是怎样动作的？

5. 怎样正确保养车床？

6. 车工的工作位置应如何安排？

7. 时刻记住车工在操作时的安全规则。

第2章 工具、夹具和量具

☞ **学习者应掌握：**

1. *在工厂或车间里，常见的工具很多，应知道它们的用途和使用方法。*
2. *工厂里的夹具类型很多，本章主要是介绍常用车床夹具，也可以说是机床附件，我们必须掌握其正确使用方法。*
3. *对于量具，应在不同情况下选用不同类型和精度的量具，并掌握其正确使用方法，特别是如何维护。*

一、工具

在车床上工作过程中常用的工具见表 2-1。

表 2-1 工 具

名称	示　图	用　途	说　明
一、切削类工具			
砂轮		刃磨车刀、刨刀、钻头、錾子和金属件等	在砂轮机上一般安装两块砂轮，通常一块是氧化铝砂轮，用来磨削钢铁材料；另一块是绿色碳化硅砂轮，用来磨削硬质合金刀片 ☞ ***刃磨刀具的砂轮，不要刃磨其他材料或零件***

（续 表）

名称	示图	用途	说明
圆板牙	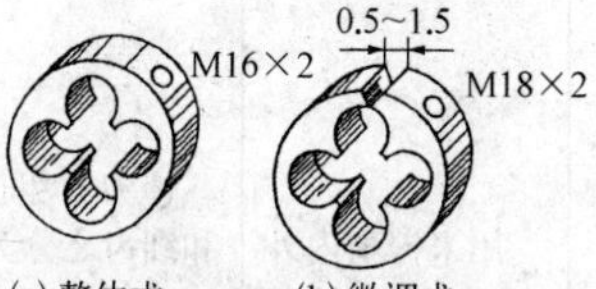 M16×2 0.5~1.5 M18×2 (a) 整体式 (b) 微调式	用来切削外螺纹	
铰架	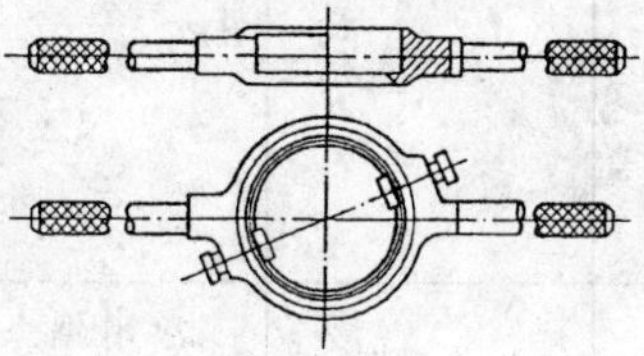	用来安放圆板牙，用螺钉紧固	
丝锥	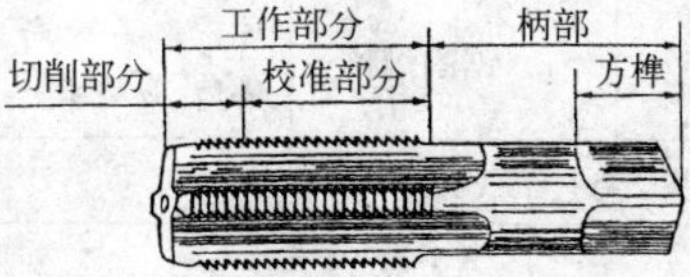 工作部分 柄部 切削部分 校准部分 方榫	用来切制内螺纹	丝锥由切削部分、校准部分和柄部组成，它分头攻、二攻和三攻三支一套。先用头攻，再用二攻，最后用三攻。有时只用头攻和三攻
铰杠	 (a) 固定铰杠 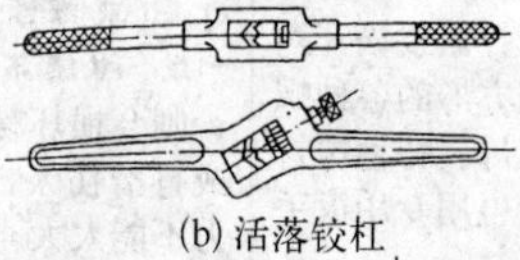 (b) 活落铰杠 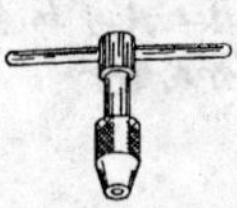 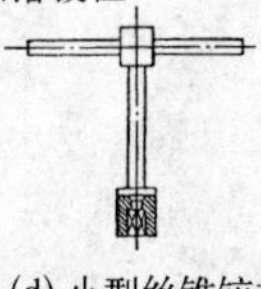 (c) 小型丝锥铰杠 (d) 小型丝锥铰杠	用来安装丝锥。扳转铰杠使丝锥转动进行切削	

(续　表)

名称	示　图	用　途	说　明
锉刀	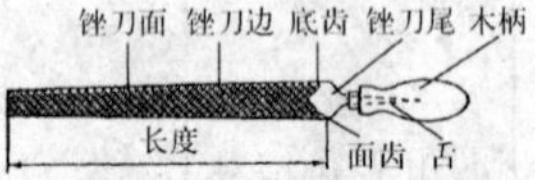 锉刀面 锉刀边 底齿 锉刀尾 木柄 长度 面齿 舌 (a) 锉刀各部分名称  (b) 钳工锉刀的截面  (c) 特种锉刀的截面 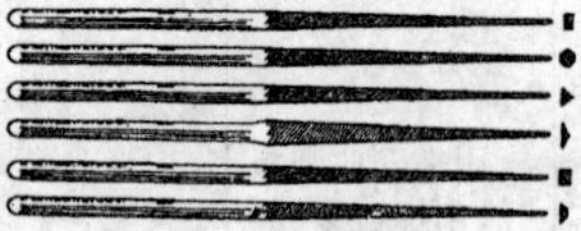 (d) 整形锉(什锦锉)	用来锉削内外表面、沟槽和各种复杂形状的表面	锉刀有粗齿、中齿和细齿之分 **粗加工用粗齿锉刀;半精加工用中齿锉刀;精加工用细齿锉刀**
手锯	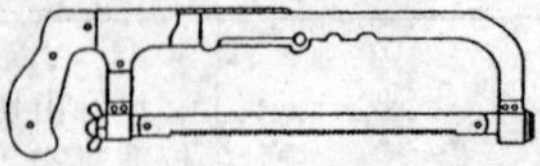	1. 锯割各种材料和半成品,锯掉工件上的多余部分 2. 锯割沟槽	常用锯条长度300 mm,粗、中齿用得较多,**细齿用来锯割硬材料、管子或薄板。锯条材料有高碳钢、高速钢**

二、装卸类工具

名称	示　图	用　途	说　明
扳手	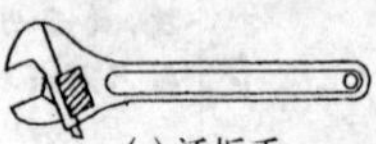 (a) 活扳手 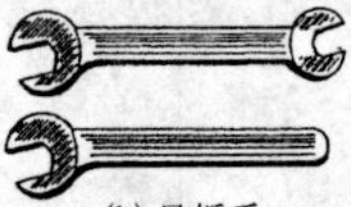 (b) 呆扳手 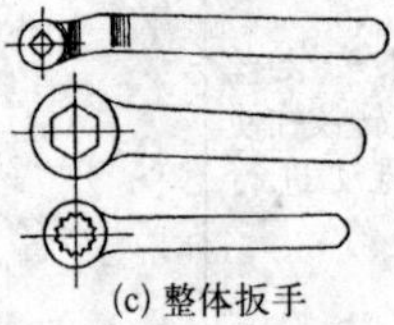 (c) 整体扳手 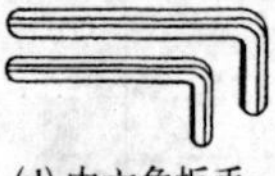 (d) 内六角扳手	用来拧紧或松开六角或四方形的各种螺钉或螺母。特种螺钉或螺母可用专用扳手	使用扳手时,**扳手的开口部分尺寸应与螺钉头(或螺母)的尺寸一致,间隙不能太大,**否则会损坏螺钉头部,或打滑伤人。此外,用力不能太大,**更不能用接长扳手柄来拧紧螺钉或螺母**

(续 表)

名称	示图	用途	说明
锤子		用来矫正或弯曲工件。与錾子配合可以进行錾削	锤子的大小常见的有 0.25 kg、0.5 kg 和 1 kg 三种，常用的是 0.5 kg 和 1 kg。 **锤子与木柄结合要牢固，否则会飞出伤人**
钢丝钳	(a) 带塑料套 (b) 不带塑料套	用来夹持或弯折薄形片、圆柱形金属件，切断金属丝等	
螺钉旋具	(a) 普通式 (b) 穿心式	用来紧固或拆卸带一字形或十字形尾部的螺钉	柄部有普通式和穿心式两种。穿心式能承受较大的扭矩，并可在尾部用锤子(轻)敲击

三、划线类工具

平板	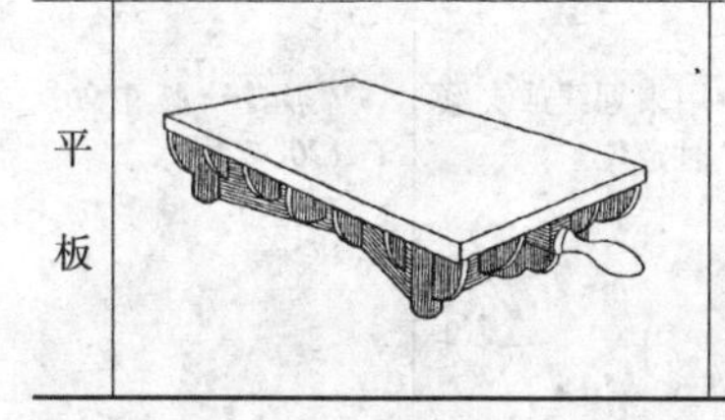	用来安放需要划线或检测的工件。它是一种基准器具	平板的表面平整精确，不能碰伤，要仔细保护 平板有各种大小不同的尺寸，一般用铸铁制成

（续　表）

名称	示　图	用　途	说　明
划针	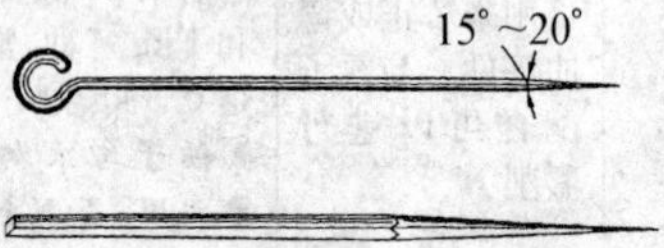 15°～20°	用来在工件上进行划线	一般用直径 3～6 mm长200～300 mm弹簧钢丝或高速钢制成，尖端成 15°～20°的角度并经淬火或镶硬质合金
划规	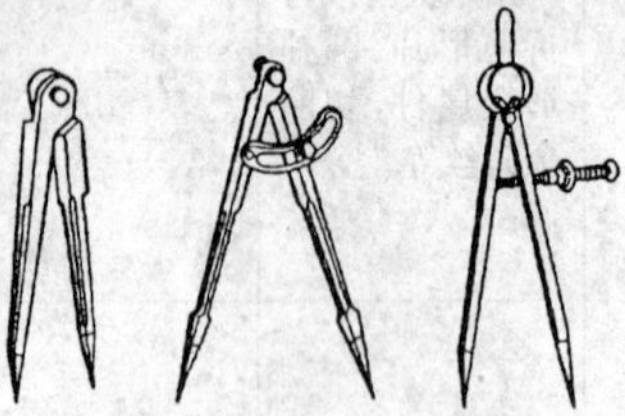	用来在工件上划圆、圆弧、等分线段等	一般用中碳钢或工具钢制成，两脚尖经过淬硬或镶硬质合金
单脚划规	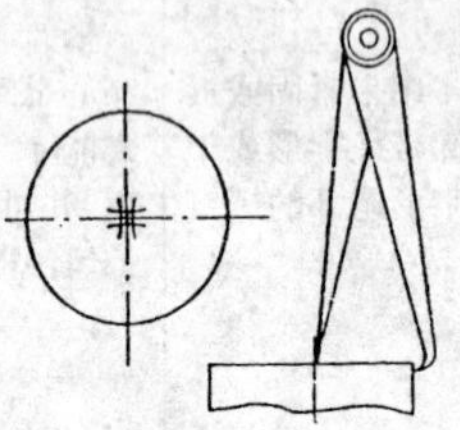	用来划出圆的中心，以便打中心孔	
V形块	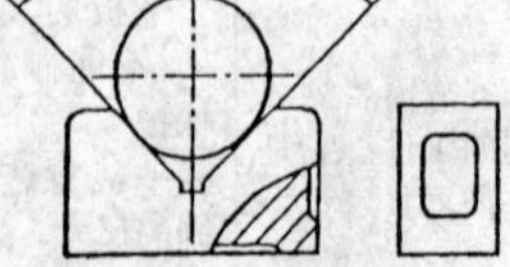 90°	用来划线或夹紧时定位	***V形槽一般有90°和120°两种***

（续 表）

名称	示图	用途	说明
划线盘	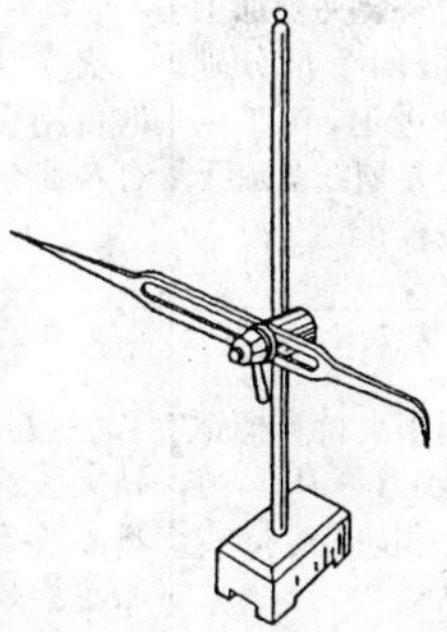	划针的前后和上下的位置可以调整	用来找正工件的位置（如在车床上校正轴、孔与主轴同轴度）和进行划线
样冲	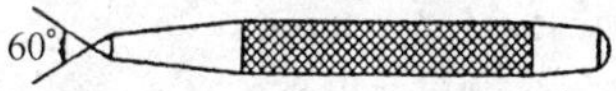 60°	用来在所划的线条上冲出小凹坑，以便所划线条被擦去后仍可看出线条位置	一般用工具钢制成，尖端磨成45°～60°角，并经淬硬

二、夹具

车床常用的夹具见表2-2。

表2-2 夹 具

名称	示图	用途	说明
常用夹具（车床附件）			
三爪自动定心卡盘	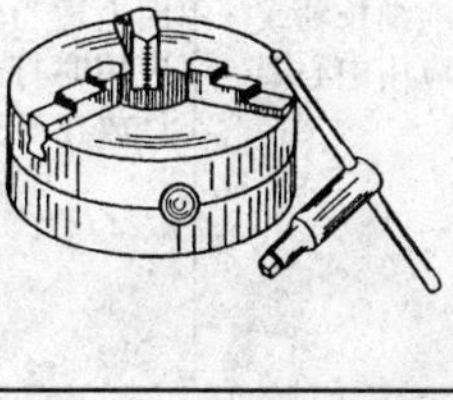	用来装夹被加工的工件，三个爪能一起前进或后退，能自动定心	卡爪有正爪和反爪两套

（续　表）

名称	示图	用途	说明
四爪单动卡盘	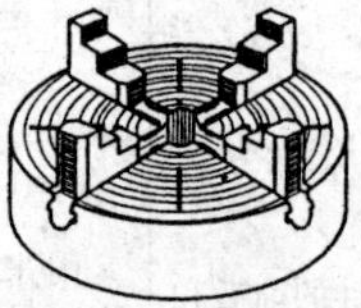	用来装夹被加工工件，四个爪分别各自进退，在车床上需要划线盘或千分表校正	夹紧大直径工件时可用反爪(如图)，它只有一套卡爪
扳手钻夹头	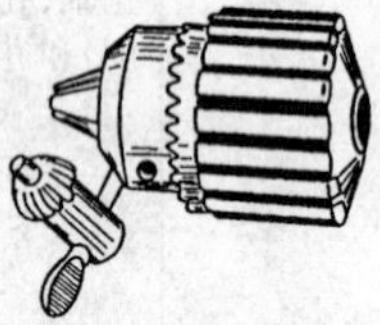	用来夹持直柄钻头、铰刀等刀具，打中心孔时夹持中心钻	一般用短锥柄与钻夹头连接，另一端用莫氏标准圆锥与尾座套筒连接
活顶尖	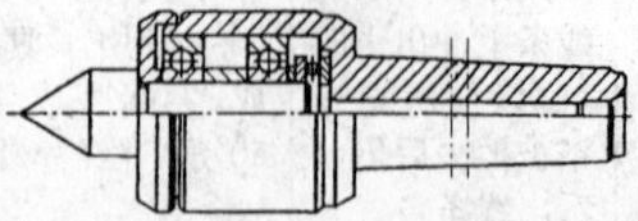	用来代替固定顶尖，以减小顶尖与工件中心孔之间的摩擦，顶尖与中心孔之间不必加润滑油	
锥套	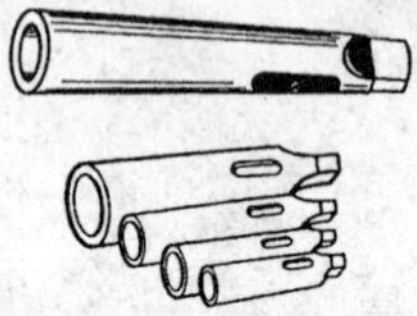	用来接介锥柄麻花钻与尾座锥孔，使不同直径和锥柄的钻头能插入尾座锥孔	一般锥套的锥度是按莫氏圆锥制造。莫氏圆锥有0～6号七种，锥套的内锥比外锥小1～2号
中心架	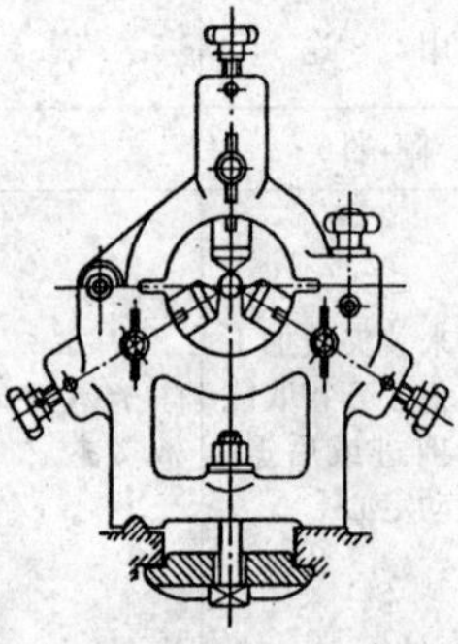	车削细长轴或深孔时应用中心架	中心架安装在床面上适当位置固定。应用时打开上盖，工件放在三爪之间

（续 表）

名称	示 图	用 途	说 明
跟刀架		车削不允许接刀的长轴用跟刀架	一般机床附件中的跟刀架只有两个爪，即上爪和外爪 ***车削细长轴时，也有采用三爪，即上爪、外爪和下爪，相互垂直***

三、量具

常用的量具见表 2－3。

表 2－3 常 用 量 具

一、 钢 直 尺

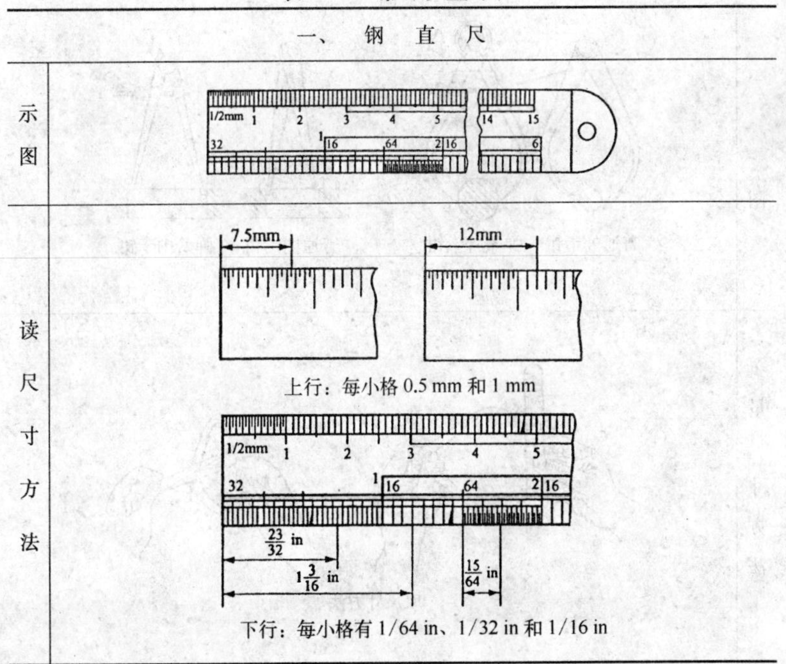

上行：每小格 0.5 mm 和 1 mm

下行：每小格有 1/64 in、1/32 in 和 1/16 in

（续　表）

<table>
<tr><td colspan="2">一、钢直尺</td></tr>
<tr><td>使用方法</td><td>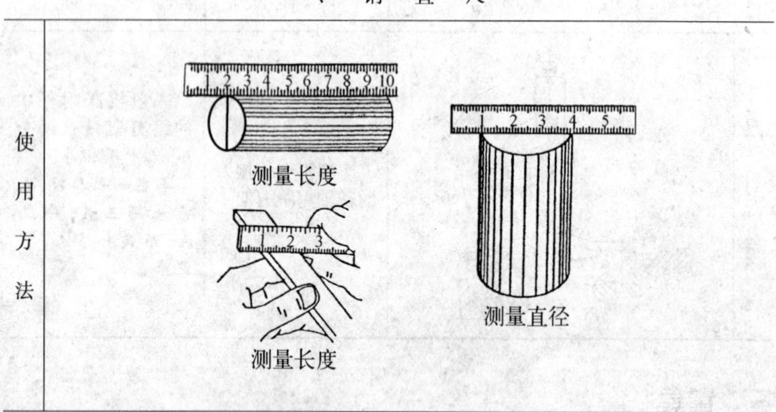

测量长度　测量直径　测量长度</td></tr>
<tr><td colspan="2">二、外卡钳和内卡钳</td></tr>
<tr><td>示图</td><td rowspan="2">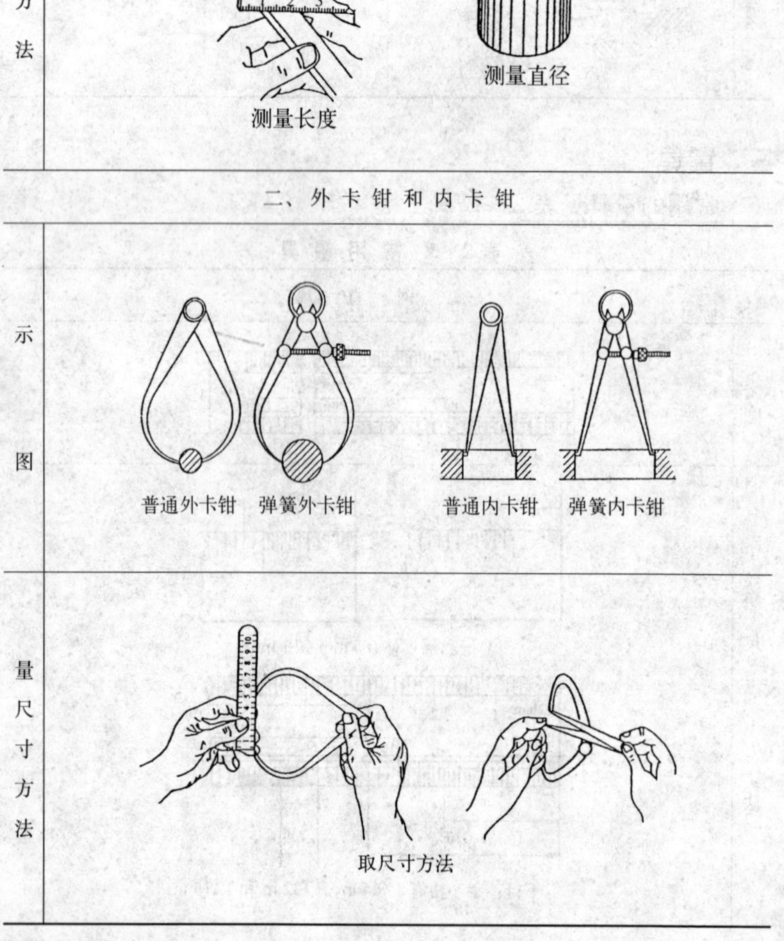
普通外卡钳　弹簧外卡钳　普通内卡钳　弹簧内卡钳
取尺寸方法</td></tr>
<tr><td>量尺寸方法</td></tr>
</table>

（续 表）

二、外卡钳和内卡钳

使用方法

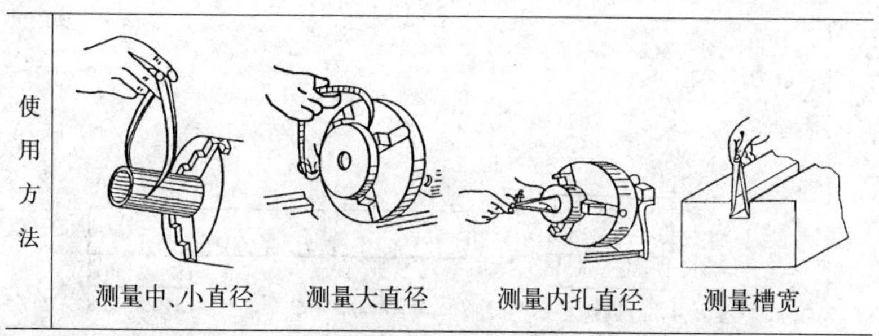

测量中、小直径　测量大直径　测量内孔直径　测量槽宽

三、游标卡尺

示图

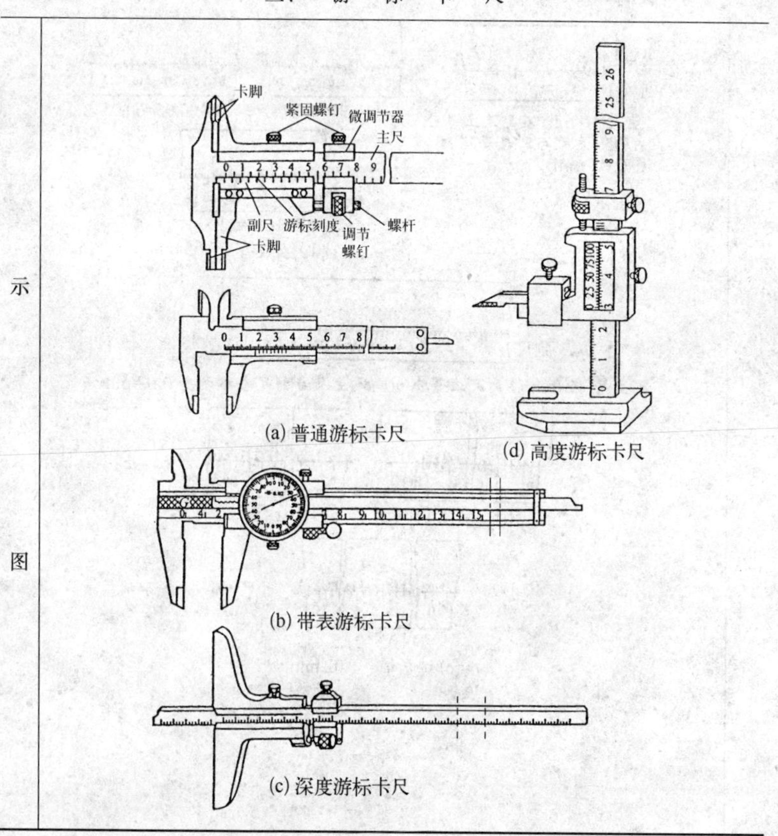

(a) 普通游标卡尺

(b) 带表游标卡尺

(c) 深度游标卡尺

(d) 高度游标卡尺

（续　表）

三、　游　标　卡　尺	
读尺寸方法	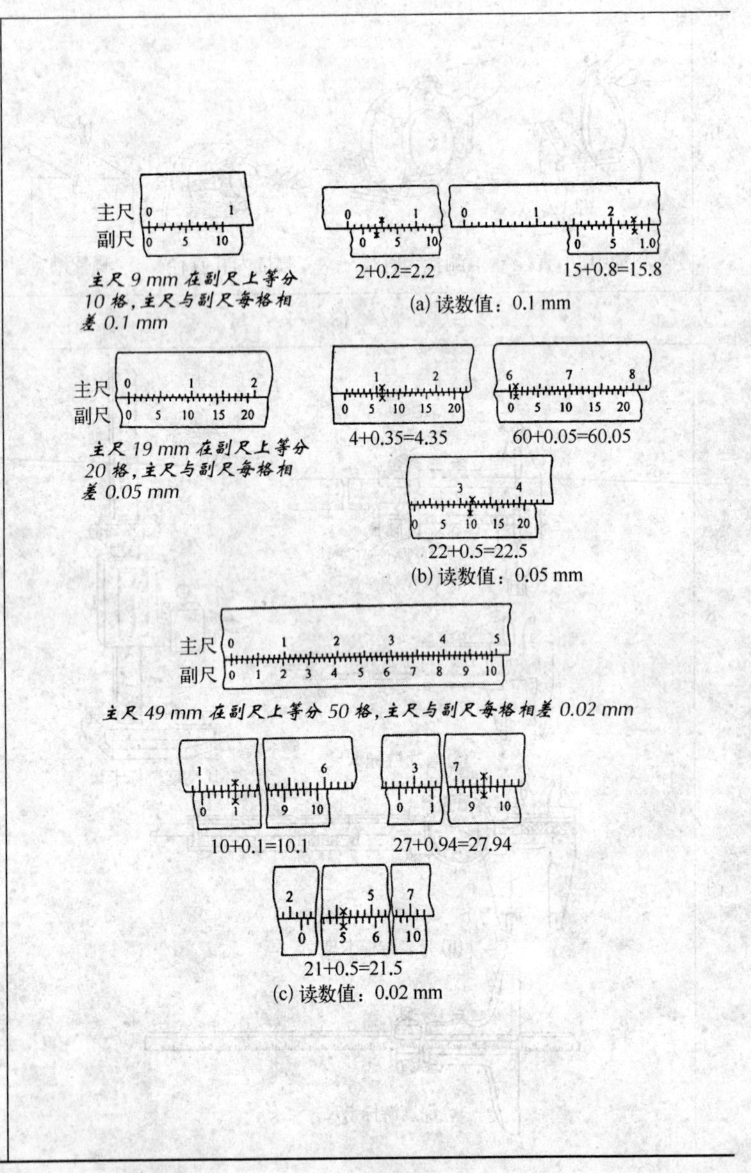

(a) 读数值：0.1 mm

(b) 读数值：0.05 mm

(c) 读数值：0.02 mm

(续　表)

三、游标卡尺	
使用方法	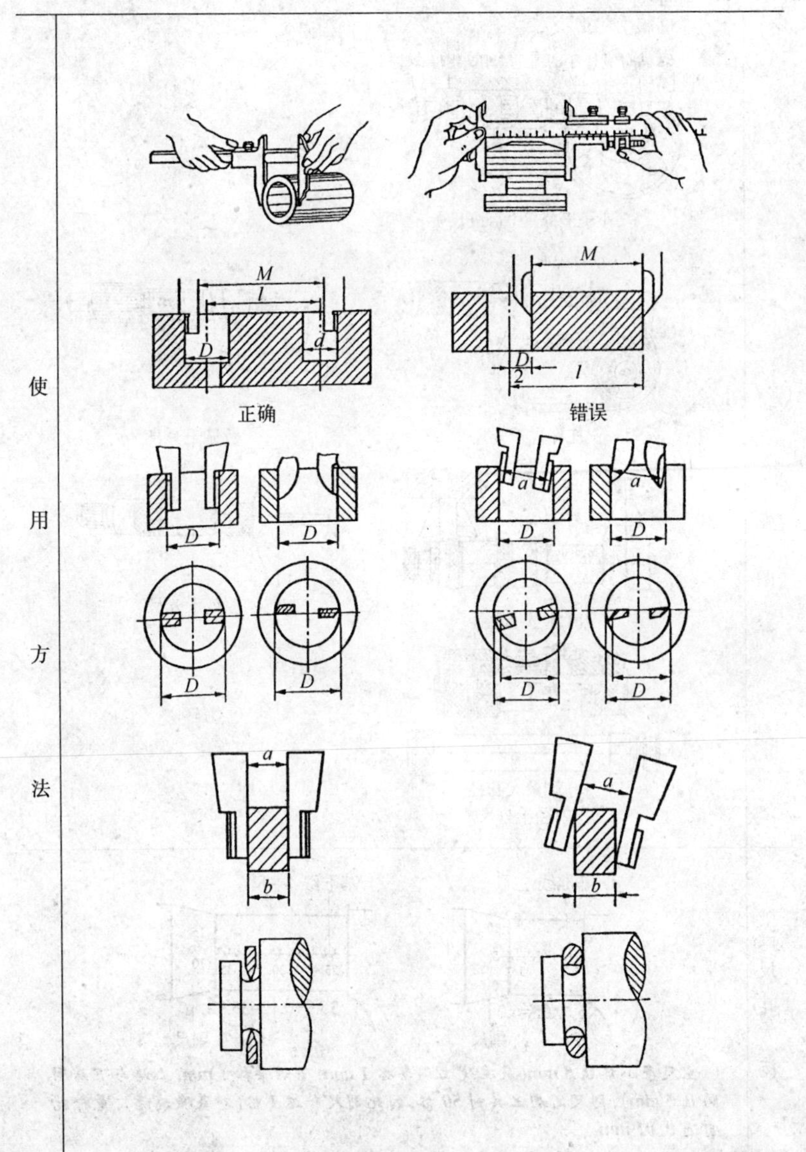

（续　表）

四、千分尺（百分尺）	
示图	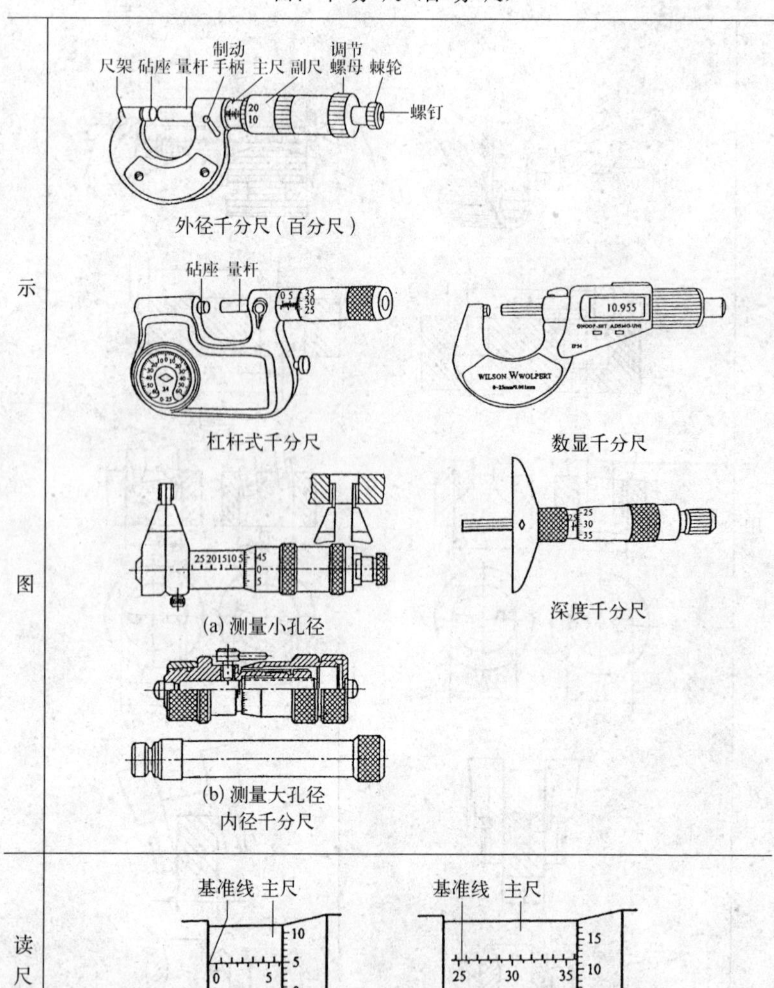外径千分尺（百分尺） 杠杆式千分尺 数显千分尺 (a) 测量小孔径 深度千分尺 (b) 测量大孔径 内径千分尺
读尺寸方法	***主尺每小格 0.5 mm(基准线上端每格 1 mm，下端每格 1 mm，上端与下端间隔 0.5 mm)，副尺圆周上共刻 50 格，因此副尺转过 1 格(对基准线说)，量杆就前进 0.01 mm***

（续 表）

四、千分尺（百分尺）	
使用方法	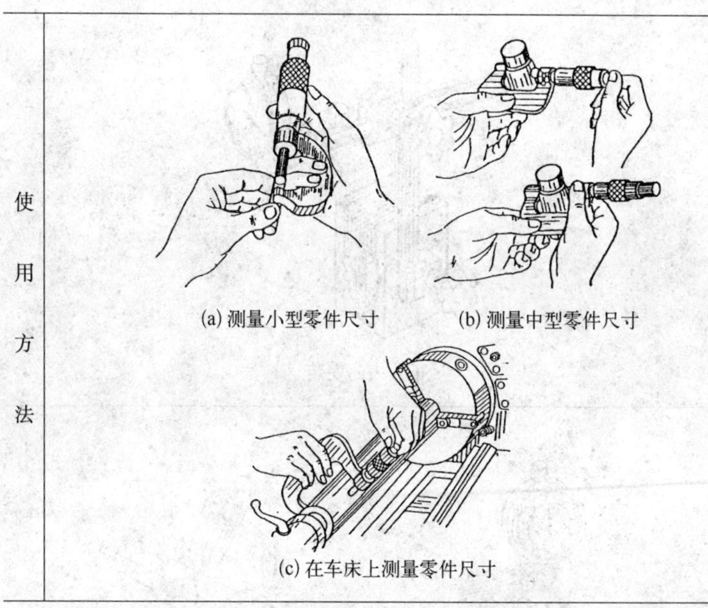 (a) 测量小型零件尺寸 (b) 测量中型零件尺寸 (c) 在车床上测量零件尺寸

五、千分表（百分表）	
示图	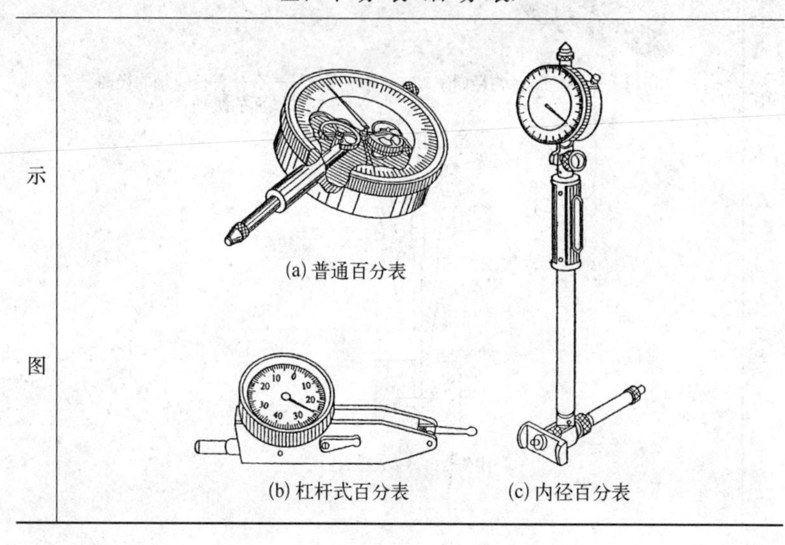 (a) 普通百分表 (b) 杠杆式百分表 (c) 内径百分表

（续　表）

<table>
<tr><th colspan="2">五、千分表（百分表）</th></tr>
<tr><td>表的安装</td><td>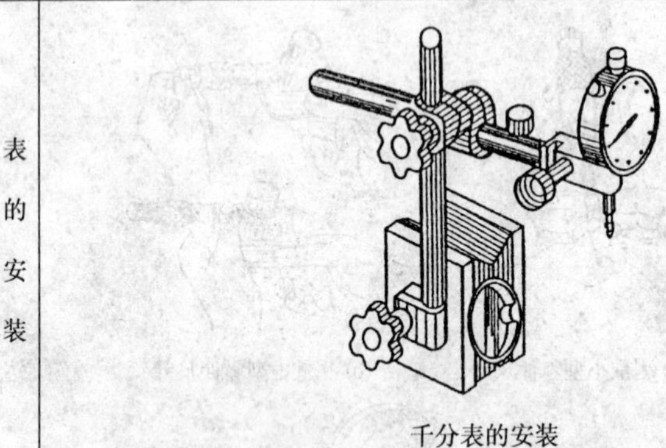
千分表的安装</td></tr>
<tr><td>使用方法</td><td>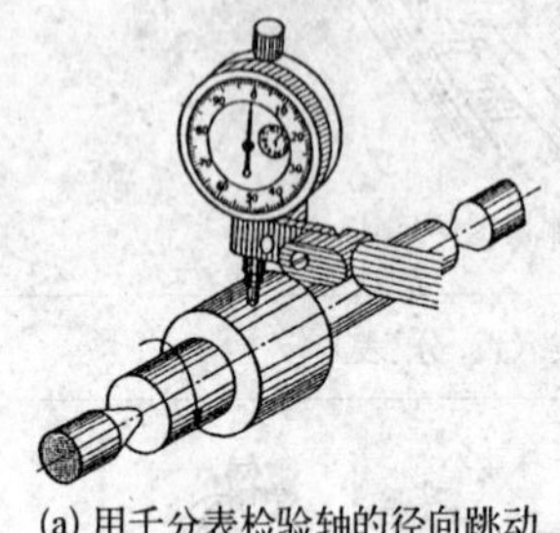
(a) 用千分表检验轴的径向跳动
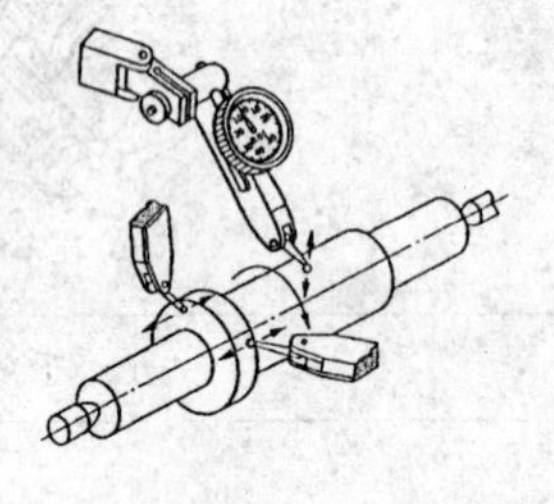
(b) 用杠杆式百分表检验轴的径向、轴向和端面的跳动
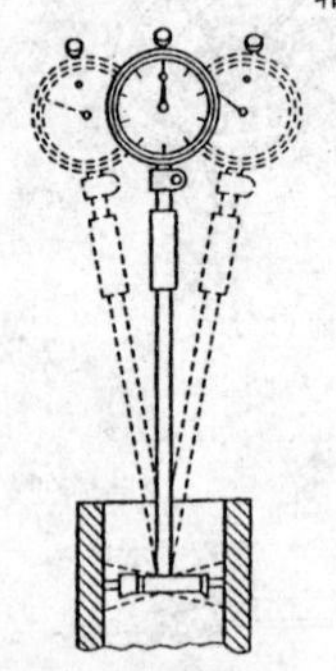
(c) 用内径百分表检验孔径</td></tr>
</table>

(续 表)

六、万能量角器	
示意图	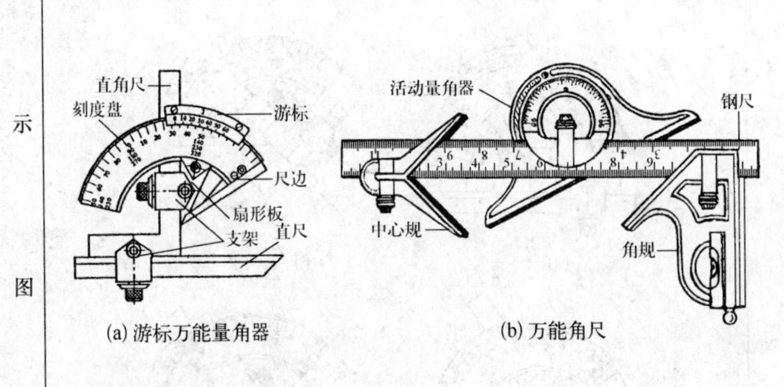 (a) 游标万能量角器 (b) 万能角尺
测量角度范围	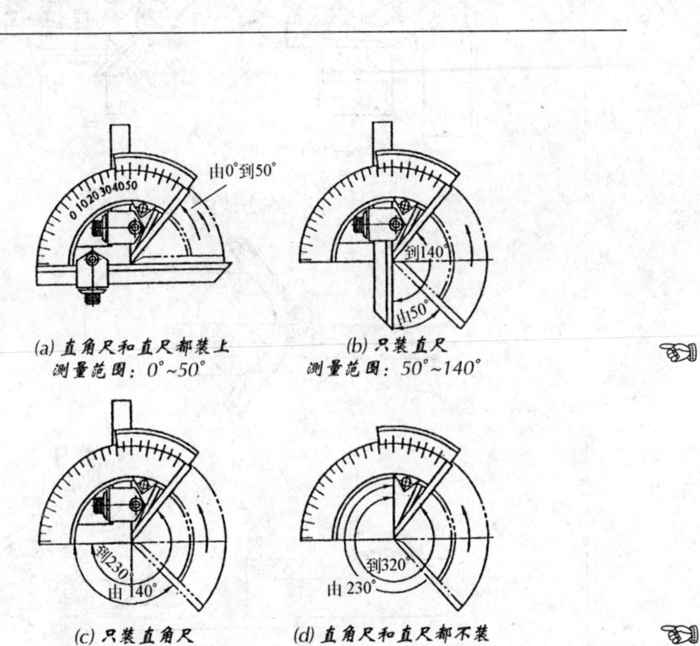 (a) 直角尺和直尺都装上 测量范围：0°~50° (b) 只装直尺 测量范围：50°~140° (c) 只装直角尺 测量范围：140°~230° (d) 直角尺和直尺都不装 测量范围：230°~320°

（续　表）

六、万能量角器	
使用方法	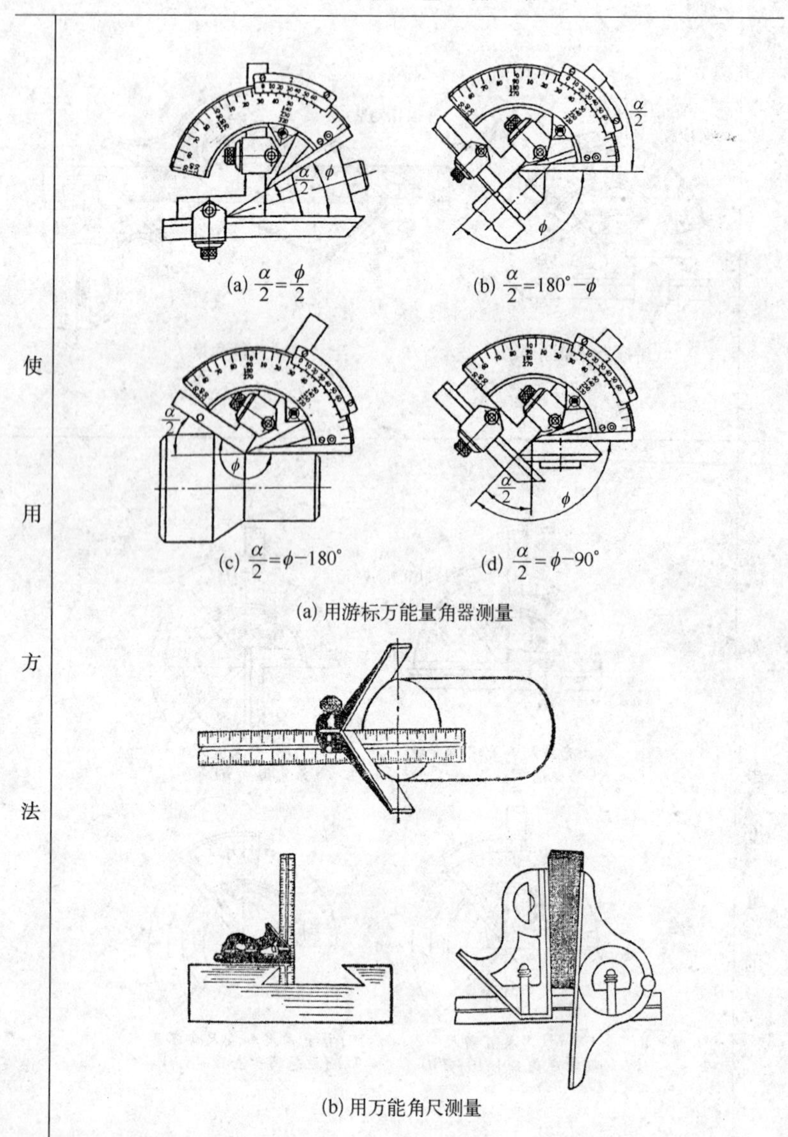 (a) $\frac{\alpha}{2}=\frac{\phi}{2}$　(b) $\frac{\alpha}{2}=180^\circ-\phi$ (c) $\frac{\alpha}{2}=\phi-180^\circ$　(d) $\frac{\alpha}{2}=\phi-90^\circ$ (a) 用游标万能量角器测量 (b) 用万能角尺测量

（续 表）

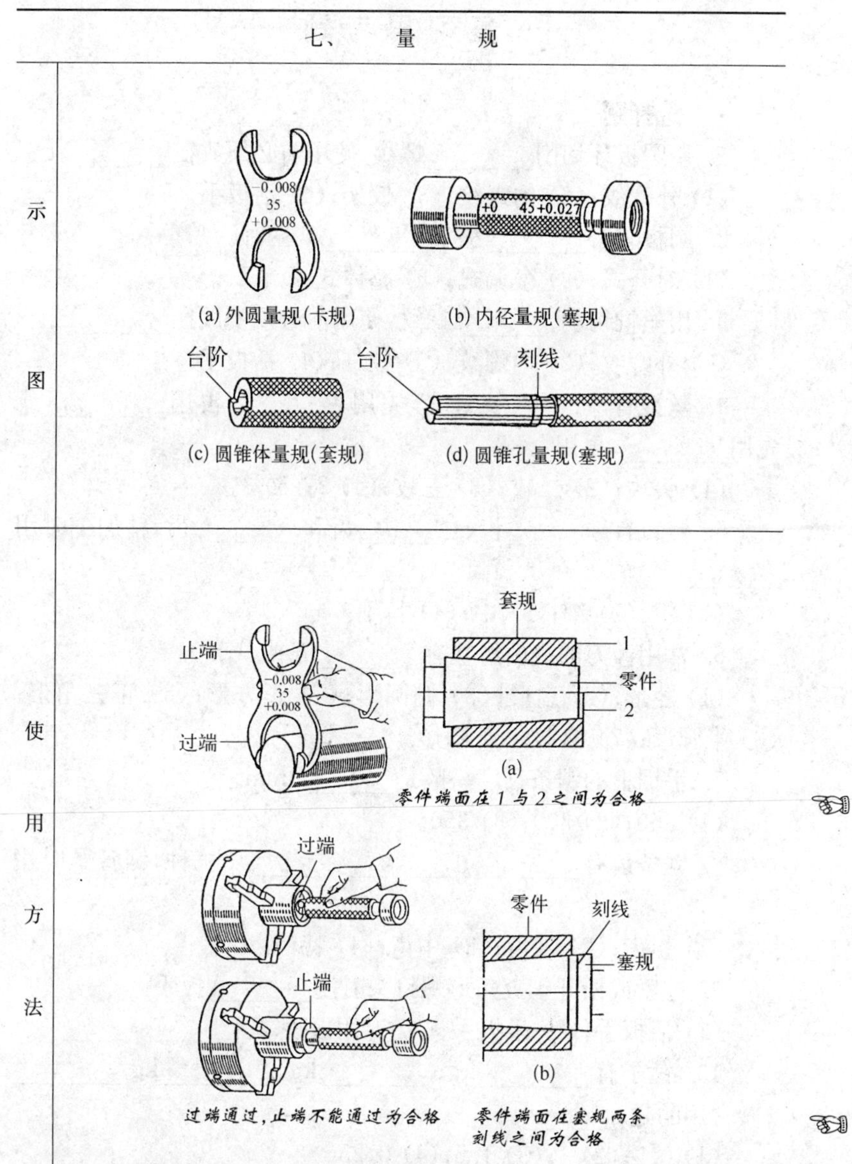

七、 量 规
示图
−0.008
35
+0.008
+0
45+0.027
(a) 外圆量规(卡规)
(b) 内径量规(塞规)
台阶
台阶
刻线
(c) 圆锥体量规(套规)
(d) 圆锥孔量规(塞规)
使用方法
止端
过端
套规
1
零件
2
(a)
零件端面在1与2之间为合格
过端
止端
零件
刻线
塞规
(b)
过端通过，止端不能通过为合格
零件端面在塞规两条刻线之间为合格

复习思考题

一、选择题

1. 用圆板牙切削________螺纹,使用前必须放在________上。

(1) 外螺纹;(2) 内螺纹;(3) 铰架;(4) 活扳手。

2. 圆板牙有________式和________式两种。

(1) 对开式;(2) 微调式;(3) 整体式。

3. 用丝锥切削________螺纹,使用前必须安放在________上。

(1) 外螺纹;(2) 内螺纹;(3) 铰杠;(4) 活扳手。

4. 丝锥有________支壹套,先用________,再用________,或先用________,再用________。

(1) 头攻;(2) 二攻;(3) 三攻;(4) 2;(5) 3。

5. 锉刀有________齿、________齿和________齿,精加工时用________。

(1) 粗;(2) 细;(3) 中;(4) 特细。

6. 常用锉刀的截面形状有________五种。

(1) 菱形;(2) 扁形;(3) 椭圆形;(4) 正方形;(5) 正三角形;(6) 半圆形;(7) 梯形;(8) 圆形。

7. 手锯上的锯条长度一般是________mm。

(1) 250;(2) 300;(3) 350。

8. 锯条齿有________、________、________三种,锯管子时用________。

(1) 粗齿;(2) 细齿;(3) 中齿;(4) 特粗齿。

9. 拧紧或松开正五角形螺钉头时用________扳手。

(1) 活扳手;(2) 呆扳手;(3) 专用扳手。

10. 锤子有________kg、________kg、________kg ________种,常用的是________。

(1) 0.5;(2) 1;(3) 1.5;(4) 0.25。

11. V形块有________种,常用的是________。

(1) 60°;(2) 90°;(3) 120°;(4) 150°。

12. 三爪自动定卡盘有________套爪;四爪单动卡盘有________套爪。

(1) 一;(2) 二;(3) 三。

13. 车床钻夹头的柄部与尾座套筒连接一般用________。

(1) 螺纹;(2) 莫氏圆锥;(3) 米制圆锥。

14. 锥套有________种尺码,即有________号~________号。

(1) 0;(2) 1;(3) 6;(4) 7。

15. 锥套的内锥尺码比外锥尺码________,一般是差________。

(1) 大;(2) 小;(3) 1~2;(4) 1~3。

16. 中心架是车________时应用,它有________个爪。

(1) 长轴;(2) 细长轴;(3) 深孔;(4) 3;(5) 4。

二、计算题

1. 1英寸等于多少毫米(mm)? 试将 9/16 in、13/32 in 和 $1\frac{1}{64}$ in换算成 mm。

2. 1 mm=? 英寸(in)? 试将 5 mm、16 mm 和 35 mm 换算成 in。

三、问答题

1. 用钢直尺表示 25.5 mm、7/16 in、3/32 in 和 5/64 in(见答图 2-1)。

2. 用读数值为 0.1 mm 游标卡尺表示 8.3 mm、15.4 mm 和 32.7 mm 三种尺寸(见答图 2-2)。

3. 用读数值为 0.05 mm 游标卡尺表示 5.15 mm 和 18.35 mm 两种尺寸(见答图 2-3)。

4. 用读数值为 0.02 mm 游标卡尺表示 4.22 mm 和 11.08 mm 两种尺寸(见答图 2-4)。

5. 用读数值为 0.01 mm 千分尺表示 5.32 mm 和 21.41 mm 两个尺寸(见答图 2-5)。

6. 千分表的用途是什么?

7. 量角器的用途是什么?
8. 怎样正确使用量规?
9. 如何保养量具?

第3章 车刀与切削

学习者应掌握：

1. 车刀切削刃把工件上的一层金属切下来的一些现象，对切削过程的影响。

2. 掌握车刀切削部分材料的种类、加工材料的种类和特点，知道什么加工材料用什么刀具材料进行切削加工。

3. 懂得车刀几何角度所在位置，能用图表示，也能用手在实物上指出。

4. 了解车刀主要角度的作用原理。

5. 正确选用刃磨车刀的砂轮，如何刃磨车刀，特别要注意安全技术。

6. 了解加切削液的作用，如何正确使用。

一、车刀切削部分的材料应具有的性能

1. 在常温时具有一定的硬度且耐磨；

2. 在高温下仍能保持切削所需要的硬度；

3. 能承受振动和冲击，即具有抗弯强度。

上述三种性能是有相互联系、相互制约的，例如硬度和能耐高温的材料，其抗弯强度往往较差，因此在选用时要根据具体情况不同对待。

车刀切削部分的材料有高速钢、硬质合金、陶瓷材料、金刚石

等,常用的是高速钢和硬质合金,见表 3-1。

表 3-1 常用的刀具切削部分的材料

分类	牌号	抗弯强度(GPa)	硬度(HRC)	用途
高速钢(适用于 $v\leqslant$ 30 m/min)	W18Cr4V	~3.43	62~65*	切削各种黑色金属、有色金属和非金属
	W6Mo5Cr4V2A1(501)	3.43~3.73	68~69*	在冲击条件下切削高强度钢、耐热钢和高温合金
	W10Mo4Cr4V3A1(5F6)	~3.01	68~69*	切削轻合金、合金结构钢
	W12Mo3Cr4V3Co5Si	2.35~2.65	69~70*	切削高强度合金钢、不锈钢、耐磨钢
	W6Mo5Cr4V5SiNbA1(B201)	~3.53	66~68*	切削高强度合金钢、不锈钢、耐磨钢
硬质合金(常用牌号)	YG3	1.08	91**	适用于连续切削时精车、半精车铸铁、有色金属及其合金与非合金材料(橡胶、纤维、塑料、玻璃)
	YG6	1.37	89.5**	适用于连续切削时粗车铸铁、有色金属及其合金与非金属材料,间断切削时的精车、半精车、小断面精车,粗车螺纹、旋风车丝
	YG8	1.47	89**	适用于间断切削时粗车铸铁、有色金属及其合金与非金属材料
	YG3X	0.981	92**	适用于精车、精镗铸铁、有色金属及其合金。也可用于精车合金钢、淬硬钢

（续 表）

分类	牌 号	抗弯强度(GPa)	硬 度(HRC)	用 途
硬质合金(常用牌号)	YG6X	1.32	91**	适用于加工冷硬合金铸铁和耐热合金钢，也适用于精加工普通铸铁
	YA6	1.32	92**	适用于半精加工冷硬铸铁、有色金属及其合金，也可用于半精加工和精加工高锰钢、淬硬钢及合金钢
	YT30	0.883	92.5**	适用于精加工碳素钢、合金钢和淬硬钢
	YT15	1.13	91**	适用于连续切削时粗加工、半精加工和精加工碳素钢、合金钢，也可用于断续切削时精加工
	YT5	1.28	89.5**	适用于断续切削时粗加工碳素钢和合金钢
	YW1	1.23	92**	适用于半精加工和精加工高温合金、高锰钢、不锈钢以及普通钢料和铸铁
	YW2	1.47	91**	适用于粗加工和半精加工高温合金、不锈钢、高锰钢以及普通钢料和铸铁

注：带*号指 HRC；带**号指 HRA。

二、工件材料

工件材料就是需加工零件的材料，其种类如下：

1. 金属材料的分类

☞ ***根据 GB/T 700—2006《碳素结构钢》***

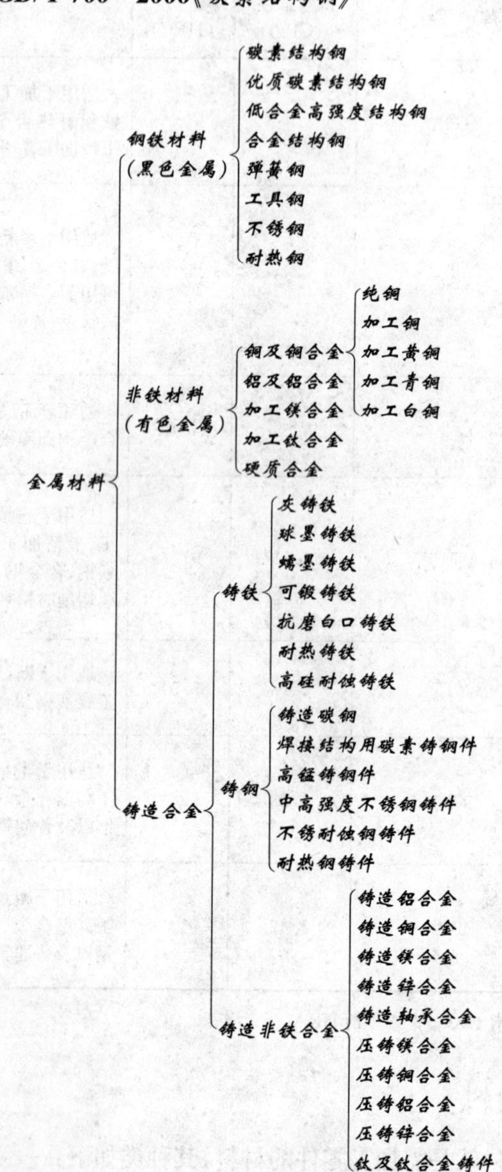

2. 金属材料的力学性能

初学者经常遇到的力学性能是抗拉强度和硬度。

(1) 抗拉强度和抗弯强度

当所受外力是拉力时,材料表现出来的抵抗变形或破坏的能力称为抗拉强度,用代号 σ_b 表示。

当所受外力与材料轴线相垂直,并在作用后使材料呈弯曲时所表现出来的抵抗能力称为抗弯强度,用 σ_{bb} 表示。

(2) 硬度

金属材料抵抗比它更硬物体压入表面的能力,称为硬度。常用的硬度指标有布氏硬度和洛氏硬度两种。

1) 布氏硬度　用一定直径的淬硬钢球或硬质合金球作为压头,在一定的载荷作用下,将压头压入被测金属材料的表面,测得压痕的直径,经过计算就可得到具体数值。布氏硬度值用符号 HBS 表示,压头为钢球,一般适用于金属原材料或经正火、退火后硬度值不高(HBS≤450)的半成品件的硬度测量。压头为硬质合金球时,布氏硬度值用符号 HBW 表示,适用于硬度较高的材料的硬度测量。

2) 洛氏硬度　用顶角为 120°的金刚石圆锥体,在一定的载荷作用下,压入材料的表面,根据压痕的深度来确定材料硬度的大小就是洛氏硬度值。

根据所采用的载荷和压入器不同,洛氏硬度又分为下面三种:

① HRA——采用 120°圆锥形金刚石压入器求得的硬度,一般用来测量硬度 HBS 大于 700 的高硬材料(如硬质合金等)及一些硬而薄的金属等。

② HRB——采用直径 1/16 in 的淬硬钢球测得的硬度,一般用来测量硬度 HBS=60～230 之间比较软的金属及低碳钢等。

③ HRC——采用 120°圆锥形金刚石压入器测得的硬度,一般用来测量硬度 HBS=230～700 的调质钢及淬火钢。

洛氏硬度与布氏硬度有下列关系:

$$HRC \approx \frac{1}{10} HBS$$

洛氏硬度中的 HRA 与 HRC 有下列关系：

$$HRA = \frac{HRC}{2} + 52$$

3. 金属材料的牌号

金属材料牌号的表示方法如下：

(1) 钢铁材料

1）优质碳素结构钢：

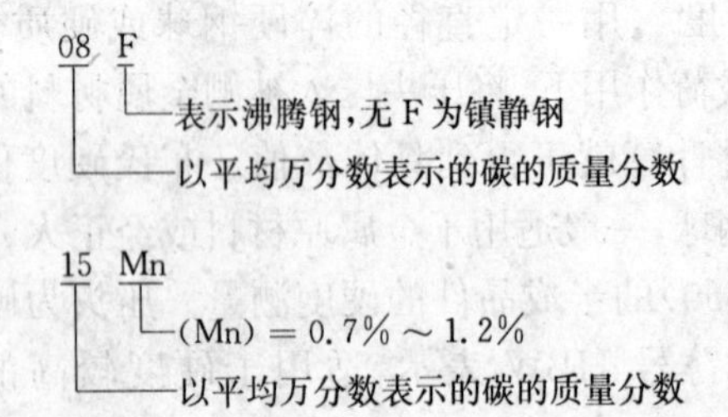

2）低合金高强度结构钢：

Q 420 D

质量等级 D

屈服点 420MPa

屈服点，汉语拼音第一个字母

3）合金结构钢：

20 Mn V

(V) = 0.07% ~ 0.12%

(Mn) = 1.30% ~ 1.60%

以平均万分数表示的碳的质量分数

A——表示高级优质钢

其余字母——表示优质钢

4）碳素工具钢：

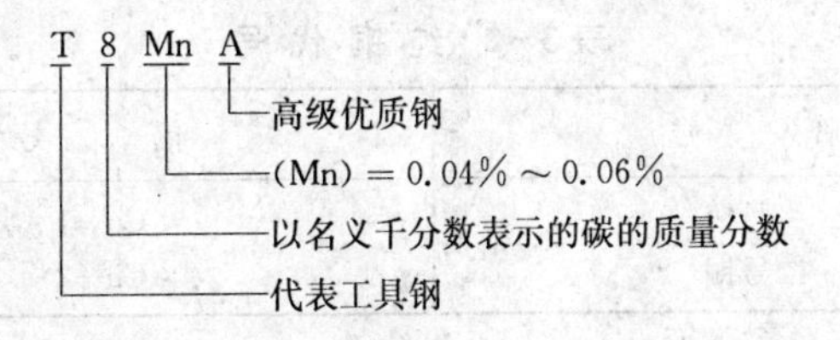

5）合金工具钢：

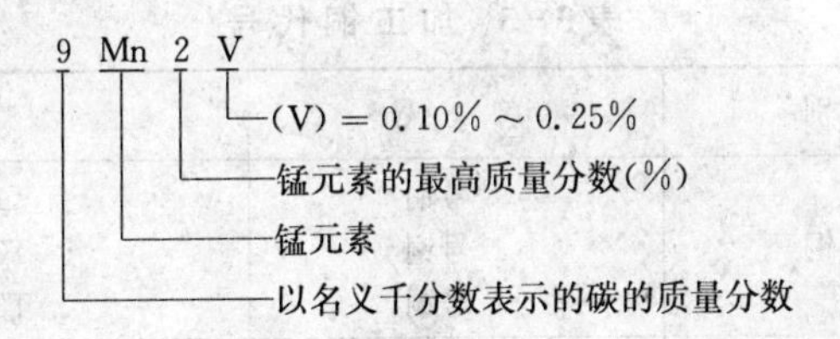

6）高速工具钢：

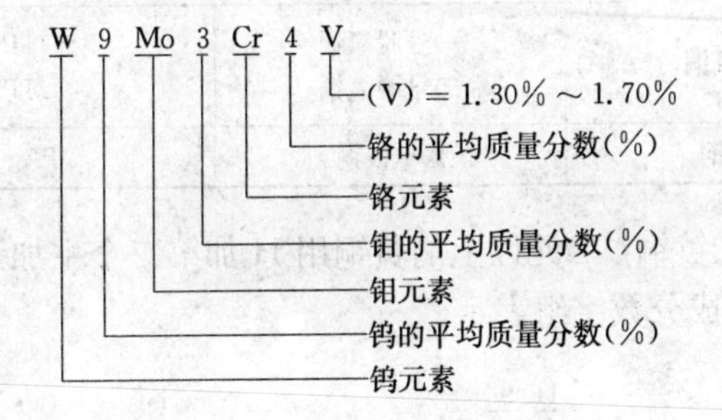

7）不锈钢：

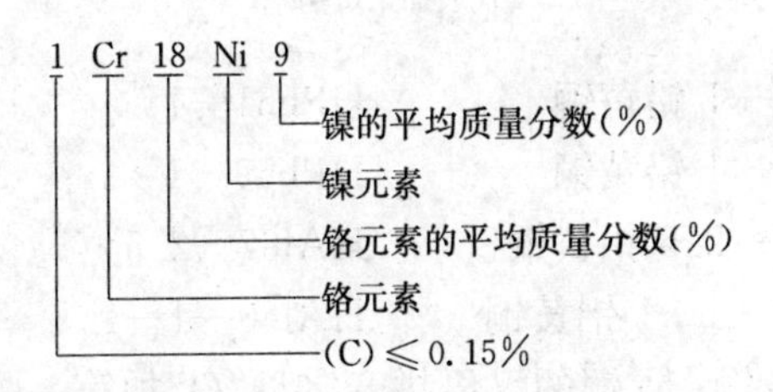

（2）非铁材料

1）纯铜：纯铜代号见表3-2。

表3-2　纯铜代号

牌　　号	代　　号
一号铜 二号铜	Cu—1 Cu—2

2）加工铜：加工铜代号见表3-3。

表3-3　加工铜代号

组　　别	牌　　号	代　　号
纯　　铜	一号铜 二号铜 三号铜	T1 T2 T3
无氧铜	一号无氧铜 二号无氧铜	TU1 TU2
磷脱氧铜	一号脱氧铜 二号脱氧铜	TP1 TP2
银　铜	0.1银铜	TAg0.1

3）加工黄铜：二元以上的黄铜用H加第二个主加元素符号及除锌以外的成分数字组表示。

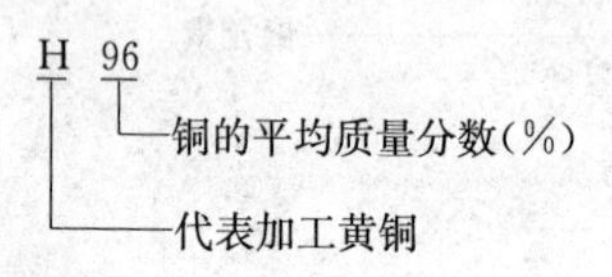

例如　61—1铅黄铜　　　HPb61—1
　　　59—1铅黄铜　　　HPb59—1
　　　67—2.5铝黄铜　　HAl67—2.5
　　　60—1—1铝黄铜　 HAl60—1—1

4）加工青铜：青铜的汉语拼音字母“Q”加第一个主添加元素符号及除基元素铜外的成分数字组表示。加工青铜的代号见表3-4。

表3-4 加工青铜代号

组别	牌号	代号
青铜	4—3锡青铜 4—4—2.5锡青铜	QSn4—3 QSn4—4—2.5

例如　2铍青铜　　　QBe2

　　　1.9铍青铜　　QBe1.9

(3) 铸造材料

1) 铸铁：

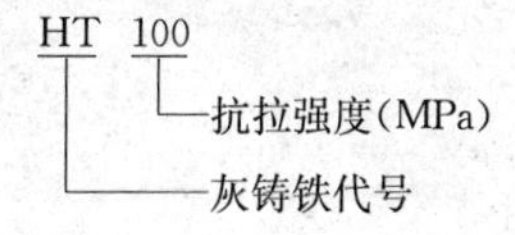

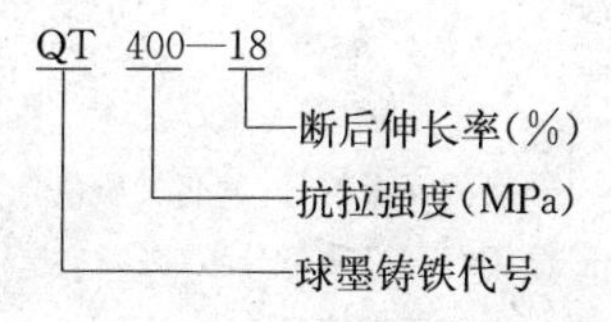

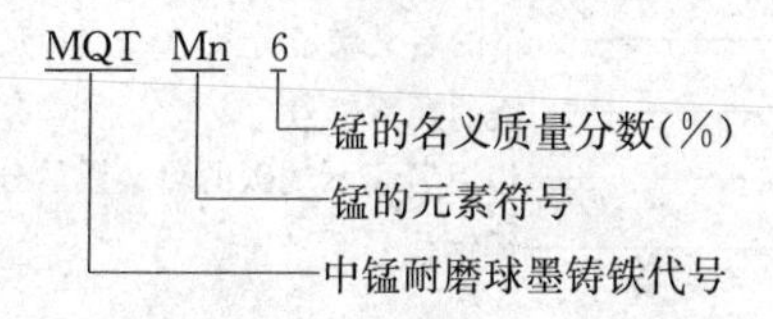

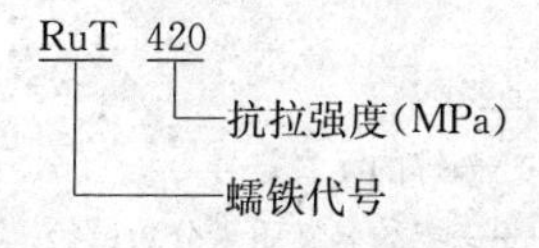

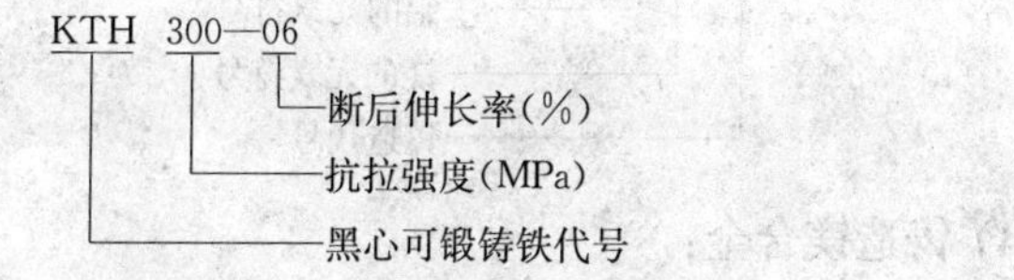

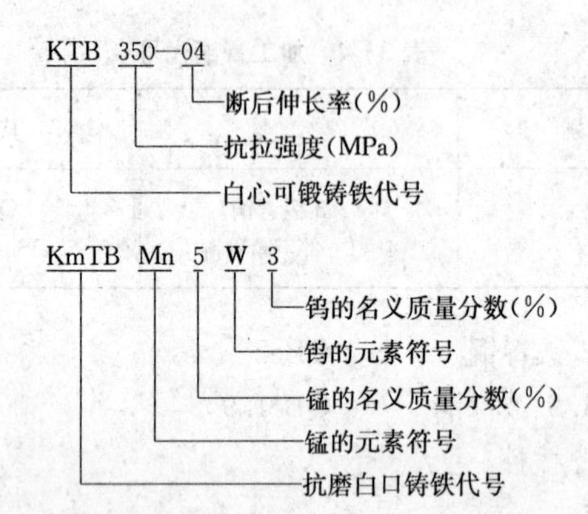

2）铸钢：

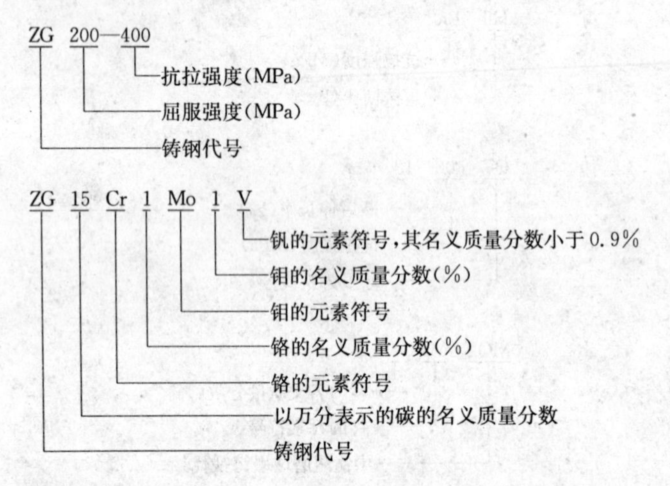

3）铸造非铁合金：

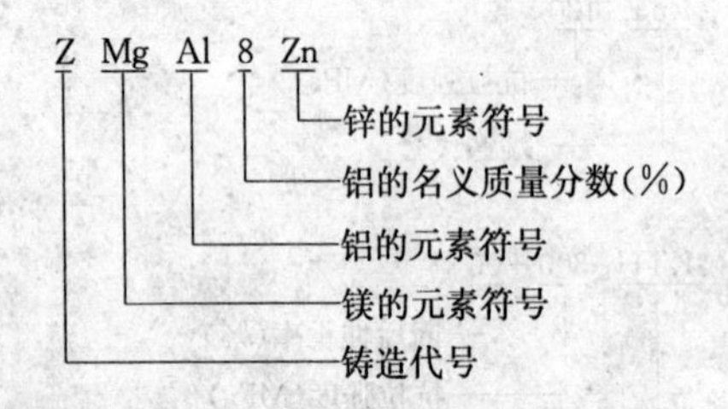

4）铸造镁合金：

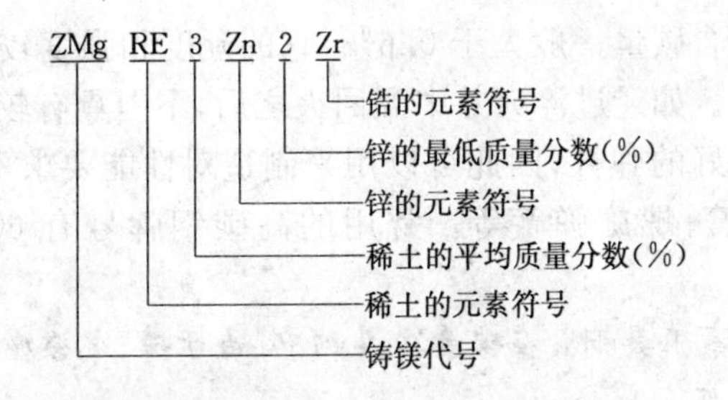

4. 常用金属材料的特点和用途

(1) 碳素钢 ***含碳量低于2.11%,并含有少量的磷、硫、硅、锰等杂质的铁碳合金叫做碳素钢,又叫碳钢。***

碳素钢分普通碳素结构钢和优质碳素结构钢两类。

普通碳素结构钢有Q195、Q215、Q235、Q255和Q275五种。Q195和Q275不分等级,化学成分及力学性能必须保证;Q215和Q255有A级和B级之分,其中B级做常温冲击试验。

普通碳素结构钢多用于要求不高的零件,如螺钉、螺母、垫圈、销等。

优质碳素结构钢中有害杂质磷和硫的含量比较少,钢的质量好,它既保证化学成分,又保证力学性能,一般用来制造力学性能要求较高的零件。

优质碳素结构钢有低碳钢、中碳钢和高碳钢三种:

低碳钢含碳量一般小于0.25%,它的强度比较低,但塑性和韧性都比较好,容易冲压,因此常用来制成各种板材,制造各种冲压零件与容器。低碳钢可用来制造各种渗碳零件(经表面渗碳淬火后,零件表面硬度高耐磨性好,而心部保持着一定的强度和韧性),如齿轮、短轴、销等。常用低碳钢牌号有08、10、15、20和25钢等。

中碳钢含碳量一般在0.3%~0.6%,它具有较高的强度,但塑性和韧性差些。中碳钢可用调质处理来提高强度和韧性,因此可用来制造各种轴类、杆件、套筒、螺栓和螺母等。如调质之后再经表面淬火,则可使表面硬而耐磨,可用来制造各种耐磨零件,如齿轮、花键轴等。常用中碳钢牌号有30、35、40、45和50钢等。

高碳钢含碳量一般大于0.6%，它的硬度和强度较高，但塑性和韧性较差。如经过淬火并中温回火之后，不但具有较高的硬度，而且具有良好的弹性，因此可以用来制造对性能要求不太高的弹簧，如板弹簧、螺旋弹簧等。常用的高碳钢牌号有60、65和70钢等。

☞ (2) 碳素工具钢　***在碳素工具钢中，由于磷、硫含量较少，所以钢的质量较好。***

碳素工具钢具有较高的硬度、耐磨性和足够的韧性，一般用来制造各种工具、模具、量具和切削刀具(低速)等。常用的碳素工具钢牌号有优质钢T7、T8、……、T13和高级优质钢T7A、T8A、…、T13A两大类。

☞ (3) 合金钢　***在碳素钢中加入一种或几种合金元素，以获得特定性能的钢称为合金钢。***

加入钢中的合金元素有锰、硅、铬、镍、钼、钨、铝、钛和硼等，它们一般是在熔炼过程中加入的。

合金钢有合金结构钢和合金工具钢两大类：

合金结构钢主要用来制造承受负荷较大或截面尺寸较大的机器零件；合金工具钢常用来制造刀具、量具和模具。

☞ (4) 铸铁　***含碳量大于2.11%的铁碳合金称为铸铁。工业上常用的铸铁一般含碳量是2.5%～4%。铸铁除含碳量较高之外，还有较高的含硅量，杂质元素硫和磷也较多。***

铸铁中含有石墨，石墨本身具有润滑作用和吸油能力，因此它具有良好的减摩性和切削加工性。此外由于铸铁的含碳量较高，使它的熔点低，流动性好，因此易于铸造。

常用的铸铁有下面四种：

1) 白口铸铁：白口铸铁的断口呈银白色，它的硬度较高，脆性大，很难切削加工，因此工业上很少直接用它制造机械零件，而是用来作炼钢原料。但也有用来制造轧辊、拉丝模和球磨机等零件的。

2) 灰口铸铁：灰口铸铁的断口呈灰色，它的硬度低，性质较软，容易切削加工；抗拉强度小，抗压强度大(与抗拉强度相比)，塑性差，不能进行压力加工；熔点低，流动性好，冷却凝固时收缩量小，因此其铸造性能较好。但灰口铸铁中的石墨呈片状，对基体有割裂作用，当铸铁受拉力或冲击力作用时，容易破裂。

灰口铸铁常用于底座、箱体、盖、飞轮、缸体、齿轮、凸轮、卡盘、阀壳等。

3）可锻铸铁：可锻铸铁又称马铁。可锻铸铁中的石墨呈团絮状，大大降低了对基体的割裂作用，因此可锻铸铁具有较高的力学性能，尤其是塑性和韧性，有较明显的提高。但是，可锻铸铁实际上是不能锻造的。可锻铸铁常用于汽车、拖拉机零件、机床附件、绞板、曲轴、连杆、齿轮、活塞等。

4）球墨铸铁：球墨铸铁中的石墨呈球状，它对基体的割裂作用降低到最小程度，使球墨铸铁的机械性能有很大提高，与钢相近，因此，对于有些零件可以用球墨铸铁代钢。球墨铸铁常用于农机具、汽车拖拉机差速器壳体、阀壳、齿轮、轴瓦、汽缸套、柴油机曲轴等。

(5) 铜和铜合金　铜有很多种，常用的有以下三种：

1）紫铜：紫铜又称纯铜，表面呈紫色，有较好的导电性、导热性和耐腐蚀性。紫铜易于热压或冷压加工，一般不作结构零件，常用于冷加工（冲、挤、拔）方法制造电线、电缆、铜管等。

2）黄铜：铜和锌的合金称为黄铜。黄铜有普通黄铜和特殊黄铜两大类。特殊黄铜是在普通黄铜中加入如铝、锰、硅、铅等合金元素来提高耐磨性等。特殊黄铜又分压力加工和铸造两种。常用黄铜作供排水管、艺术品、螺钉、螺母、散热器等。

3）青铜：在铜合金中加入主要元素不是锌而是锡、铝、硅或铍等其他元素的称为青铜，因此就有锡青铜、铝青铜、硅青铜和铍青铜等。青铜一般是经过铸造而成的，它的强度、硬度、耐腐蚀性都比黄铜好。常用青铜作弹性元件、耐磨零件、弹簧、接触片、轴承、蜗轮等。

(6) 铝和铝合金　铝和铝合金一般有以下几种：

1）纯铝：纯铝是一种银白色的金属，它的密度小、熔点低、导热和导电性能好。铝还具有良好的抗腐蚀能力。

☞ ***纯铝的强度较低，硬度不高，但塑性很好，可以通过压力加工制成各种型材***。工业上多用纯铝作导线、配制铝合金和制作强度要求不高的耐腐蚀的器具和零件。

☞ 2) ***铝合金：在纯铝中加入硅、铜、镁、锰等合金元素，即可获得强度较高的铝合金。铝合金分铸造铝合金和形变铝合金两大类。***

(7) 镁和镁合金　镁是银白色的金属，在空气中易被氧化而表面发暗。镁的密度小，熔点低，当温度升高到 410℃～450℃时，便会强烈氧化而燃烧。

由于镁的强度非常低，抗腐蚀性能也很差，因此在工业上很少应用。

镁合金的强度比较高，能承受冲击载荷，而且容易进行切削加工和进行表面修饰，因此在机械制造中得到广泛应用。

(8) 钛和钛合金　钛呈银白色，密度小，熔点高，耐蚀性好且强度较高。目前工业中多应用钛合金，它已成为飞机、导弹等较理想的结构材料。

钛合金的导热性差，摩擦因数大，切削加工时易粘刀，因此切削加工性较差。

三、金属切削过程

1. 切屑的形成

在金属切削过程中，当刀具沿着进给方向接触工件表面的一瞬间，刀具切入金属，使这部分金属受到挤压后发生弹性变形、塑性变形，最后离开本体而形成带状切屑(塑性材料)、节状切屑(塑性较小的材料)或崩碎切屑(脆性材料)。这时的切屑发生严重变形，切屑近刀具前面的一面发生拉伸现象(图 3-1)，表面光滑；背面受挤压，呈毛茸状。

在金属材料变形过程中产生了大量的热，把刀刃烧坏或磨损，机床功率大量消耗。工件的加工表面发生变化，产生积屑瘤、表面硬化等。

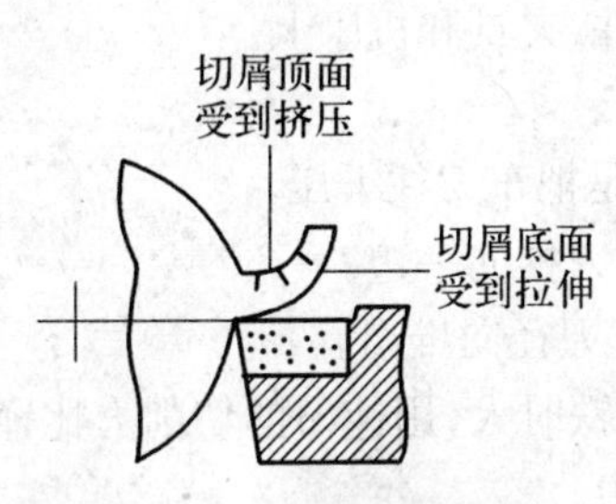

图3-1 切屑的变形情况

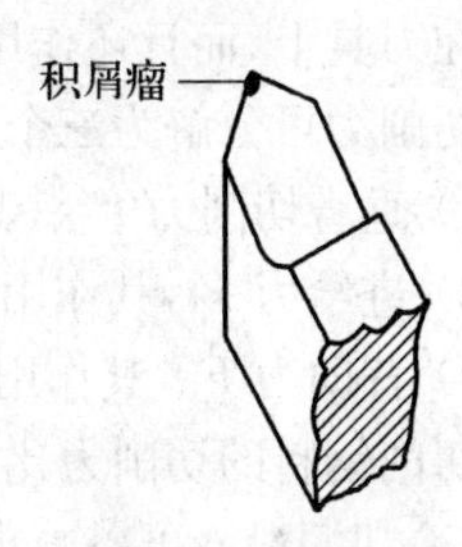

图3-2 积屑瘤

(1) 积屑瘤　切削塑性材料时，往往在刀具前面上刀尖附近处有一小块金属(图3-2)，好像焊在这里，这块金属就称为积屑瘤。

切削塑性金属(如低碳钢)时，在高温高压下，切屑与刀具前面发生摩擦，当摩擦力大于切屑底层分子之间结合力时，一部分切屑滞留在刀具刀刃附近而形成积屑瘤。

积屑瘤很不稳定，时生时灭，其次数达每秒钟几十次到几百次，因此易引起振动。积屑瘤的组织结构既不与工件材料相同，又不与刀具材料相同，硬度比原工件材料高2～3倍，因此说它可以保护刀刃，代替刀刃进行切削。一般地说，在粗加工时利多弊少，精加工时不希望产生积屑瘤。因为由于积屑瘤存在会使表面粗糙度增大。

采用最低(2～5 m/min)或最高(70 m/min)的切削速度，增大前角和浇注足够的冷却润滑液可以减少积屑瘤的产生。

(2) 加工表面硬化　切削塑性材料时，由于刀具刃口并不是绝对锋利，它对加工表面有一定的挤压作用，使加工表面发生剧烈变形而形成表面硬化，其硬度比原来高1.2～2倍，增加以后加工难度，因此在加工过程中尽量用锋利的刀具，并采用较高的切削速度。

(3) 切削力　在金属切削过程中，刀具会受到一个阻止其前进的阻力，这个阻力一般称为切削力 F(图3-3)。

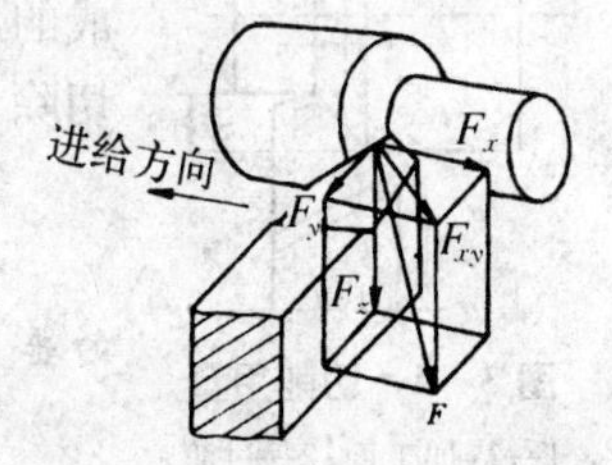

图3-3 切削力

根据加工条件的不同，切削力的大小可由几十到几万牛顿。切削力不仅作用在刀具上，而且还作用在工件、夹具和机床上。

切削力可分解为三个分力：

1）垂直切削力 F_{CN}，其作用是把车刀往下压。

2）进给力 F_f，其作用是把车刀推向一边。

3）背向力 F_P，其作用是把车刀径向推出。

切削钢料的切削力比切削铸铁时大；用钝刀的切削力比锋利刀大；加冷却润滑液可以减小切削力。

(4) 切削热　切削时，刀具、工件及周围有一股热气，这股热气称为切削热。

切削热是由于被切金属层分子彼此发生相对位移，分子间发生摩擦而产生的。此外，由于切屑与刀具发生摩擦也产生切削热。由于切削热存在，会烧坏刀具的刀刃，工件尺寸也会发生变化。

切削热最高的地方是切屑，其次是刀具切削刃部位、工件和周围空气。

要减少切削热，就必须应用锋利的刀具，并加足够的冷却润滑液。

四、切削用量

1. 加工表面

(1) 待加工表面　工件上有待切除的表面(图 3-4)。

(2) 已加工表面　工件上经刀具切削后产生的表面。

(3) 过渡表面　工件上由刀具切削刃形成的那部分表面，它在下一切削行程里被切除。

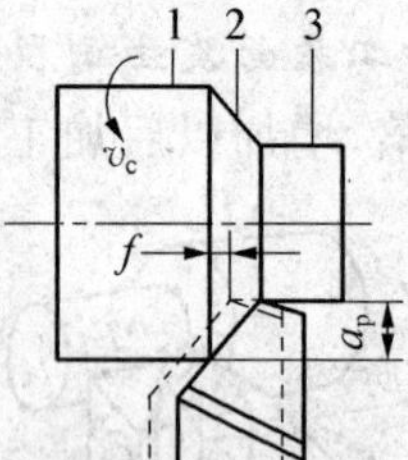

图 3-4　切削用量

1—待加工面；2—过渡表面；3—已加工面

2. 吃刀量

吃刀量 a_p——待加工面与已加工面之间的垂直距离(如图 3-4 所示)。

$$a_p = \frac{D-d}{2}$$

式中 a_p——吃刀量，mm；

D——待加工面直径，mm；

d——已加工面直径，mm。

3. 进给量

进给量 f——工件每转一周，车刀在工件上所移动距离，单位 mm/min。

4. 切削速度

切削速度 v_c——工件待加工面在一分钟内对车刀刃所经过路程，单位 m/min。

$$v_c = \frac{\pi D n}{1\,000}$$

$$n = \frac{1\,000 \times v_c}{\pi D}$$

式中 v_c——切削速度，m/min；

n——主轴转速，r/min；

D——待加工面直径，mm。

【例】 在卧式车床上，车一直径 50 mm，长 200 mm 的轴，要求一次进给车成直径 46 mm，这时选用 $n = 600$ r/min，$f = 0.6$ mm/r，求 a_p 和 v_c。

解：
$$a_p = \frac{50 - 46}{2} = 2\ \text{mm}$$

$$v_c = \frac{\pi \times 50 \times 600}{1\,000} = 94.2\ \text{m/min}$$

f 和 v_c 应该是先选定的，选用时可参考表 3－5。

五、车刀的几何角度

1. 车刀的面和刃

图 3－5 所示为车刀的面和刃。

表 3-5　常用车刀的切削用量(供参考)　　(mm)

刀具材料	f和v_c	材料									
		一般钢料		铸　铁		有色金属		不锈钢		淬火钢及其他硬材料	橡胶
		加工性质									
		粗车	精车	粗车	精车	粗车	精车	粗车	精车		
高速钢	f (mm/r)	0.2～0.5	0.10～0.25	0.3～0.6	0.1～0.3	0.3～0.6	0.2～0.5	0.25～0.5	0.15～0.25		0.1～0.2
	v_c (m/min)	24～26	26～30	18～24	20～30	40～45	45～50	10～13	13～15		35～60
硬质合金	f (mm/r)	0.5～1.5	0.15～0.25	0.4～0.6	0.1～0.3	0.3～0.5	0.15～0.3	0.3～0.6	0.1～0.2	0.08～0.1	0.5～0.75
	v_c (m/min)	50～100	100～300	60～80	80～130	100～160	120～200	50～100	80～140	10～30	100～200

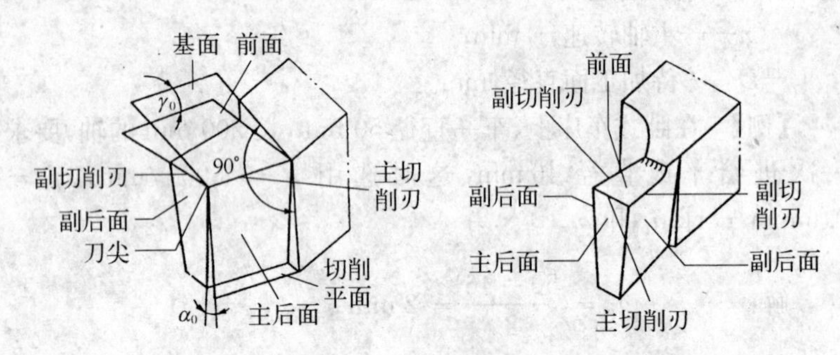

图 3-5　车刀的面和刃

(1) 前面　刀具上切屑流过的表面。

(2) 主后面　刀具上同前面相交形成主切削刃的表面。

(3) 副后面　刀具上同前面相交形成副切削刃的表面。

(4) 主切削刃　前面与主后面相交形成的一条刃。

(5) 副切削刃　前面与副后面相交形成的一条刃。

(6) 刀尖　主切削刃与副切削刃相交的一部分切削刃(或点)。

2. 车刀角度所在位置的面

在了解如图 3－5 所示的几个面后，才能确定车刀主要角度位置。假想把车刀位于主切削刃（某一点）上并垂直于主切削刃切开，这样就得到主剖面，如图 3－6 所示。在主剖面上可以看到几个主要角度。其中：

基面：通过主切削刃平行于安装底平面（车刀）的面。

切削平面：通过主切削刃与主切削刃相切并垂直于基面的面。

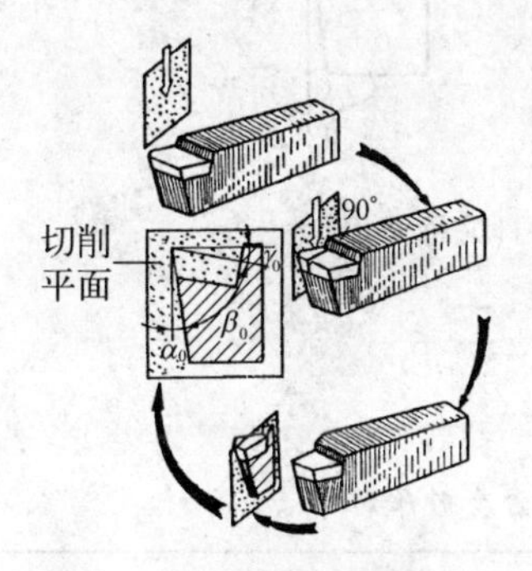

图 3－6　主切削刃上某一点的切削平面

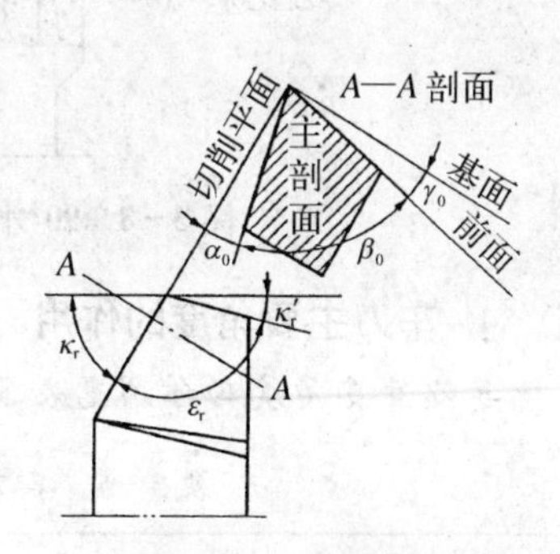

图 3－7　外圆车刀

3. 车刀的几何角度

如图 3－7 和图 3－8 所示，就可知道车刀几何角度的所在位置，其角度定义如下：

（1）前面 γ_0　前面与基面间的夹角。

（2）主后角 α_0　主后面与切削平面间的夹角。

（3）楔角 β_0　前面与主后面间的夹角。

$$\gamma_0 + \alpha_0 + \beta_0 = 90^\circ$$

（4）主偏角 κ_r　主切削刃与进给方向在基面上的夹角。

（5）副偏角 κ_r'　副切削刃与进给方向在基面上的夹角。

（6）刀尖角 ε_r　主切削刃与副切削刃在基面上的夹角。

（7）刃倾角 λ_s　主切削刃与基面间的夹角，应在切削平面上测量。

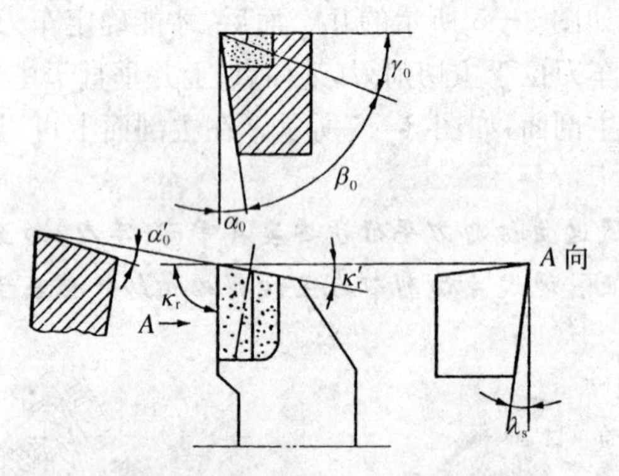

图3-8　90°外圆车刀(又称偏刀)

4. 车刀主要角度的作用

车刀主要角度的作用见表3-6。

表3-6　车刀主要角度的作用

角度名称	作　　用
前　角	1. 使刀具切削刃具有锐利的切削性能,减少切削区域变形,降低切削力和机床功率消耗,减少切削热 2. 减少切屑与刀具前面的摩擦
后　角	1. 使切削刃锋利 2. 减少刀具后面与工件表面之间的摩擦 3. 在一定情况下,适当改变后角可起消振作用
主偏角	1. 在相同的吃刀量和进给量情况下,可以改变主切削刃参加工作长度,改变切削厚度,以适应刀具强度、受力、散热和断屑需要 2. 改变径向力和轴向力之间的比例
副偏角	1. 减少副切削刃与加工表面摩擦 2. 改变刀尖强度和刀头散热情况,减小加工表面粗糙度
刃倾角	1. 改变切屑流动方向,改善已加工表面粗糙度,并有集屑、分屑和消振作用 2. 增加刀头强度,耐冲击,使切削平稳(指间断切削时) 3. 可增大实际切削前角 4. 能起锯削作用,使切屑易于切下

5. 车刀的刃磨

（1）砂轮的选择　目前工厂中常用的磨刀砂轮有两种：一种是氧化铝；另一种是碳化硅。氧化铝砂轮韧性好，比较锋利，但硬度稍低，所以用来磨高速钢刀具。碳化硅砂轮硬度高，切削性能好，但较脆，所以用来磨硬质合金刀具。

一般粗磨时用颗粒粗的砂轮，精磨时用颗粒细的砂轮。

（2）磨刀步骤

1）先磨主后面，把主偏角和主后角磨好，如图3－9所示。对于硬质合金车刀，先在氧化铝砂轮上磨出刀杆上后角，再在碳化硅砂轮上磨出刀片上后角。

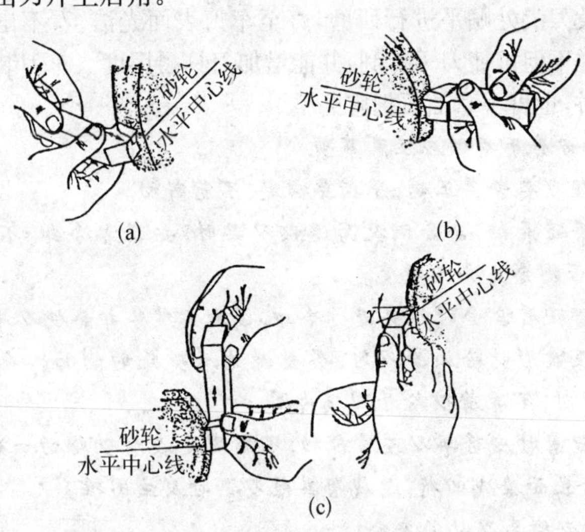

图3－9　车刀刃磨

(a) 刃磨主偏角和主后角；(b) 刃磨副偏角和副后角；(c) 刃磨前角

2）磨副后面，把副偏角和副后角磨好。

3）磨前面，把前角磨好。

4）磨刀尖圆弧。

5）精磨前面与后面，如图3－10所示。刃磨应有可调斜度的支持板。

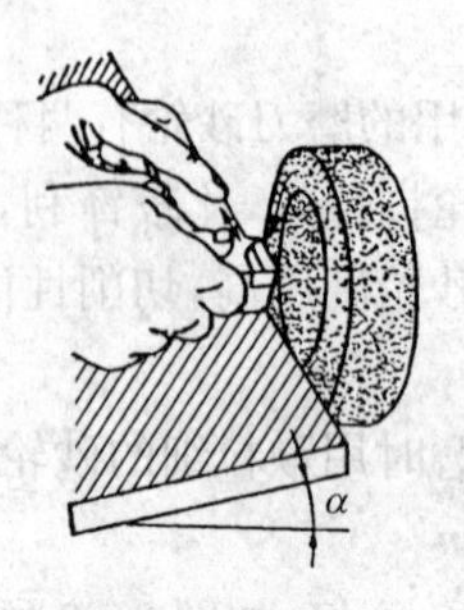

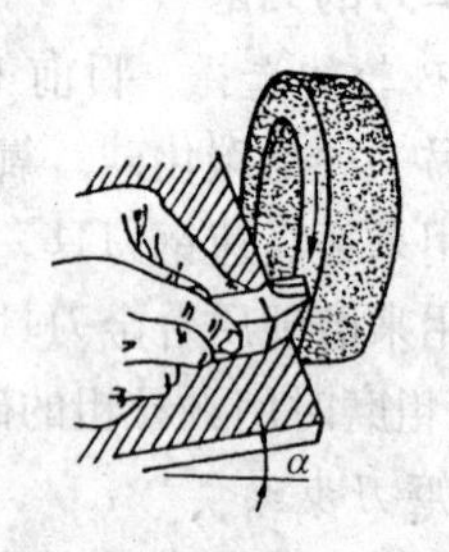

图 3－10　精磨车刀前面和后面

6）研磨。研磨时用油石加些机油，然后在刀刃附近的前面和后面以及刀尖处贴平进行研磨，直至车刀表面光洁，看不出痕迹为止。这样不但可使刀刃锋利，并能增加刀具耐用度。车刀装在刀架上用钝时，也可手拿油石把它磨整。

(3) 刃磨车刀时应注意事项

1) 握刀姿势要正确，手指要稳定，不能抖动。

2) 磨碳素钢、合金钢及高速钢刀具时，要经常冷却，不能让刀头烧红，否则会失去其硬度。

3) 磨硬质合金时不要进行冷却，否则突然冷却会使刀片碎裂。

4) 在盘形砂轮上磨刀时，尽量避免磨砂轮的侧面。在碗形砂轮上磨刀时，不准磨砂轮外圆或内圆。

5) 刃磨时应将车刀左右移动，不能固定在磨砂轮的一处，否则会使砂轮表面磨成凹槽，造成磨其他刀具时发生困难。

(4) 刃磨车刀时的安全

1) 刃磨时不能用力过大，否则由于用力过大使手打滑触及砂轮而受伤。

2) 磨刀时，人站在砂轮的侧面，防止碎屑飞入眼中。如果碎屑已飞入眼中，不能用手去擦眼睛，应用洁净的手帕擦，或立即去保健室清除。

3) 磨刀时最好戴防护眼镜。

4) 要用有防护罩的砂轮。

5）砂轮未转稳时不能磨刀。

6）磨刀具用的砂轮不能刃磨其他物件。

7）砂轮与托架之间的空隙不能太大，否则容易使车刀嵌入而发生危险。

6. 车刀角度的测量

车刀角度的测量可用以下方法：

（1）用样板测量　如图 3－11a 所示，测量主后角 α_0；如图 3－11b所示，测量楔角 β_0。

$$前角\ \gamma_0 = 90^\circ - \beta_0 - \alpha_0$$

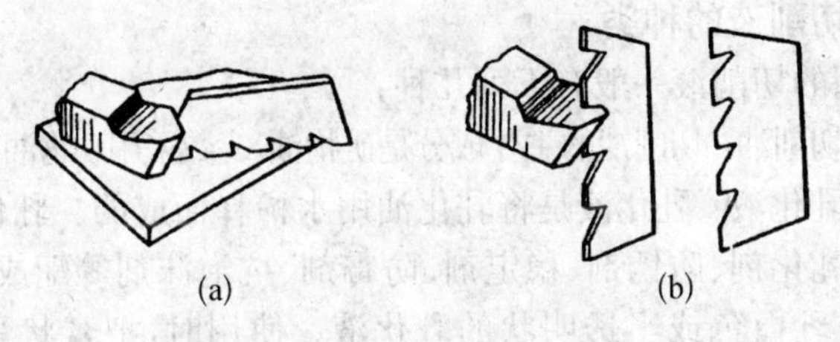

图 3－11　用样板测量车刀角度

（2）用量角仪测量　车刀放在量角仪平台上，如图 3－12a 所示，先测量后角；如图 3－12b 所示，后测量前角。

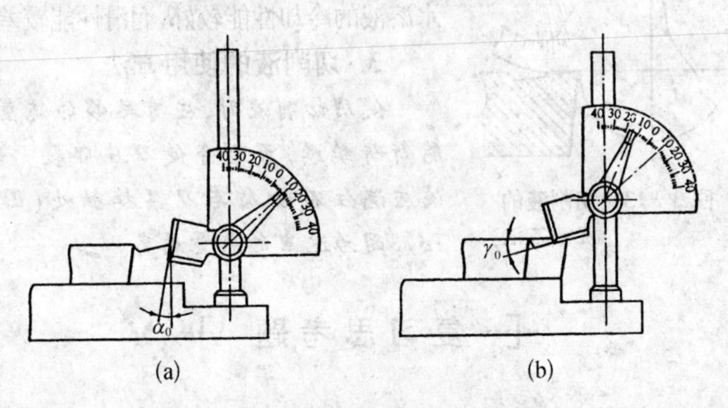

图 3－12　用量角仪测量车刀角度

六、切削液

1. 切削液的作用

在金属切削过程中，由于被切层里的金属分子彼此发生相对位移，分子之间发生摩擦而产生大量的热；切下来的切屑与刀具前面发生摩擦会产生热；刀具后面与工件表面发生摩擦也会产生热。这样所产生的热量很高，如果用温度来表示，则最高可到达几百度，结果使车刀刀尖烧坏，工件尺寸变化，切屑飞出还会伤害操作者。

为了减少切削热，在加工过程中浇注一种切削液。浇注切削液可以起到冷却、润滑、清洗、防锈等作用。

2. 切削液的种类

常用的切削液一般有下列几种：

(1) 切削油：切削油的主要成分是矿物油，少数采用动物油和植物油。

(2) 乳化液：乳化液是将乳化油用水稀释而成的。乳化油是由矿物油、乳化剂、防锈剂、稳定剂、防霉剂、抗泡沫剂等配成，用水稀释后即成乳白色或半透明状的乳化液。使用时，把膏状乳化油加15～20倍重的水，即成平时所用的乳化液。

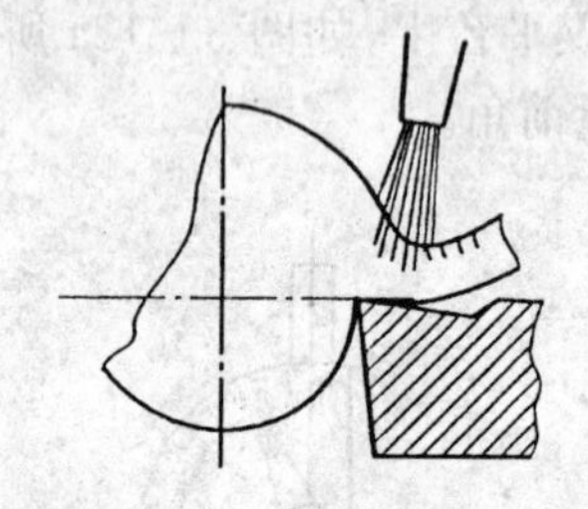

图 3-13　切削液的浇注方法

(3) 水溶液：水溶液的主要成分是水，加入一定量的水溶性防锈剂，则可防锈。水溶液的冷却性能较好，润滑性能较差。

3. 切削液的使用方法

☞ *使用切削液时，应有足够的流量，不能断断续续，否则会使刀片碎裂。切削液应浇注在切屑与刀具接触处(图 3-13)，因为这里的热量最高。*

[复习思考题]

一、选择题

1. 对于刀具切削部分材料，一般来说，硬度________的，其抗弯强度________。

(1) 高;(2) 低。

2. 车削铸铁工件时应选用________硬质合金。

(1) YT;(2) YG。

3. 加工黄铜的代号为________;加工青铜的代号为________。

(1) H;(2) Q。

4. 灰铸铁的代号为________;球墨铸铁的代号为________。

(1) QT;(2) KT;(3) HT。

5. 在钢铁材料中的中碳钢,其含碳量为________。

(1) 0.25%以下;(2) 0.6%以上;(3) 0.3%~0.6%。

6. 在钢铁材料中 T10A 是________钢。

(1) 高碳钢;(2) 高级优质钢;(3) 优质钢。

7. 车床的床身用________制造的。

(1) 高碳钢;(2) 灰铸铁;(3) 合金钢。

8. 在金属切削过程中,切削热最高处是________。

(1) 切屑;(2) 刀具;(3) 工件。

9. 在金属切削过程中,有三个切削分力,其中最大的一个是________。

(1) 垂直切削力 F_{CN};(2) 背向力 F_p;(3) 进给力 F_f。

10. 在金属切削过程中,主轴转速愈高,车刀进给量________。

(1) 愈高;(2) 愈低;(3) 不变。

11. 车刀前角是在________上测量的;主后角是在________上测量的。

(1) 主剖面;(2) 基面;(3) 切削平面。

12. 切削液应浇注在________上。

(1) 切屑;(2) 刀具;(3) 切屑与刀具接触处。

二、计算题

1. 在车床上车一直径 50 mm 的低碳钢轴,车床主轴 250 r/min,问这时的切削速度是多少?

2. 车削直径 300 mm 铸铁圆盘外圆,这时选用的切削速度为

60 m/min,问这时的工件转速应是多少?

三、问答题

1. 用作刀具切削部分的材料,应具备哪些性能?

2. 高速钢刀具的硬度用什么表示?硬质合金的硬度用什么表示?两者的关系如何?

3. W18G4V 的含义是什么?

4. 切槽时的吃刀量 a_p 是指什么?

5. 用图表示 60°外圆车刀的主要角度。

6. 车刀的前角和后角的作用是什么?

7. 同一把车刀的主切削刃上前角是否变化?为什么?

8. 刃磨车刀时,怎样正确选用砂轮?

9. 刃磨车刀时,应注意哪些安全知识?

10. 刃磨车刀时,是否要加冷却液?为什么?

第 4 章　轴类零件的车削方法

学习者应掌握：

1. 熟悉轴类零件的技术要求。
2. 车削时，能根据轴的具体情况，采用不同的装夹方法和选用不同的车刀。
3. 能选用中心钻的直径和确定加工余量。
4. 能合理选择零件的车削步骤。
5. 正确使用常用量具测量轴的精度。

一、轴类零件的种类

轴是用来支持机器中的传动零件（如带轮、齿轮等）的，使转动零件具有确定的工作位置，并传递运动和转矩。

轴类零件由圆柱表面、端面、沟槽、阶台和倒角组成（图 4－1），它有光滑轴、阶台轴和带有螺纹的轴等几种。

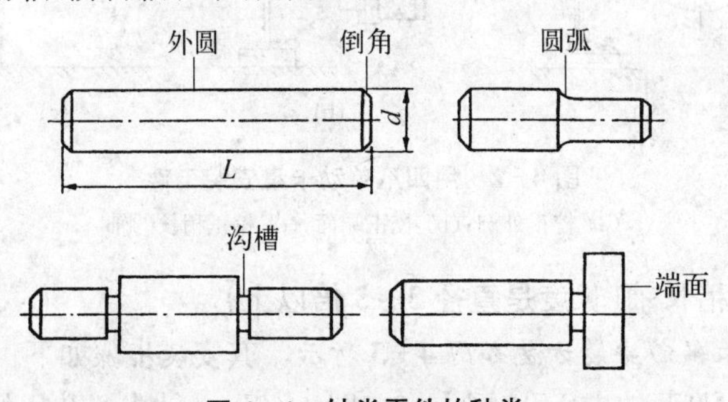

图 4－1　轴类零件的种类

二、轴类零件的精度要求

轴类零件的精度要求有以下几个：

☞ *(1) 尺寸精度(直径和长度的尺寸)。*

(2) 形状精度(圆度、圆柱度等)。

(3) 相互位置精度(同轴度、垂直度、圆跳动等)。

(4) 表面粗糙度。

具体数据可从工作图纸中看出，一般是：尺寸精度为IT5～IT8级；形状精度为轴颈公差$\frac{1}{2}$～$\frac{1}{4}$；相互位置精度为0.01～0.02 mm；表面粗糙度为Ra0.32～Ra0.80 μm。

三、轴类零件的安装方法

根据轴的结构形状和尺寸不同，其安装方法有以下几种：

1. 一般短轴

☞ ***一般直径小和较短的轴可用三爪自动定心卡盘装夹***，稍加校正即可车削。☞ ***如果轴的直径较大或有一定长度，则可采用四爪单动卡盘装夹***(图4-2)，但必须进行校正。

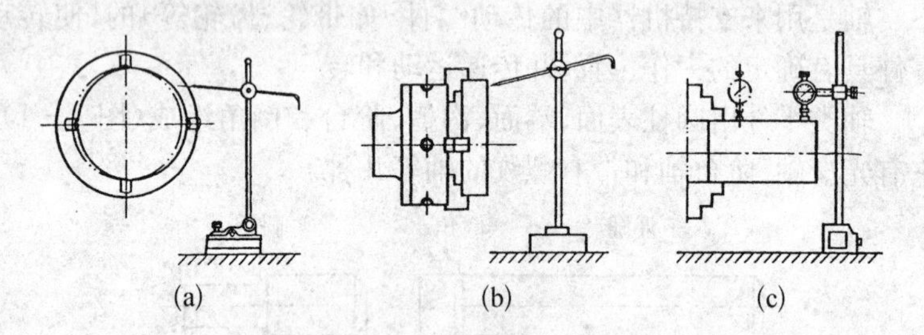

图4-2 用四爪单动卡盘安装工件

(a) 校正外圆；(b) 校正端面；(c) 校正稍长的轴

2. 稍长轴(长度是直径3～5倍以上)

☞ ***稍长轴的安装方法如图4-3所示***。其安装步骤如下：

(1) 打两端中心孔(图4-3a、图4-3b)。钻中心孔用的中心钻

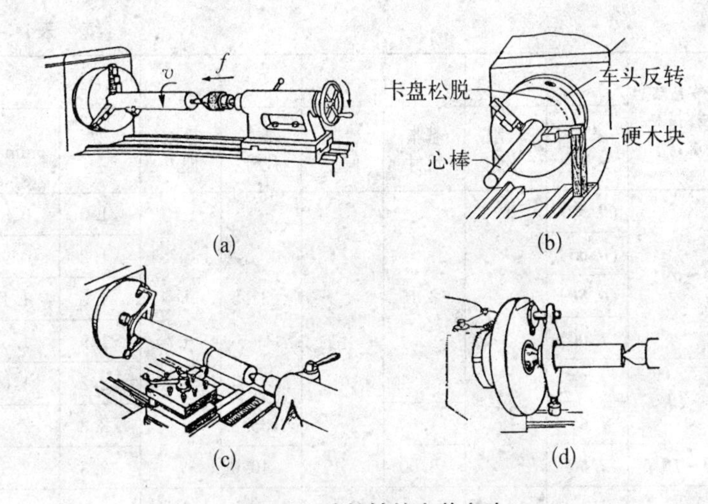

图 4-3 稍长轴的安装方法

(a) 打中心孔；(b) 卸下三爪自定心卡盘；(c) 用弯尾鸡心夹头装夹；(d) 用直尾鸡心夹头装夹

直径可从表 4-1、表 4-2 或表 4-3 中查出。

(2) 卸下三爪自定心卡盘。在主轴通孔中插一根心棒(图 4-3c)，床面上放一木块，主轴低速反转，卡爪与木块接触后，卡盘就松开而慢慢向右移动而落在心棒上，然后将卡盘从心棒上取下。

(3) 装上拨盘，并在主轴锥孔和尾座锥孔中插入顶尖。

(4) 将已打好中心孔的长轴安装在两顶尖上(一端用鸡心夹头夹住)(图 4-3c 和图 4-3d)。

表 4-1 不带护锥中心钻(A 型)的型式、基本尺寸及偏差

(mm)

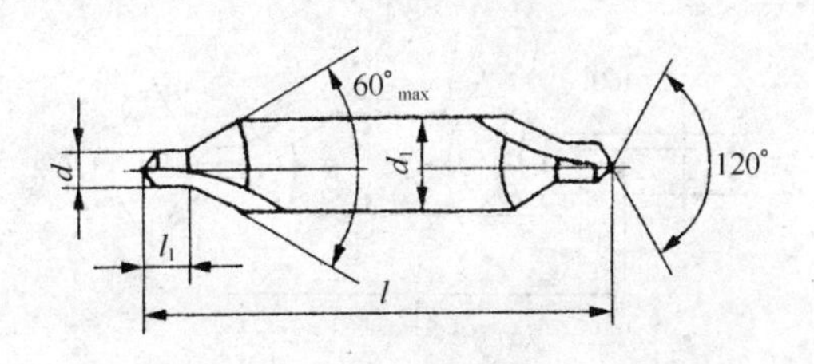

（续　表）

工件毛坯直径(选用时参考)	d		d_1		l		l_1	
	基本尺寸	极限偏差	基本尺寸	极限偏差	基本尺寸	极限偏差	max	min
4～6	(0.50)	+0.10 0	3.15	0 −0.030	31.5	±2	1.0	0.8
	(0.63)						1.2	0.9
	(0.80)						1.5	1.1
	1.00						1.9	1.3
6～10	(1.25)						2.2	1.6
	1.60		4.00		35.5		2.8	2.0
10～18	2.00		5.00		40.0		3.3	2.5
18～30	2.50	+0.10 0	6.30	0 −0.036	45.0	±2	4.1	3.1
30～50	3.15		8.00		50.0		4.9	3.9
50～80	4.00	+0.12 0	10.00		56.0	±3	6.2	5.0
80～120	(5.00)		12.50	0 −0.043	63.0		7.5	6.3
120～180	6.30	+0.15 0	16.00	0 −0.043	71.0	±3	9.2	8.0
	(8.00)		20.00	0 −0.052	80.0		11.5	10.1
＞180	10.00		25.00		100.00		14.2	12.8

注：括号内的尺寸尽量不采用。

表 4－2　带护锥中心钻(B 型)的型式、基本尺寸及偏差　(mm)

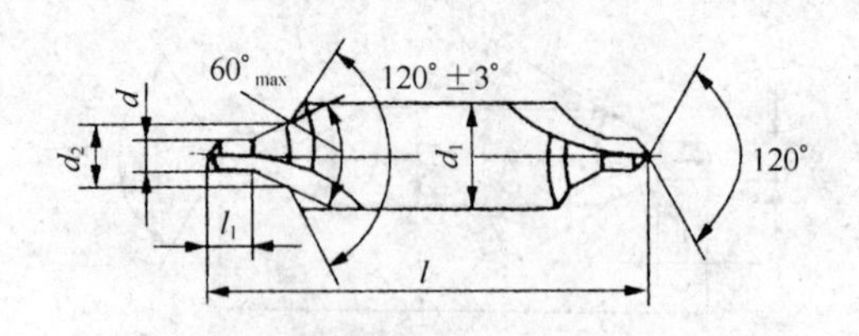

(续 表)

工件毛坯直径(选用时参考)	d		d_1		d_2		l		l_1	
	基本尺寸	极限偏差	基本尺寸	极限偏差	基本尺寸	极限偏差	基本尺寸	极限偏差	max	min
4~6	**1.00**	+0.10 0	4.0	0 −0.030	2.12	+0.10 0	35.5	±2	1.9	1.3
6~10	**(1.25)**		5.0		2.65		40.0		2.2	1.6
	1.60		6.3	0 −0.036	3.35	+0.12 0	45.0		2.8	2.0
10~18	**2.00**		8.0		4.25		50.0		3.3	2.5
18~30	**2.50**	+0.10 0	10.0	0 −0.036	5.30	+0.12 0	56.0		4.1	3.1
30~50	**3.15**	+0.12 0	11.2	0 −0.043	6.70	+0.15 0	60.0		4.9	3.9
50~80	**4.00**		14.0		8.50		67.0		6.2	5.0
80~120	**(5.00)**		18.0		10.60	+0.18 0	75.0	±3	7.5	6.3
120~180	**6.30**	+0.15 0	20.0	0 −0.052	13.20		80.0		9.2	8.0
	(8.00)		25.0		17.00		100.0		11.5	10.1
>180	**10.00**		31.5	0 −0.062	21.20	+0.21 0	125.0		14.2	12.8

注:括号内的尺寸尽量不采用。

表 4-3 弧形中心钻(R 型)的型式、基本尺寸及偏差 (mm)

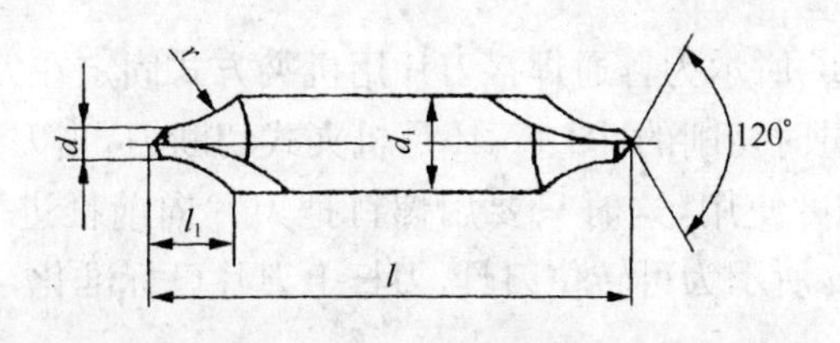

（续　表）

<table>
<tr><th rowspan="2">工件毛坯直径（选用时参考）</th><th colspan="2">d</th><th colspan="2">d_1</th><th colspan="2">l</th><th>l_1</th><th colspan="2">r</th></tr>
<tr><th>基本尺寸</th><th>极限偏差</th><th>基本尺寸</th><th>极限偏差</th><th>基本尺寸</th><th>极限偏差</th><th>基本尺寸</th><th>max</th><th>min</th></tr>
<tr><td>4～6</td><td>1.00</td><td rowspan="2">+0.10
0</td><td rowspan="2">3.15</td><td rowspan="2">0
−0.030</td><td rowspan="2">31.5</td><td rowspan="2">±2</td><td>3.00</td><td>3.15</td><td>2.50</td></tr>
<tr><td rowspan="2">6～10</td><td>(1.25)</td><td>3.35</td><td>4.00</td><td>3.15</td></tr>
<tr><td>1.60</td><td rowspan="3">+0.10
0</td><td>4.00</td><td rowspan="2">0
−0.030</td><td>35.5</td><td rowspan="4">±2</td><td>4.25</td><td>5.00</td><td>4.00</td></tr>
<tr><td>10～18</td><td>2.00</td><td>5.00</td><td>40.0</td><td>5.30</td><td>6.30</td><td>5.00</td></tr>
<tr><td>18～30</td><td>2.50</td><td>6.30</td><td rowspan="3">0
−0.036</td><td>45.0</td><td>6.70</td><td>8.00</td><td>6.30</td></tr>
<tr><td>30～50</td><td>3.15</td><td rowspan="3">+0.12
0</td><td>8.00</td><td>50.0</td><td>8.50</td><td>10.00</td><td>8.00</td></tr>
<tr><td>50～80</td><td>4.00</td><td>10.00</td><td>56.0</td><td rowspan="5">±3</td><td>10.60</td><td>12.50</td><td>10.00</td></tr>
<tr><td>80～120</td><td>(5.00)</td><td>12.50</td><td rowspan="2">0
−0.043</td><td>63.0</td><td>13.20</td><td>16.00</td><td>12.50</td></tr>
<tr><td rowspan="2">120～180</td><td>6.30</td><td rowspan="3">+0.15
0</td><td>16.00</td><td>71.0</td><td>17.00</td><td>20.00</td><td>16.00</td></tr>
<tr><td>(8.00)</td><td>20.00</td><td rowspan="2">0
−0.052</td><td>80.0</td><td>21.20</td><td>25.00</td><td>20.00</td></tr>
<tr><td>>180</td><td>10.00</td><td>25.00</td><td>100.00</td><td>26.50</td><td>31.50</td><td>25.00</td></tr>
</table>

注：括号内的尺寸尽量不采用。

(5) 试车一刀，看看工件是否有锥度，然后再决定尾座向哪一个方向偏移。

四、车刀及其安装

车削轴类零件用的车刀如图 4－4 所示。图中 a、b、c 用来车削外圆；a 还可以车削端面和倒角。图 4－4d 表示用来切槽或切断。

图 4－4e 所示为普通焊接刀片用机夹方式固定在刀杆上，用来中、小吃刀量时切削的；图 4－4f 是机夹式切断刀，当刀片磨损后再重磨一下仍可使用，这时只要用螺钉把刀片向前推进一下就可以了；图 4－4g 所示为可转位刀具，刀杆上刀片已标准化，可以根据需要选用。

车刀的安装方法如图 4－5 和图 4－6 所示。

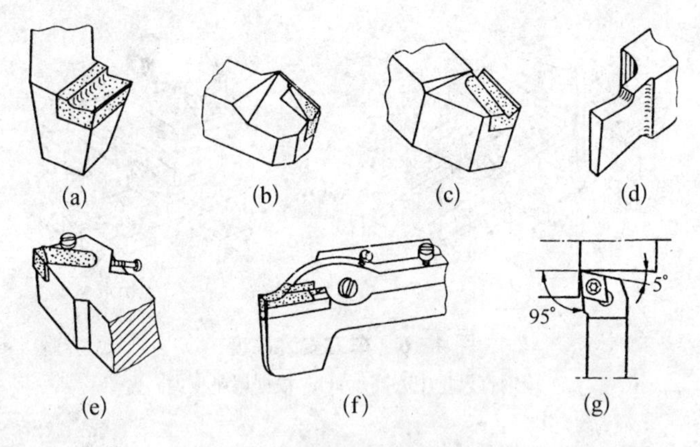

图 4-4 车削轴类零件用的车刀

(a) 45°外圆车刀;(b) 75°外圆车刀;(c) 90°外圆车刀(偏刀);(d) 切断(槽)刀;(e) 机械夹固或外圆车刀;(f) 机械夹固式切断刀;(g) 可转位外圆车刀

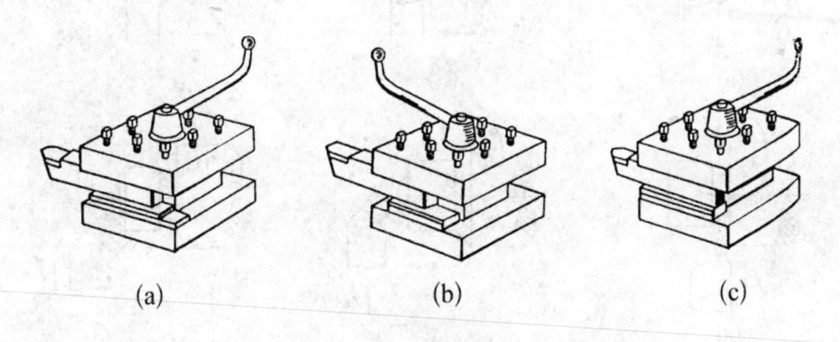

图 4-5 车刀的安装

(a) 正确;(b) 伸出太长;(c) 伸出太短

安装车刀时,刀尖必须与工件中心等高,见图 4-6。

五、轴类零件的车削方法

车削轴类的外圆时,可用外圆车刀(主偏角为 75°、90°或 45°)进行车削(图 4-7 的 a、b、c);切槽时(或切断)可用图 4-7d 所示的方法;车端面或倒角时可用图 4-7e 和 f 所示的方法。

切槽时,槽的尺寸在图纸上有规定,也可参考表 4-4;倒角的尺寸可参考表 4-5;圆弧的尺寸可参考表 4-6。

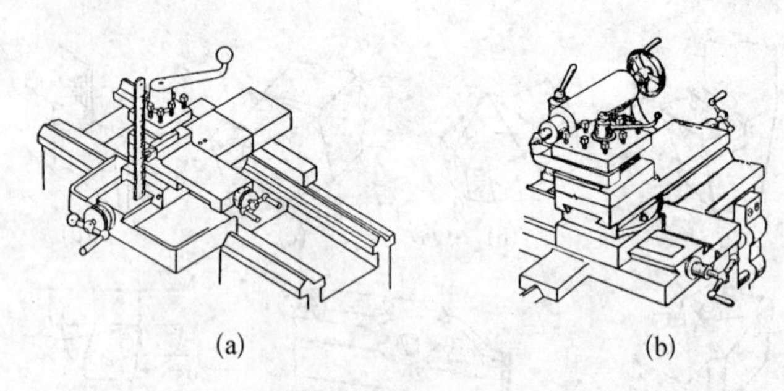

图 4-6　车刀安装高度

(a) 用钢直尺量中心高度；(b) 根据尾座顶尖高度

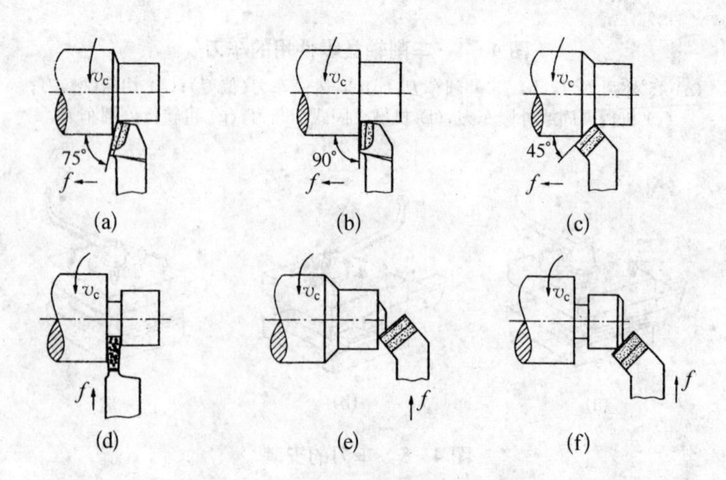

图 4-7　轴上有关表面的车削方法

(a) 用 75°外圆车刀车削；(b) 用 90°外圆车刀；(c) 用 45°外圆车刀车削；
(d) 切槽；(e) 车端面；(f) 倒角

表 4-4　沟 槽 的 尺 寸　(mm)

轴 的 直 径	沟槽的宽度与深度
≤30	2×0.5
>30～50	3×1
>50	4×1

表4-5 倒角的尺寸 (mm)

轴的直径	倒角尺寸	轴的直径	倒角尺寸
3～6	0.4	>80～120	3
>6～10	0.6	>120～180	4
>10～18	1	>180～260	5
>18～30	1.5	>260～360	6
>30～50	2	>360～500	8
>50～80	2.5		

注：1. 倒角一般是45°，有时也允许60°和30°(压配零件)。
2. 倒角尺寸是指直角边尺寸。

表4-6 圆弧的尺寸 (mm)

交界处两轴直径之差	圆弧 r	交界处两轴直径之差	圆弧 r
3	0.4	40	3
4	0.6	60	4
8	1	80	5
12	1.5	100	6
20	2	130	8
30	2.5		

六、车削步骤的选择原则

车削步骤的选择是决定加工精度的重要因素之一，因此在选择时应做到以下几点：

(1) 零件根据数量和精度要求的不同，机床条件的差异，可以有两种不同的加工原则：即工序集中原则和工序分散原则。工序集中原则是把第一个零件全部车好以后，再车第二、三……个零件。工序分散原则是先车好全部零件的一个表面，然后再车全部零件的第二、三……个表面。

大体说来，当零件的批量较小或只有几个，加工表面相互位置精度要求较高，或者是重型零件，而车床的精度和万能性又比较高时，应采用工序集中原则。反之，应采用工序分散原则。

(2) 车削零件时，一般总是分粗车、半精车和精车三个阶段。一般的规则是：一开始就进行零件各个表面粗车，只有在全部表面进行粗车之后，才进行半精车和精车。其理由如下：

1) 在粗车时，由于吃刀量和进给量较大，所产生的切削力也很大，因此必须把工件夹紧。但是，这样会使零件表面夹毛或变形。如果把零件的一个表面全部车好，那么粗车另一头表面时，就要把经过精车的表面夹在卡盘中，结果也会把这个表面夹毛。

2) 粗车时会产生大量的热，影响零件的尺寸精度。把粗车和精车分开以后，使零件在精车之前有冷却的机会。

3) 在任何的毛坯中，都有内应力存在。当表面车去一层金属以后，内应力将重新分布而使零件发生变形。粗车时，零件变形很大。如果把某一精度要求很高的表面，一开始就车到最后的精度要求，这个表面将由于车削其他表面而引起的内应力重新分布而失去原有的精度。虽然精车时也要车去金属，但由于切屑很薄，内应力所引起的零件变形很小。

4) 可以合理的确定机床。例如：粗车可以在精度低、动力大的机床上进行。精车在精度高的机床上进行。

5) 由于精车放在最后，可以避免光洁的工件表面在多次装夹中碰伤，造成退修、浪费工时。

6) 可以及时发现毛坯的缺陷(如砂眼、裂缝等)。如果把一个表面精车以后，再去粗车另一表面，这时如果发现另一表面有缺陷而必须更换毛坯，那么前面的一切工作都是白费。

上面所说的这几点，都是说明车削零件时粗精车应该分开。但是，也不是说每个零件都要这样做。例如，车削大型而精度要求又不高的零件，由于安装困难就不必这样做了。

(3) 对于精度要求高的零件，为了消除内应力，改善零件的力学性能，在粗车以后还要经过调质或正火处理，这时粗车后应留1.5~2.5 mm余量(按工艺文件规定，具体见表4-7)。

(4) 在车削短小零件时，一般先把端面车一刀，这样便于决定长度上的尺寸。对铸铁件来说，最好先倒一个角，因为铸铁的外皮

表4-7 轴在粗车外圆后为半精车外圆留的工序余量 (mm)

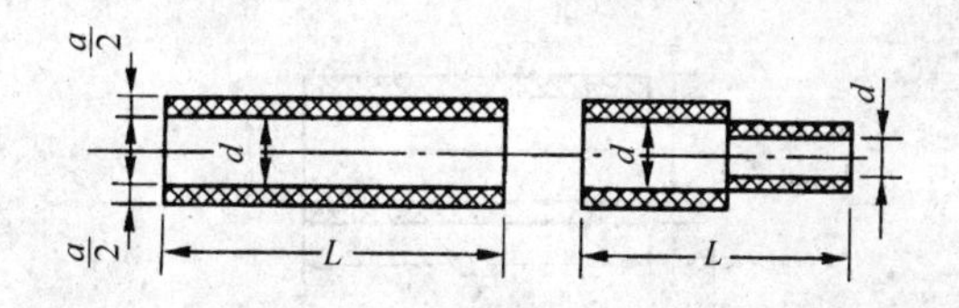

轴的直径 d	零件长度 L						粗车外圆的公差为IT12~IT13
	≤100	>100~250	>250~500	>500~800	>800~1 200	>1 200~2 000	
	直径余量 a						
≤10	0.8	0.9	1.0	—	—	—	≤0.2
>10~18	0.9	0.9	1.0	1.1	—	—	0.24
>18~30	0.9	1.0	1.1	1.3	1.4	—	0.28
>30~50	1.0	1.0	1.1	1.3	1.5	1.7	0.34
>50~80	1.1	1.1	1.2	1.4	1.6	1.8	0.40
>80~120	1.1	1.2	1.2	1.4	1.6	1.9	0.46
>120~180	1.2	1.1	1.3	1.5	1.7	2.0	0.53
>180~260	1.3	1.3	1.4	1.6	1.8	2.0	0.6
>260~360	1.3	1.4	1.5	1.7	1.9	2.1	0.68
>360~500	1.4	1.5	1.5	1.7	1.9	2.1	0.76

注：在单件或小批生产时，本表数值须乘上1.3，并化成一位小数，如1.1×1.3=1.43，采用1.4(四舍五入)，这时粗车外圆的公差等级为IT15。

很硬，并有型砂容易磨损车刀。倒角以后，在精车时，刀尖不会再遇到外皮和型砂了。

(5) 在两顶针间车削轴类零件，一般至少要三次安装，即粗车一端，调头再粗车和精车另一端，最后精车原来一端。

(6) 如果零件除了车削以外，还要经过磨削，那么在粗车和半精车以后不再精车了。但是，在半精车后必须留有磨削余量(在表4-8中选用)。

(7) 车削阶台轴时，一般是先车直径较大的一端，这样可以保证轴在车削过程中的刚度。

表 4-8　半精车后磨削外圆的加工余量　　(mm)

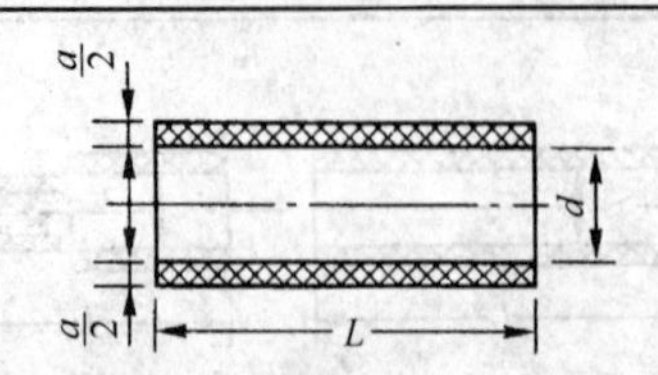

轴的直径 d	磨削性质	轴的性质	轴的长度 L						磨前加工余量公差
			≤100	100～250	250～500	500～800	800～1 200	1 200～2 000	
			直径余量 a						
≤10	中心磨	未淬硬	0.2	0.2	0.3	—	—	—	−0.1
		淬　硬	0.3	0.3	0.4	—	—	—	
	无心磨	未淬硬	0.2	0.2	0.2	—	—	—	
		淬　硬	0.3	0.3	0.4	—	—	—	
10～18	中心磨	未淬硬	0.2	0.3	0.3	0.3	—	—	−0.12
		淬　硬	0.3	0.3	0.4	0.5	—	—	
	无心磨	未淬硬	0.2	0.2	0.2	0.3	—	—	
		淬　硬	0.3	0.3	0.4	0.5	—	—	
18～30	中心磨	未淬硬	0.3	0.3	0.3	0.4	0.4	—	−0.14
		淬　硬	0.3	0.4	0.4	0.5	0.6	—	
	无心磨	未淬硬	0.3	0.3	0.3	0.3	—	—	
		淬　硬	0.3	0.4	0.4	0.5	—	—	
30～50	中心磨	未淬硬	0.3	0.3	0.4	0.5	0.6	0.6	−0.17
		淬　硬	0.4	0.4	0.5	0.6	0.7	0.7	
	无心磨	未淬硬	0.3	0.3	0.3	0.4	—	—	
		淬　硬	0.4	0.4	0.5	0.5	—	—	

☞ *(8) 在轴上切槽时，一般是在粗车和半精车以后，精车之前，但必须注意槽的深度。例如，槽的深度是 2 mm，精车之前的余量为 0.6 mm，那么在精车之前切槽时，槽的深度为 2+0.6/2=2.3 mm。*

如果零件的刚性较好，或者精度要求不太高，也可以在精车以后切槽，这样槽的深度就容易控制。

(9) 轴上的螺纹一般是放在半精车以后车削的，等待螺纹车好

以后,再精车各级外圆。因为车螺纹时,容易使轴弯曲。如果各级轴的同轴度要求不高或轴的刚性不太好,那么螺纹可以放在最后车削。

七、轴类零件的测量方法

1. 尺寸测量

轴类零件的直径和长度测量见第2章中的钢直尺、游标卡尺和千分尺等的使用方法。

2. 几何精度的测量

(1) 直线度 将平尺(或刀口尺)与被测表面直接接触(图4-8a),使两者的最大间隙为最小,此时的最大间隙即为直线度误差。误差大小应根据光隙测定。

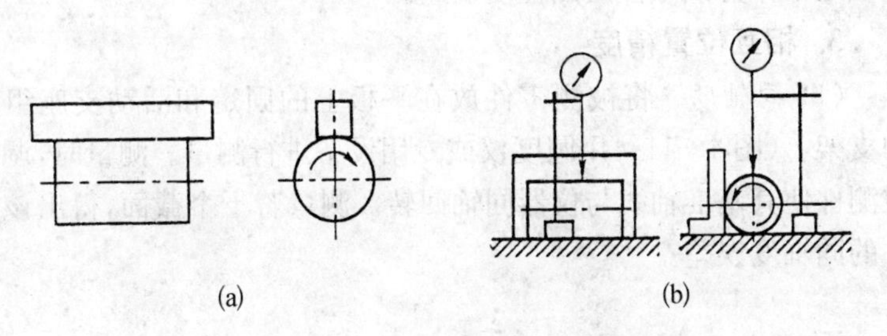

图4-8 轴的直线度测量方法

(a) 用平尺测量;(b) 用千分表测量

按上述方法测量若干处,取其中最大的误差值作为该零件的直线度误差。

也可以按图4-8b所示的方法,即将被测零件放在平板上,并使其紧靠在直角铁上,用千分表在被测件全长范围内测量。同样测量若干处,取其中最大误差值作为该零件的直线度误差。

(2) 圆度 将被测零件放在V形块上(图4-9),使其轴线垂直于测量截面,同时固定轴向位置。在被测零件回转一周过程中,规定取千分表读数的最大差值之半作为单个截面的圆度误差。按上述方法测量若干处,取其中最大的误差值作为该零件的圆度误差。

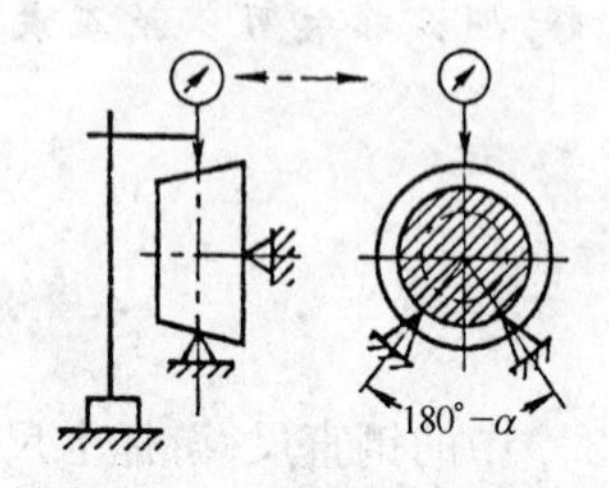

图 4-9　轴的圆度测量方法

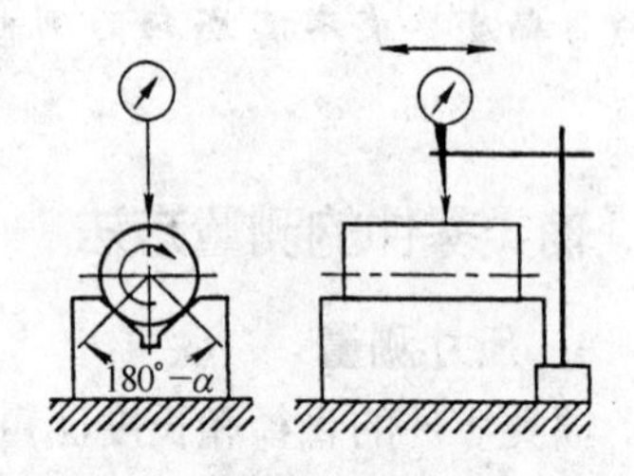

图 4-10　轴的圆柱度测量方法

(3) 圆柱度　将被测零件放在 V 形块内(图 4-10),被测件回转一周过程中,测量一个横截面上的最大与最小读数,按这种方法测量若干处,然后取各截面内所得的所有读数中最大与最小读数的差值之半作为该零件的圆柱度误差。

3. 相互位置精度

(1) 同轴度　将被测零件放在平板上的固定和活动支座组成的支架上(图 4-11),用圆度仪或专用设备进行测量。测量时,调整被测件使其基准轴线与仪器同轴回转。测量若干个截面,得出该零件的同轴度误差。

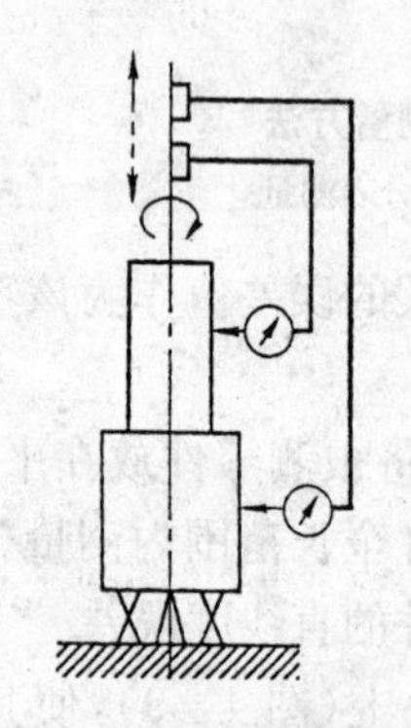

图 4-11　轴的同轴度测量方法

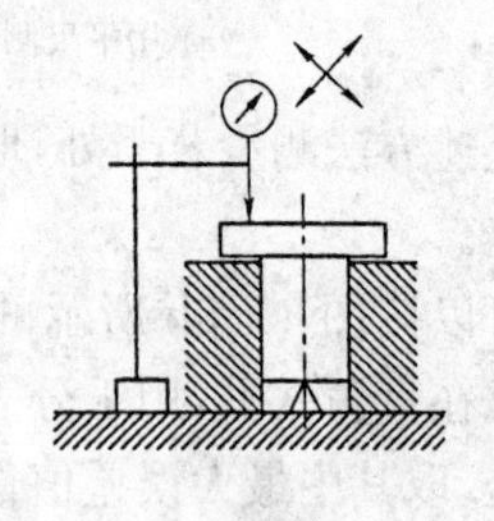

图 4-12　轴端面的垂直度测量方法

(2) 垂直度　将被测零件放在导向块内(下端由顶尖定位)(图

4-12),然后测量整个被测表面,并记录读数,取其中的最大读数差值作为该零件的垂直度误差。

(3) 径向圆跳动　将被测零件安装在两顶尖之间(图4-13),在被测零件回转一周中,千分表最大读数差值即为单个测量平面上的径向圆跳动。但必须测量若干个截面,取各截面上测得的最大值作为该零件的径向圆跳动。

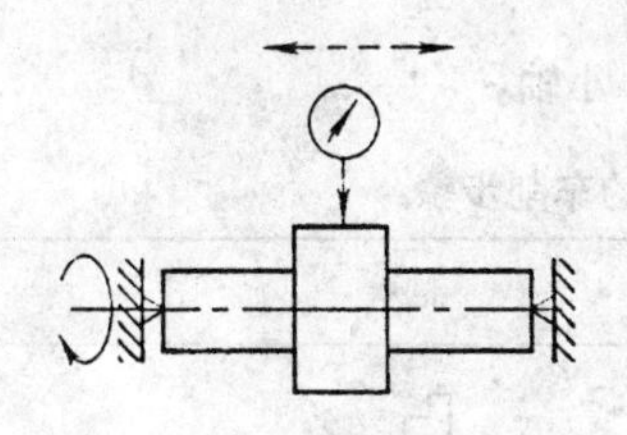

图4-13　轴的径向圆跳动测量方法

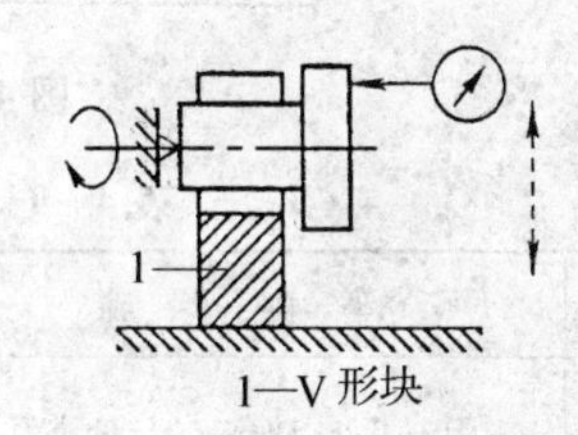

图4-14　轴的端面圆跳动测量方法

(4) 端面圆跳动　将被测零件放在V形块上(图4-14),并在轴向固定。在被测零件回转一周中,千分表最大读数差值即为单个测量圆柱面上的端面圆跳动。但必须测量若干个圆柱面,取其中的最大值作为该零件的端面圆跳动。

八、轴类零件的加工实例

一个轴类零件是由各种不同表面组成,如圆柱表面、圆锥表面、端面、曲面以及螺纹等,这些表面主要是在车床上加工的。

*由于零件不是由单独一个表面组成的,在车床也不是车削一个表面,因此这就存在哪个表面先车,哪个表面后车问题。但是由于零件的材料、结构、精度要求和加工设备不同,因此一个零件的车削步骤也有不同。*下面举几个实例:

实例一

名称:小轴(图4-15),材料:45钢,毛坯:棒料。

车削步骤:见表4-9。

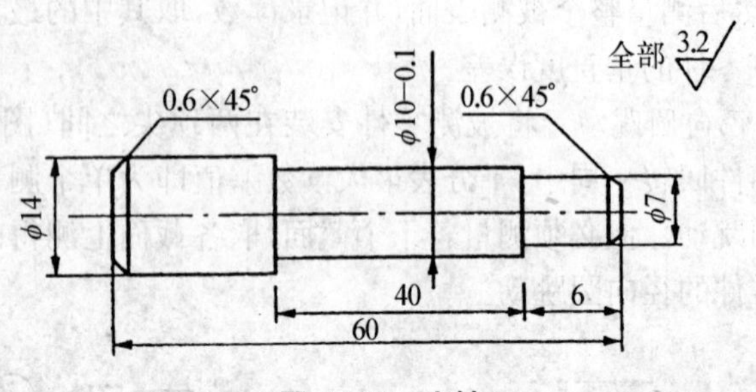

图 4-15 小轴

表 4-9 小轴的车削步骤

序号	车削步骤	示图
1 2 3	用三爪自动定心卡盘夹住棒料，伸出长度约 70 mm 粗车和半精车直径 14 mm 粗车和半精车直径 10 mm	
4 5 6	粗车和半精车直径 7 mm 精车直径 10 mm 倒角 0.6×45°	
7	切断，长度上留 0.5～1 mm 余量	
8	调头夹住直径 10 mm 处(包一层铜皮)，车端面和倒角	

实例二

名称：定位心轴(图 4-16)，材料：50 钢，毛坯：棒料。

车削步骤：见表 4-10。

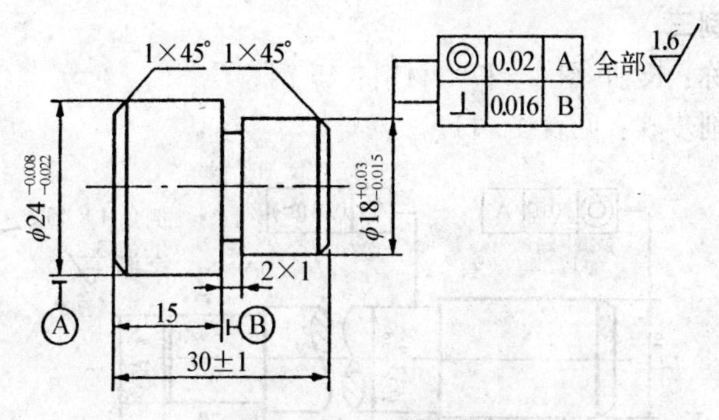

图 4-16 定位心轴

表 4-10 定位心轴的车削步骤

序号	车削步骤	示图
1 2	用三爪自动定心卡盘夹住棒料,伸出长度约 40 mm 粗车和半精车端面以及直径 24 mm 外圆,留余量 0.5～1.5 mm	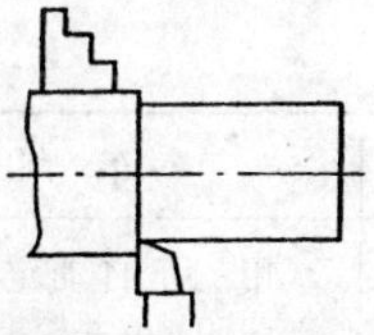
3	粗车和半精车直径 18 mm 外圆,留余量 0.5～1.5 mm	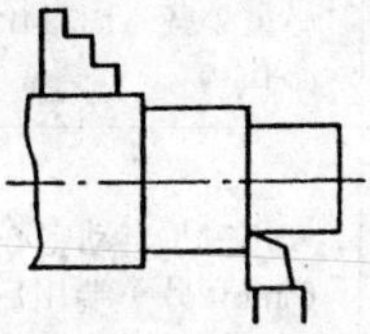
4 5 6 7	切 2×1 外沟槽。注意切槽时深度要大于 1 mm,以防直径 18 mm 车准后沟槽深不够 精车直径 18 mm 和直径 24 mm 外圆 倒角 1×45° 切断(长度上留 0.5～1 mm 余量)	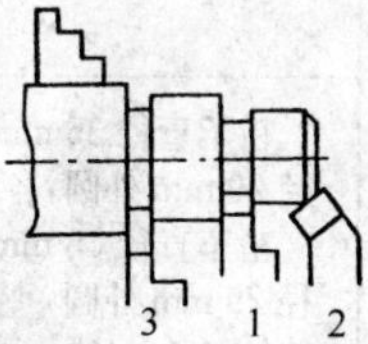 3 1 2
8 9	调头夹住直径 18 mm(外圆上包铜皮)车直径 24 mm 端面 倒角 1×45°	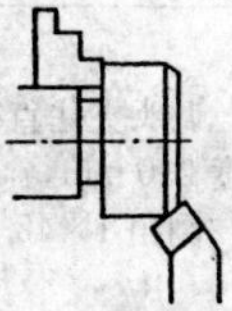

实例三

名称：长轴(图 4－17)，材料：45 钢。

车削步骤：见表 4－11。

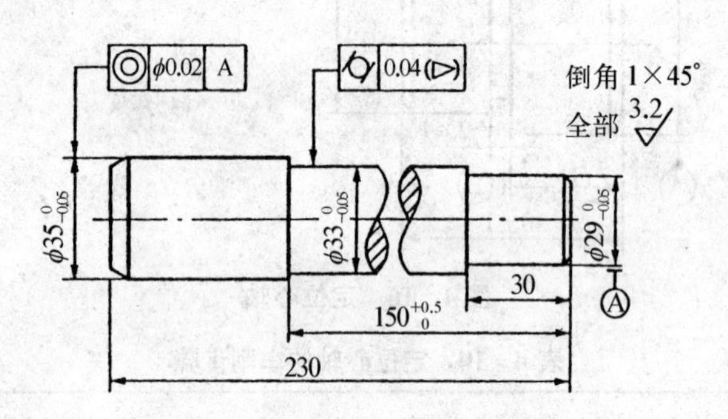

图 4－17 长轴

表 4－11 长轴的车削步骤

序号	车削步骤	示图
1	用三爪自动定心卡盘夹住棒料 30～50 mm 并校准(另一端的跳动量尽量小些)，用直径 3 mm 中心钻打中心孔	
2	用三爪自动定心卡盘夹住棒料 5～6 mm，另一端用后顶尖顶住，试车一下，校正锥度	
3	粗车直径 35 mm、直径 33 mm 和直径 29 mm 外圆，各留余量 1 mm 左右	1 2 3
4	精车直径 35 mm、直径 33 mm 和直径 29 mm 外圆	
5	倒角 1×45°	
6	调头夹住直径 35 mm 外圆，车准长度 230 mm	
7	倒角 1×45°	

复习思考题

一、选择题

1. 直径小和较短的轴,应用________装夹。

(1) 两顶尖;(2) 四爪单动卡盘;(3) 三爪自动定心卡盘。

2. 常用的中心锥是________型。

(1) 不带护锥;(2) 带护锥;(3) 弧。

3. 插在主轴锥孔中的为________顶尖,插在尾座套筒锥孔中的为________顶尖。

(1) 前;(2) 后;(3) 固定。

4. 在两顶尖之间车削工件时,工件的转动是先由________转动,再带动________,然后带动________。

(1) 鸡心夹头;(2) 拨盘;(3) 工件;(4) 顶尖。

5. 在两顶尖之间车削长轴时,试车一刀后,发现工件近主轴一端小,近尾座一端大,这时尾座上层部分应向________方向偏移。

(1) 操作者;(2) 离操作者。

6. 车削直径为 16 mm 的长轴,应选用直径________mm 中心钻。

(1) 2;(2) 2.5;(3) 3.15。

7. 方刀架上垫车刀用的垫片,要________,尽量采用________片。

(1) 平;(2) 厚;(3) 1;(4) 2～3。

8. 在粗车直径 40 mm、长 100 mm 外圆时,粗车后应为精车留________mm 余量。

(1) 0.9;(2) 1;(3) 1.5。

9. 在两顶尖之间车削长轴时,至少要________次安装。

(1) 2;(2) 3;(3) 4。

10. 轴上的沟槽应安排在________之前。

(1) 粗车;(2) 半精车;(3) 精车。

11. 轴端倒角一般是________度,其倒角尺寸是________边。

(1) 45°;(2) 60°;(3) 直角;(4) 斜。

二、问答题

1. 轴有哪几种？一般轴由哪几个表面组成？
2. 轴的精度要求有哪些？在一般情况下应达到什么程度？
3. 装夹轴类零件的方法有哪几种？如何选用？
4. 45°外圆车刀有什么优缺点？
5. 应用机械夹固车刀(包括可转位车刀)有什么好处？
6. 安装车刀时,刀头伸出过长或过短有什么不好？
7. 车削零件时,为什么要把粗车和精车分开？
8. 车削铸铁件时,为什么先在轴端上倒一个角？
9. 车阶台轴时,应先车哪一端？为什么？
10. 如何测量轴的圆度和径向圆跳动？
11. 如图所示的零件,试安排其车削步骤。

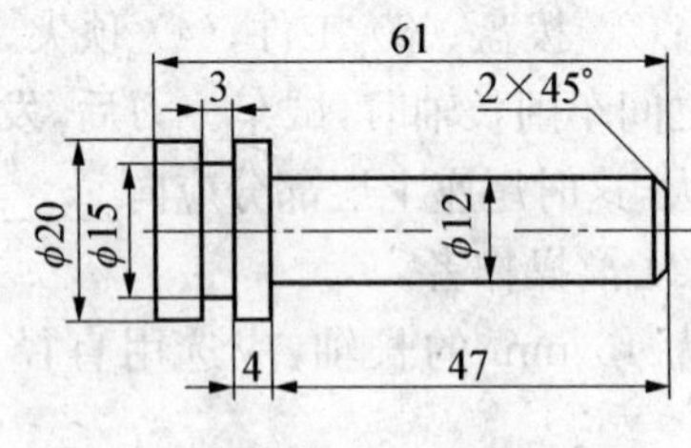

题图 4－1　销轴

第 5 章　套类零件的车削方法

学习者应掌握：

1. 了解什么样的麻花钻才算符合要求。

2. 如何保证套类零件的加工精度，尤其是薄壁套零件。

3. 合理选择套类零件的车削步骤。

一、套类零件的种类

套类零件主要是作为旋转零件的支承，在工作中承受轴向力和径向力，例如车床主轴的轴承孔、尾座套筒孔、带轮孔、齿轮孔等。

套类零件一般是指带有内孔的零件，常见的有紧定孔（图 5－1）、回转体零件上的孔和箱体零件上的孔等。

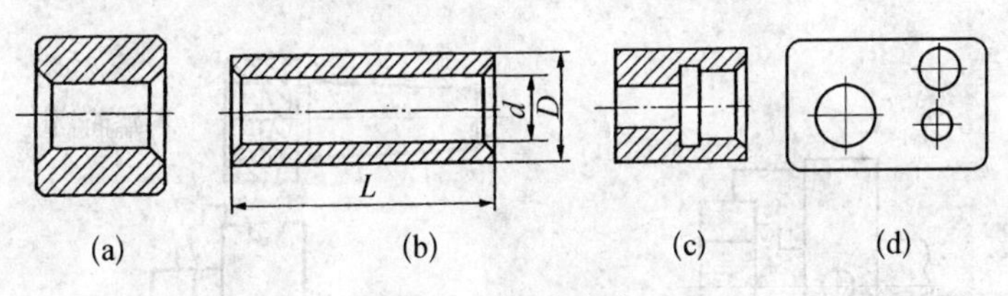

图 5－1　孔的种类

图 5－1a 所示为穿插螺栓的孔，这种孔的精度一般为 IT9～IT10 级；图 5－1b 和图 5－1c 所示为光滑孔和阶台孔，如套筒孔、法兰孔等孔。这类孔的精度一般为 IT7～IT9 级；图 5－1d 所示的为箱体孔，如车床主轴箱上的主轴轴承孔，进给箱上的纵向和横向孔

等。这种孔的精度一般在 IT7～IT8 级以上。

孔的倒角、沟槽和过渡圆弧大小与轴类零件相同。

二、套类零件的精度要求

套类零件的精度要求如下：

1. 尺寸精度(直径和长度)。

2. 几何精度(圆度和圆柱度)。

3. 相互位置精度(同轴度、垂直度、径向跳动等)。

4. 表面粗糙度。

精度要求的具体数值按工作图规定。

三、套类零件的安装方法

根据套类零件的形状和毛坯情况不同，它有几种不同的安装方法。如果零件的毛坯是棒料，并且先要钻孔，这时棒料的安装方法与车外圆时棒料的安装方法相同。

1. 外圆未径加工的盘形工件

毛坯是盘轮类形状，且要求两端面平行，并与内孔垂直，这时可采用下面几种方法：

(1) 应用反爪装夹(图 5－2)　坯料端面与卡爪贴平车一个端面上，然后将已车好的一个端面与卡爪贴平车另一个端和内孔。

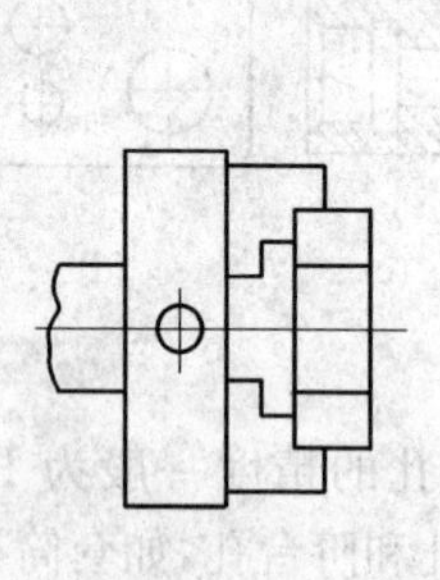

图 5－2　应用反爪装夹车端面和内孔

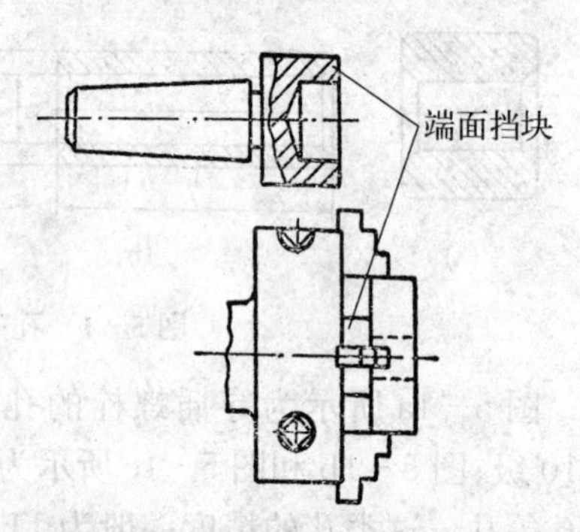

图 5－3　应用端面挡块保证工件的平行度

(2) 应用正爪和端面挡块(图 5-3) 挡块的一端用圆锥插在主轴锥孔中,端面精车一次。如果工件有孔,则挡块上也应该有孔,其孔径应大于工件孔径。

也可以采用如图 5-4 所示的方法,即在三爪自动定心卡盘上钻攻三个螺孔,将活动挡块 1 用螺钉 2 固定。活动挡块上装上螺钉 4 和螺母 5,高低可调节。活动挡块可以向心或离心调节,以适应工件直径大小。安装工件前先将三个螺钉工作面精车一下(这样保证工作面与主轴中心线垂直),然后将工件 6 放上去与工作面贴平,并用三爪夹紧即可车削。

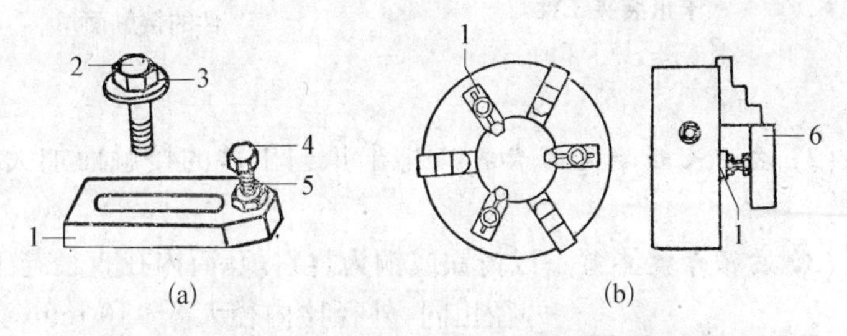

图 5-4 活动挡块及其在卡盘上的安装

1—活动挡块;2、4—螺钉;3—垫圈;5—螺母;6—工件

采用这种方法比较方便,当螺钉 2 工作面厚度车完后,只要再调换三个就可以再次应用,并且三个螺钉所围成的圆(直径)可任意调节。

(3) 应用未经淬火的卡爪(软卡爪) 这种卡爪可自行制造,就是把原来的硬卡爪右面一半 1(图 5-5)拆卸,换上自行制造的软爪用螺钉与左半 2 连接成一体,然后把软卡爪车成阶台形,工件 3 即可安装上去。

2. 外圆已精加工的盘形工件

如果只要加工内孔,并要求内外圆同轴线,这时也可以应用未经淬火的卡爪装夹。

3. 薄壁套筒工件

须注意装夹时变形。一般可采用下面几种方法:

(1) 将粗车后的工件平稳夹紧 工件粗车以后,在精车之前略

松一下卡爪再轻轻夹紧。

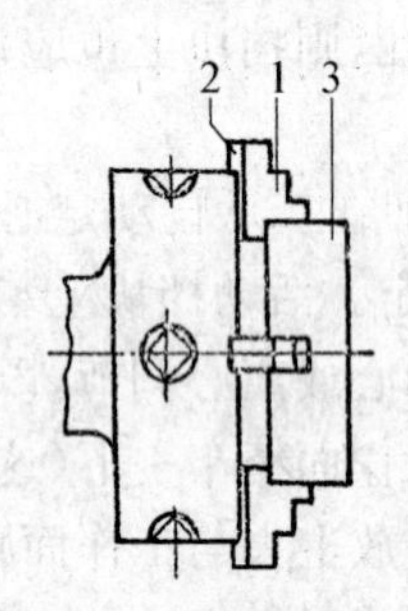

图 5-5　应用未经淬火的卡爪装夹工件

1—软卡爪；2—原卡爪的左半部；3—工件

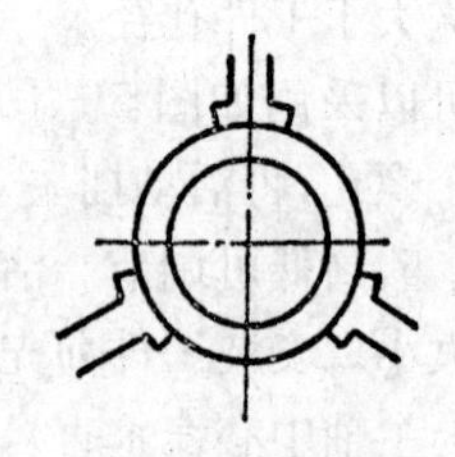

图 5-6　加宽卡爪与工件的接触面

(2) 应用未经淬火的卡爪　把卡爪与工件的接触面加大(图 5-6)。

(3) 应用开缝套筒　以铸铁或铜为材料，套筒内孔直径与工件外径相同，外径比内径大 8～10 mm，套筒轴向开一条宽 2～3 mm 缝隙。安装时开缝套筒套 1 套在工件 2 外圆上(图 5-7)，然后连工件一起安装在三爪卡盘上。

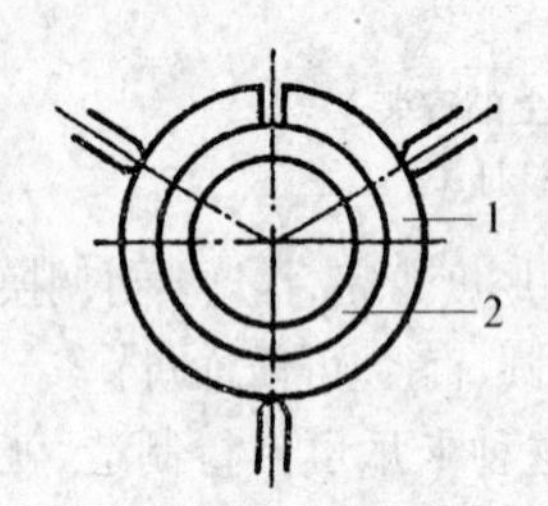

图 5-7　应用开缝套筒装夹薄壁套工件

1—套筒；2—工件

(4) 应用心轴装夹　即在主轴锥孔中插一根心轴 1(图 5-8)，工件 2 套在心轴上，用开口垫圈 3 和螺母 4 紧固。

4. 大量同一的环形工件

工件的尺寸相同和数量较多时，可用如图 5-9 和图 5-10 所示的方法装夹。

图 5-9 所示为在一根长心轴上安装内孔尺寸和形状相同的较多的工件。长心轴用两顶尖装夹，工件装上后用垫圈和螺母紧固。

图 5-10 所示为一专用夹具，用来安装外径尺寸和形状相同的环形工件。夹具主体 1 可以与车床法兰盘连接，或安装在卡盘上校正。工件 4 装入夹具体内后，拧动螺母(向右)2 通过杠杆 3 把工件

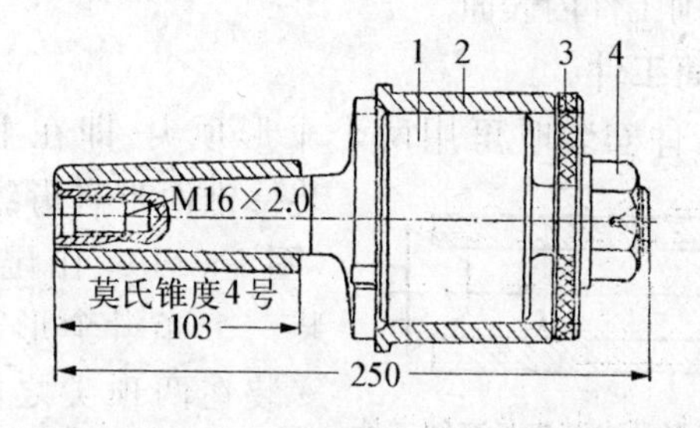

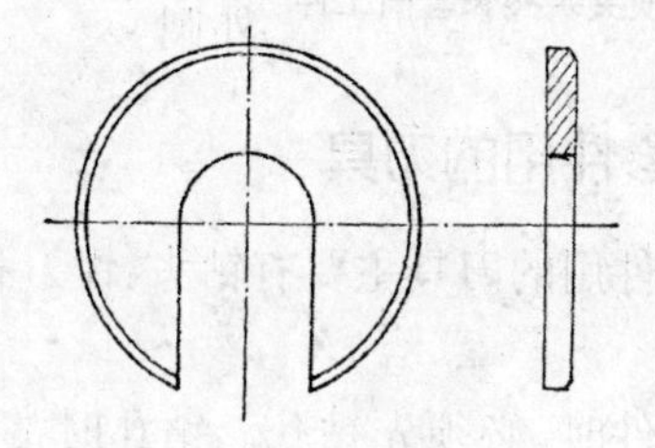

图 5-8 应用心轴装夹薄壁套工件

1—心轴；2—工件；3—开口垫圈；4—螺母

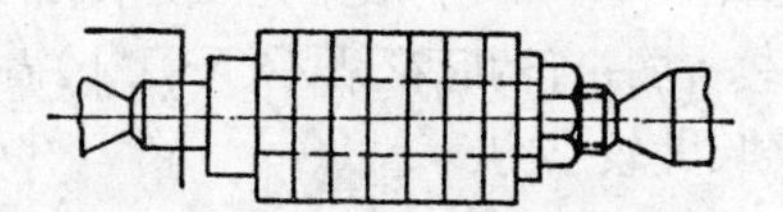

图 5-9 用长心轴装夹较多工件

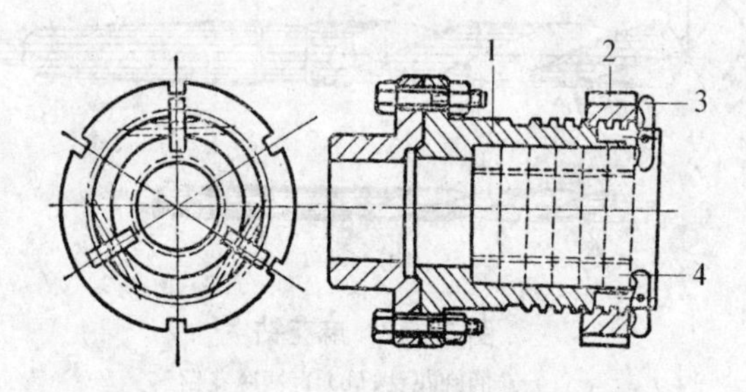

图 5-10 用专用夹具装夹较多工件

1—专用夹具体；2—螺母；3—杠杆；4—工件

4 压紧即可车削工件内表面。

5. 长套筒工件

长套筒工件安装时可用两个伞形顶尖，即在主轴锥孔中安装一锥面带有齿纹的伞形顶尖（图 5－11），在尾座套筒中安装一个光滑伞形顶尖，把工件安装在两顶尖之间，即可车削外圆。

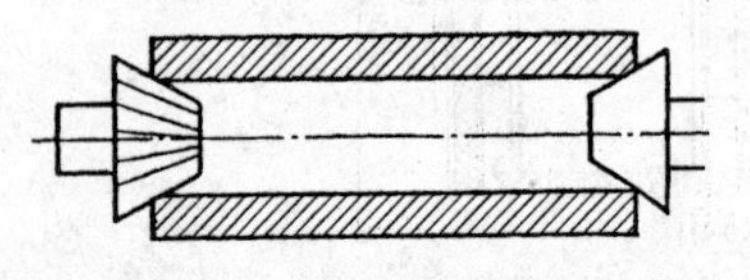

图 5－11　用伞形顶尖装夹长套筒工件

四、车削套类零件用的刀具

车削套类零件用的刀具主要有钻头、镗刀和铰刀等。

1. 钻头

车削套类零件时，必须先钻孔。钻孔时常用的刀具是钻头，钻头有麻花钻和扁钻两种。

（1）麻花钻　麻花钻的形状如图 5－12 所示，它有锥柄和直柄两种：锥柄麻花钻（图 5－12a）一般是直接安装在尾座套筒内使用，多数是直径尺寸较大的；直柄麻花钻（图 5－12b）需要应用钻夹头装夹的，多数是直径尺寸较小的。

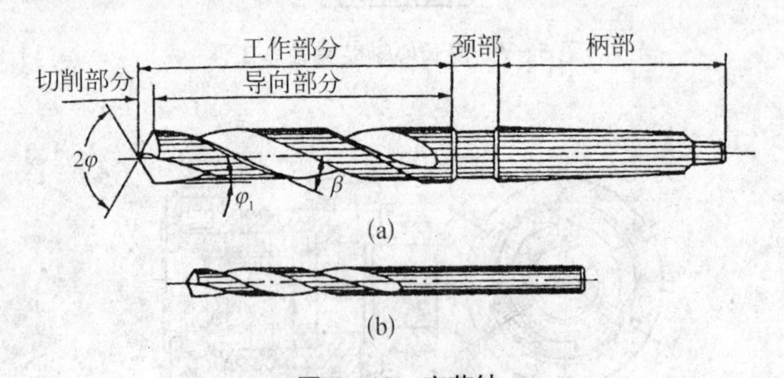

图 5－12　麻花钻

(a) 锥柄麻花钻；(b) 直柄麻花钻

麻花钻由切削部分、导向部分、颈部和柄部组成。切削部分用来进行切削工作；导向部分是保持钻头前进方向；颈部上刻有钻头直径、材料和生产工厂厂名；柄部用于安装。

麻花钻的直径近切削部分处大，近颈部处小，但相差不多，一般是 0.03～0.12/100 mm。

麻花钻的钻芯近切削部分薄，近颈部处厚。

麻花钻切削部分的几何角度见图 5－13 所示。

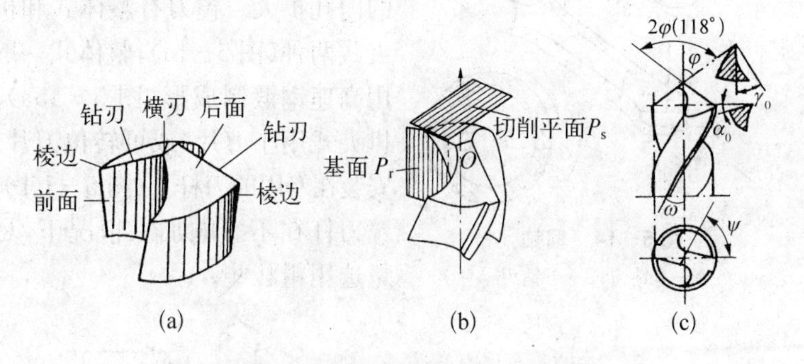

图 5－13 麻花钻的几何角度

(a) 切削部分的面和刃；(b) 切削平面和基面；(c) 几何角度

前面：螺旋槽表面。

后面：面对孔壁的表面。

钻刃：前面与后面的交线。

横刃：两个后面之间的交线。

棱边：外缘上凸起的沿螺旋槽方向的两条刃，钻头的直径应是两条棱边之间的距离。

前角 γ_0：钻刃上某一点的前面与基面之间的夹角。***钻刃上各点的前角不等，近外缘处大，近钻心处小。***

后角 α_0：钻刃上某一点的后面与切削平面之间的夹角。后角应在轴剖面内测量。***钻刃上各点后角不等，近外缘处小，近钻心处大。***

锋角 2φ：近似于两条钻刃之间的夹角。***$2\varphi=118°$时，两条钻刃是直线。如果 $2\varphi>118°$，钻刃呈凹形；$2\varphi<118°$时，钻刃呈凸形。***

横刃斜角：近似于横刃与钻刃之间的夹角。横刃斜角 ψ 一般是 50°～55°。***横刃斜角与后角有直接关系，即 ψ 大 α_0 小，ψ 小***

α_0大。

(2) 扁钻　扁钻又称三角钻，它的几何形状如图 5－14 所示。扁钻一般用高速钢锻打成形，然后刃磨出几何角度。

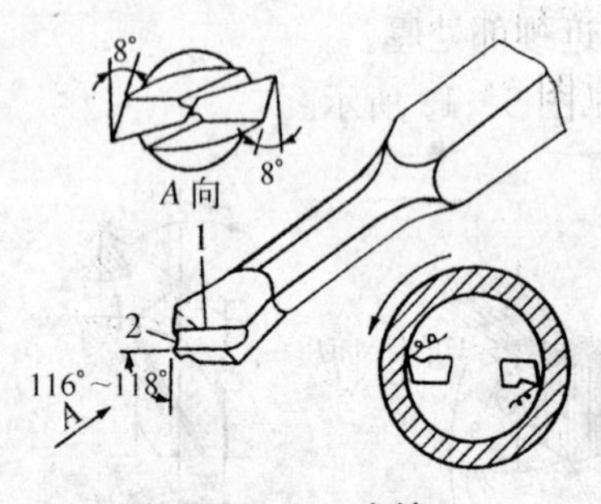

图 5－14　扁钻

1—上钻刃；2—下钻刃

2. 镗刀

镗刀用来把已钻出孔的工件的内孔扩大。镗刀有整体式和机夹式两种(图 5－15)，整体式一般用高速钢锻制成形(图 5－15a)；机夹式用小刀片(或可转位刀片)安装在专用的刀杆上(图 5－15b)。镗刀杆在不影响加工情况下，尽量选用粗壮些。

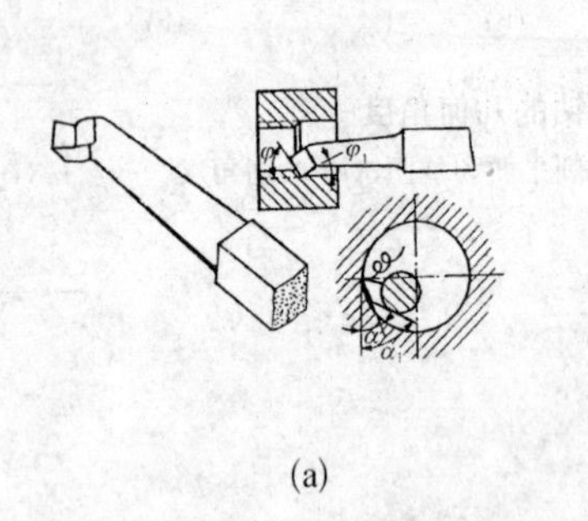

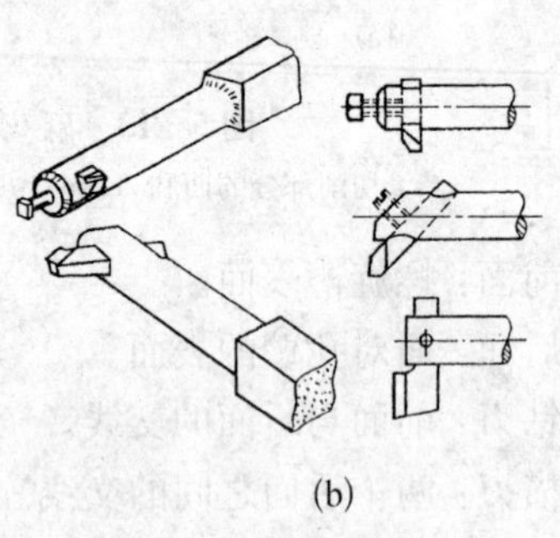

图 5－15　镗刀

(a) 整体式；(b) 机夹式

3. 铰刀

精度要求较高或数量较大的内孔，在镗孔以后留些铰削余量(表 5－1)，然后用铰刀铰削。

铰刀的几何形状见图 5－16。

五、钻孔方法

1. 钻削小直径孔

钻削小直径孔用的钻头，一般是直柄麻花钻，安装在钻夹头中

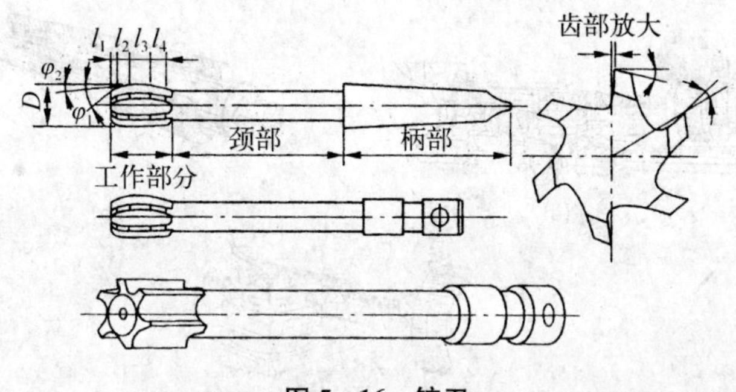

图 5-16 铰刀

(图 5-17a),钻夹头插入尾座套筒锥孔内。钻孔时为防止钻头抖动而难以进入工件,这时可在刀架上安装一根支棒,轻轻地抵住钻头端部,待钻头尖端进入工件后立即撤退支棒。

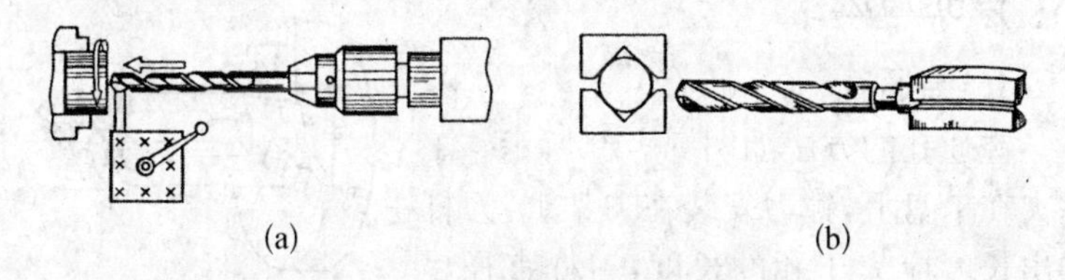

图 5-17 钻削小直径孔的方法

如果一时没有钻夹头,则可采上下两块 V 形块夹住钻头(图 5-17b),V 形铁夹在刀架上,当然其高低应以钻头对准工件中心为准。

2. 钻削稍大直径孔

直径稍大的孔,一般用锥柄麻花钻钻削。钻孔时将钻头直接插入尾座锥孔内进行钻削(图 5-18a)。如果锥柄与尾座套筒锥孔锥度不符,则用锥套转接(图 5-18b)。也可以应用专用夹块的方法装夹钻头(图 5-18c)。

钻削直径较大(例如 ϕ20 mm 左右)的孔,最好先用直径 13～15 mm 钻头钻孔,再用 ϕ20 mm 钻头钻孔,这样可防止由于钻削力过大而损坏机床或钻头。

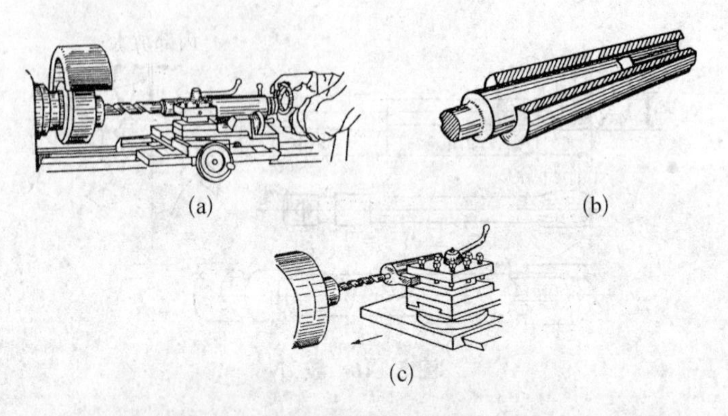

图 5-18 钻削稍大直径孔的方法

(a) 将钻头直接插入尾座套筒锥孔内;(b) 用锥套转接;(c) 用专用夹块

六、镗孔方法

1. 镗通孔

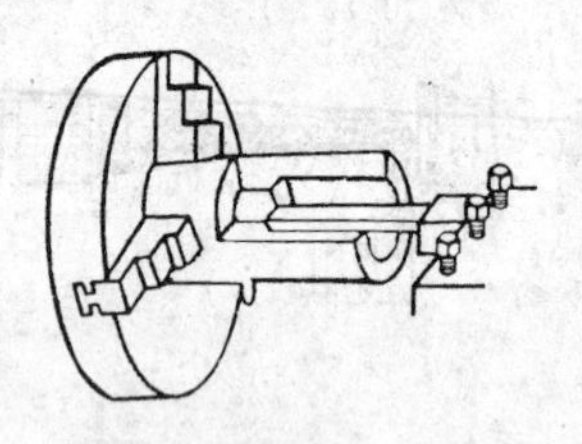

图 5-19 镗孔方法

镗通孔的方法如图 5-19 所示。工件夹在卡盘上,镗刀安装在刀架上,刀杆伸出长度应大于孔的长度,刀杆直径尽量粗壮些,以防镗孔刀杆抖动。

2. 镗阶台孔

镗阶台孔的方法如图 5-20 所示。先在工件上钻出阶台孔,然后用镗刀按图示步骤镗出阶台孔。当然也可以用可转位刀具镗削阶台孔的阶台表面。

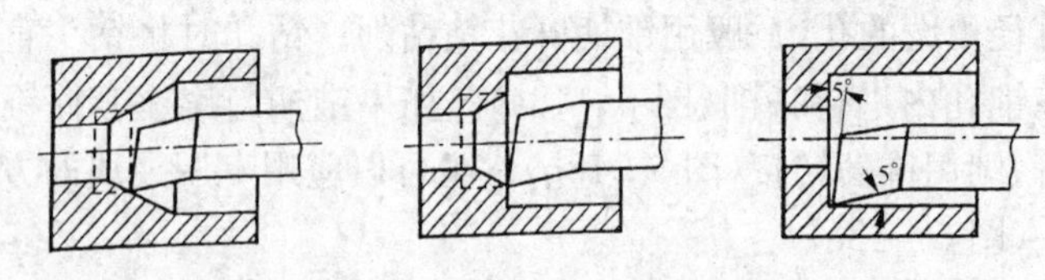

图 5-20 镗阶台孔的方法

3. 镗平底孔和切内沟槽

镗平底孔的方法如图 5-21 所示。它与镗阶台孔相似,不过它

的刀头宽度应小于 $d/2$，否则刀柄会与孔壁相碰。此外，刀刃与底孔壁之间应有不小于3°的角度。

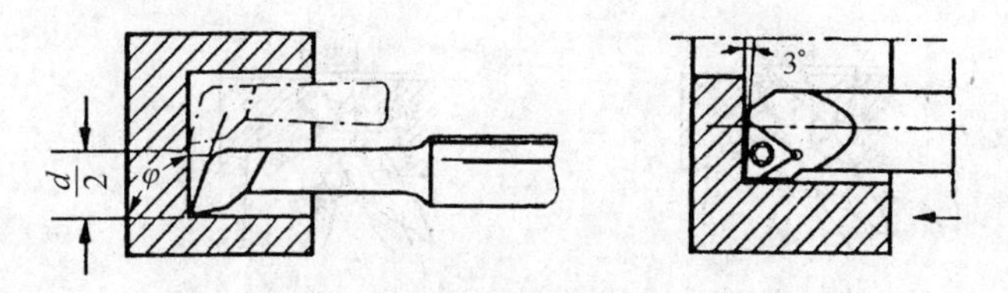

图5-21 镗平底孔的方法

切内沟槽的方法如图5-22所示。它的主要问题是确定槽的位置，这可用划线条或放铜片方法来控制。槽的深度可用样板测量（图5-26）。

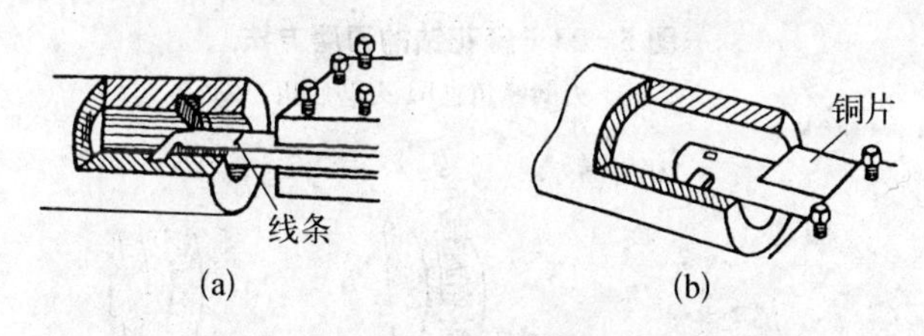

图5-22 切内沟槽时的尺寸控制

(a) 划线条；(b) 放置铜片

七、钻头的刃磨方法

1. 麻花钻的刃磨

图5-23所示为刃磨麻花钻的方法。刃磨时将钻刃贴平砂轮外圆上，钻头轴线与砂轮轴线成一个 φ 角（即锋角的一半），然后慢慢由钻刃磨向后面，磨出后角 α_0，然后再刃磨另一半。

刃磨后的麻花钻，其两个钻刃要对称，且高低相等，否则会使工件孔径扩大或孔的轴线歪斜。

2. 扁钻的刃磨

图5-24所示为刃磨扁钻的方法。用左手握柄右手握头部（图5-24a），先刃磨锋角和主后角（图5-24b），再磨副后角（图5-24c），

接着刃磨钻面(图 5-24d)和开断屑槽(磨出前角)(图 5-24e)。

扁钻的一半刃磨好以后,再用同样方法刃磨另一半。

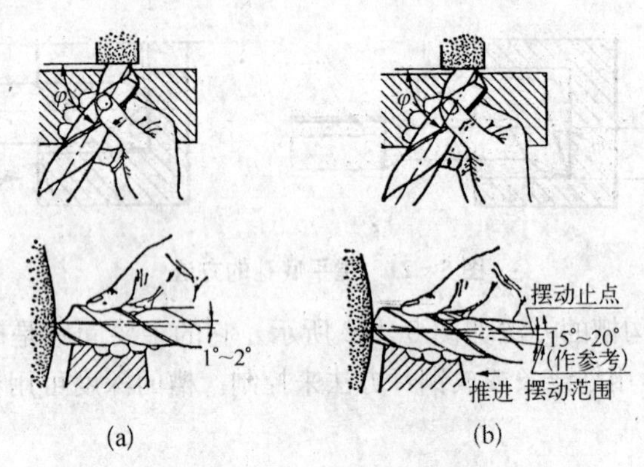

图 5-23 麻花钻的刃磨方法

(a) 刃磨锋角;(b) 刃磨后角

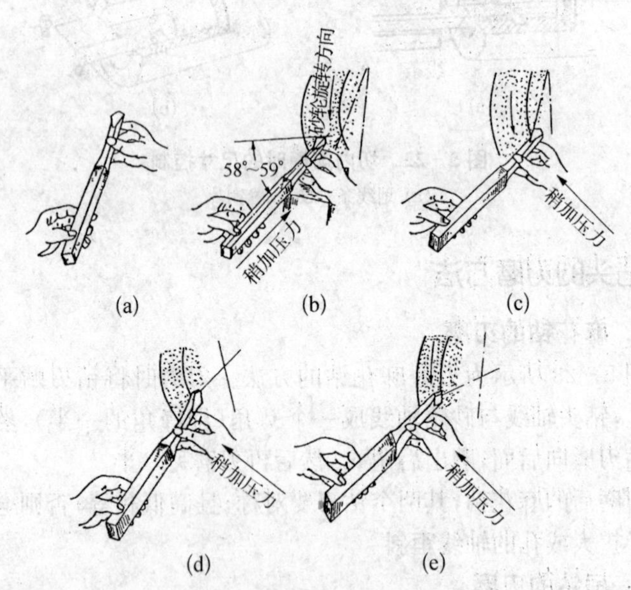

图 5-24 刃磨扁钻的方法

(a) 手握扁钻的方法;(b) 刃磨锋角和主后角;(c) 刃磨副后角;
(d) 刃磨钻面;(e) 刃磨断屑槽(前角)

八、切削用量

1. 吃刀量 a_p

钻孔时的吃刀量是钻头直径的一半，即 $a_p=\frac{d}{2}$。

镗孔时的吃刀量应比车外圆时小些，因为刀杆细长，刚性不足，切屑排出又较困难。

2. 进给量 f

用麻花钻钻孔时：

钢料：$f=0.1\sim0.35$ mm/r

铸铁：$f=0.15\sim0.4$ mm/r

钻头直径愈小，进给量 f 愈小，否则会折断钻头。

镗孔时的进给量比车外圆时小。

铰孔时的进给量大，对于钢料孔 f 取 0.5～2 mm/r，铰铸铁孔可比钢料大 1.5～2 倍。

3. 切削速度 v_c

用高速钢钻头钻钢料孔时，v_c 取 20～40 m/min，钻铸铁孔时 v_c 略低些$\left(n=\frac{1\,000v_c}{\pi d}\right)$（$d$——钻头直径）。

镗孔时的切削速度比车外圆时低些。

铰孔时的切削速度取 6～15 m/min。

九、车削步骤的选择原则

车削内孔时，其车削步骤除了与车削外圆时有共同点之外，还有以下几点：

***1.** 车削短小的套类零件时，为了保证内外圆表面同轴度，最好采用一次安装加工完（即一刀落）；即粗车端面—粗车外圆—钻孔—粗镗孔—精镗孔—精车端面—精车外圆—倒角—切断—调头车另一端面和倒角。*

如果零件尺寸较大，棒料不能插入主轴锥孔内，可以把棒料放

长(比工件长度放长10 mm左右)切断。在镗孔时不要镗穿(如图5－25所示),以增加刚性,待镗到要求尺寸后再切断。

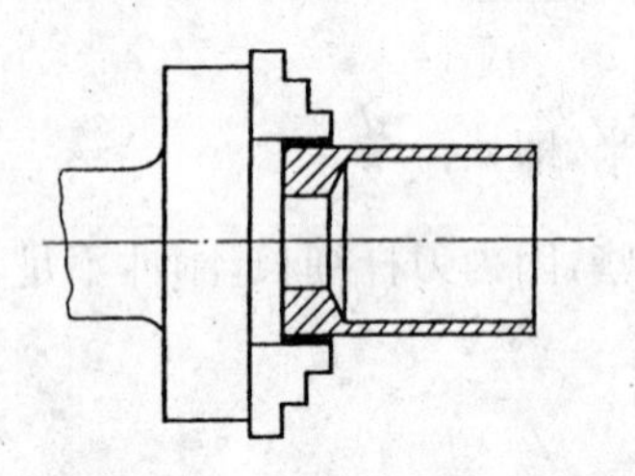

图5－25 车削套类零件的步骤

2. 精度要求较高的零件,可按下列步骤进行:

钻孔—粗镗孔—半精镗孔—精车端面—铰孔。或钻孔—粗镗孔—半精镗孔—精车端面—磨孔。但在半精镗孔后必须留铰孔或磨孔余量(见表5－1和表5－2)。

表5－1 铰削余量 (mm)

铰刀类型	铰削余量
高速钢铰刀	0.10～0.30
高速钢阶梯铰刀	0.20～0.50
硬质合金铰刀	0.10～0.40
无刃铰刀	0.01～0.03

表5－2 磨削内孔的加工余量 (mm)

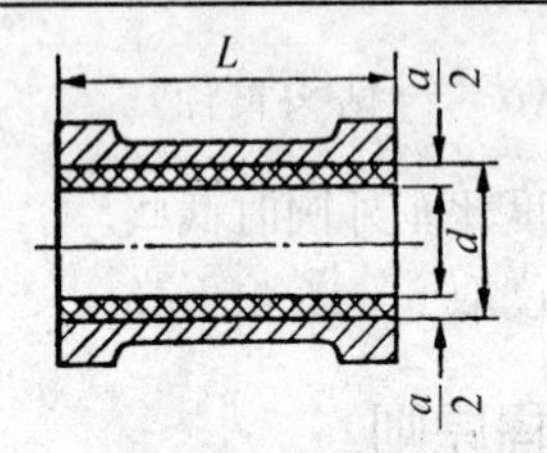

孔的直径 d	淬火情况	孔的长度					磨前加工余量公差(＋)
		≤50	50～100	100～200	200～300	300～500	
		直径余量 a					
≤10	未淬硬	0.2	—	—	—	—	0.1
	淬硬	0.2	—	—	—	—	
10～18	未淬硬	0.2	0.3	—	—	—	0.12
	淬硬	0.3	0.4	—	—	—	

（续 表）

孔的直径 d	淬火情况	孔的长度					磨前加工余量公差（+）
		≤50	50～100	100～200	200～300	300～500	
		直径余量 a					
18～30	未淬硬 淬　硬	0.3 0.3	0.3 0.4	0.4 0.4	— —	— —	0.14
30～50	未淬硬 淬　硬	0.3 0.4	0.3 0.4	0.4 0.4	0.4 0.5	— —	0.17
50～80	未淬硬 淬　硬	0.4 0.4	0.4 0.5	0.4 0.5	0.4 0.5	— —	0.20
80～120	未淬硬 淬　硬	0.5 0.5	0.5 0.5	0.5 0.6	0.5 0.6	0.6 0.7	0.23
120～180	未淬硬 淬　硬	0.6 0.6	0.6 0.6	0.6 0.6	0.6 0.6	0.6 0.7	0.26
180～260	未淬硬 淬　硬	0.6 0.7	0.6 0.7	0.7 0.7	0.7 0.7	0.7 0.8	0.3
260～360	未淬硬 淬　硬	0.7 0.7	0.7 0.8	0.7 0.8	0.8 0.8	0.8 0.9	0.34
360～500	未淬硬 淬　硬	0.8 0.8	0.8 0.8	0.8 0.8	0.8 0.9	0.8 0.9	0.38

十、套类零件的测量方法

1. 尺寸精度的测量

套类零件的内孔直径测量可参看第2章的量具部分。阶台和沟槽尺寸的测量方法如图5-26所示。

2. 几何精度的测量

套类零件的几何精度主要是圆度和直线度。

圆度除了用游标卡尺、千分尺和百分表在内孔中选几个方向测量确定外，还可以用如图5-27所示的*三点接触式内径千分尺测量几个位置，便可知道孔的圆度*。

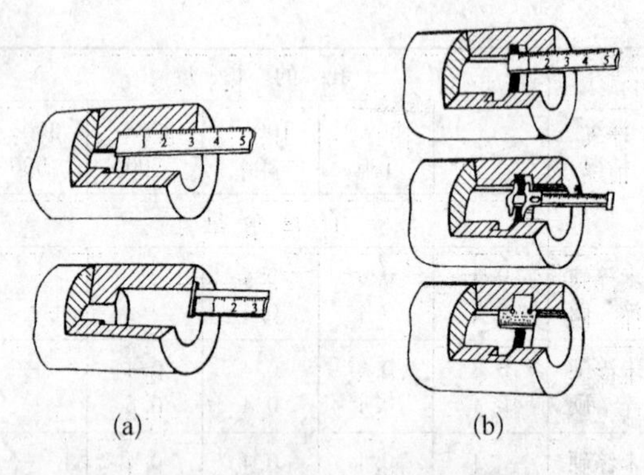

图 5－26　内阶台和内沟槽的测量
(a) 内阶台的测量;(b) 内沟槽的测量

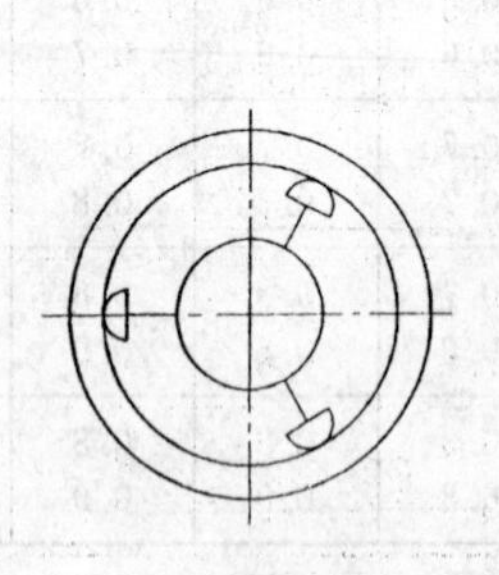

图 5－27　用三点接触式内径千分尺测量孔的圆度

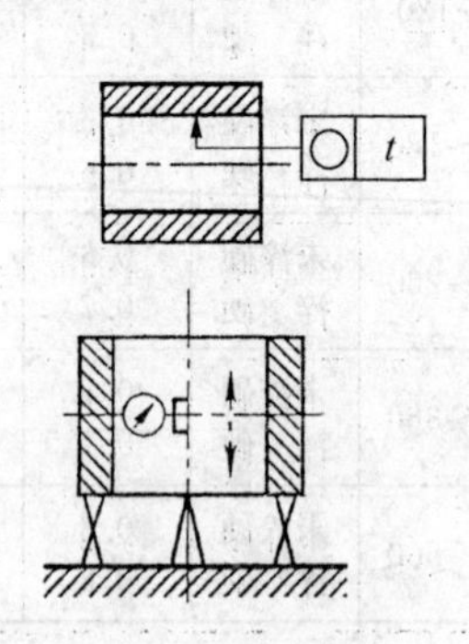

图 5－28　用专用量仪检查内孔的圆度

如果内孔的尺寸较大,则可用如图 5－28 所示的专用仪测量内孔的圆度。千分表在孔中间转动,在旋转一转中试看它的读数差。然后再找几个位置测量,取其中最大值作为该内孔的圆度误差。

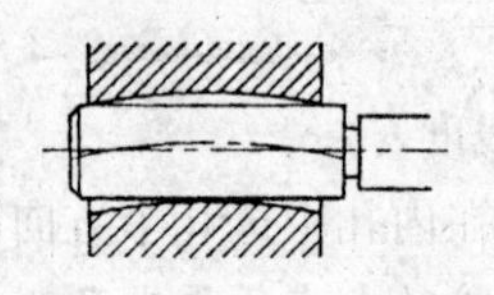

图 5－29　用长塞规测量内孔的直线度

直线度可用长塞规测量(图 5－29),如果塞规能沿轴向通过,则内孔的直线度符合要求。

3. 相互位置精度的测量

套类零件的相互位置精度主要是内

外圆同轴度。

测量同轴度的最简便方法是用游标卡尺的刀口测量面套的 a 和 b 的尺寸(图 5-30),如果 a 与 b 的尺寸不同,说明该零件有同轴度误差。

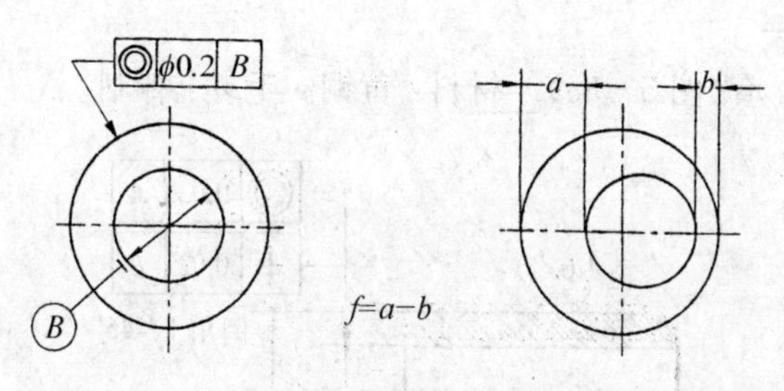

图 5-30　用游标卡尺测量套类零件的同轴度误差

一般衬套的同轴度可用如图 5-31 所示的方法测量。工件放在两顶尖之间的心轴上转动,千分表沿工件轴向移动,千分表在工件转一周中的读数差,即是工件的同轴度误差。

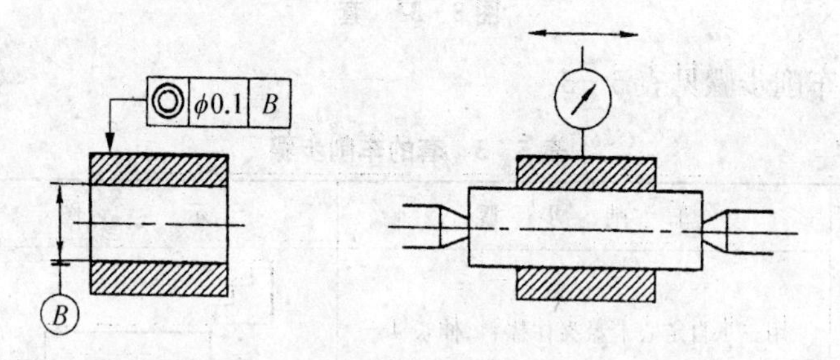

图 5-31　套类零件的同轴度误差测量方法

如果工件的尺寸较大,则可用如图 5-32 所示的专用量仪测量。量仪上装有两个千分表,两表都绕同一轴线转动,一个千分表触及内孔,另一个千分表触及外圆。在量仪转动一周过程中,两表的读数差就是该零件的同轴度误差。

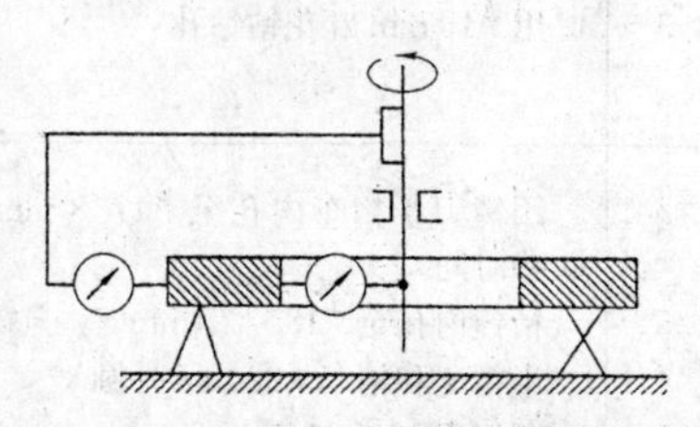

图 5-32　用专用量仪测量套类零件的同轴度误差

4. 表面粗糙度的测量

表面粗糙度可用专用样块比较确定。

十一、套类零件的加工实例

实例一

名称：套(图 5-33)。材料：黄铜。毛坯：棒料。

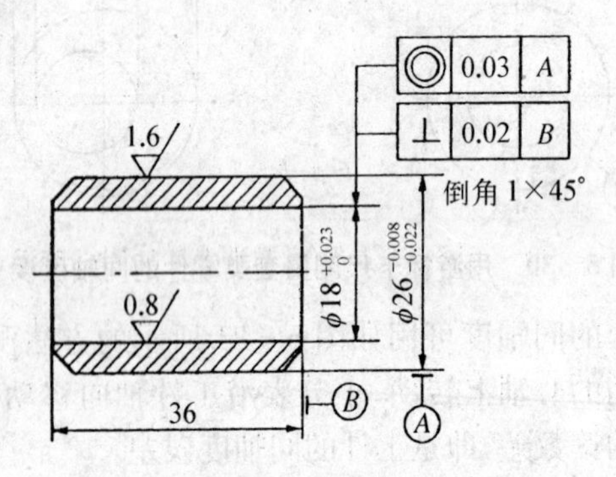

图 5-33 套

车削步骤见表 5-3。

表 5-3 套的车削步骤

序号	车削步骤	示图
1 2 3	用三爪自定心卡盘夹住棒料，伸长 46～50 mm 粗车端面和外圆，留余量 1～1.5 mm 用 $\phi16$ mm 麻花钻钻孔	
4 5 6 7 8	用镗刀半精车内孔至 $\phi17.8$ mm，冷却一些时间 精镗内孔至 $\phi18^{+0.023}_{0}$ mm 半精车和精车 $\phi26$ mm 外圆 倒角 1×45° 切断(留余量 0.5～1 mm)	

（续 表）

序号	车 削 步 骤	示 图
9	调头用开缝套筒套在外圆上，用三爪自定心卡盘夹住，车另一端至要求尺寸	开缝套筒

实例二

名称：薄壁套（图5－34）。材料：45钢。毛坯：锻件。

车削步骤：见表5－4。

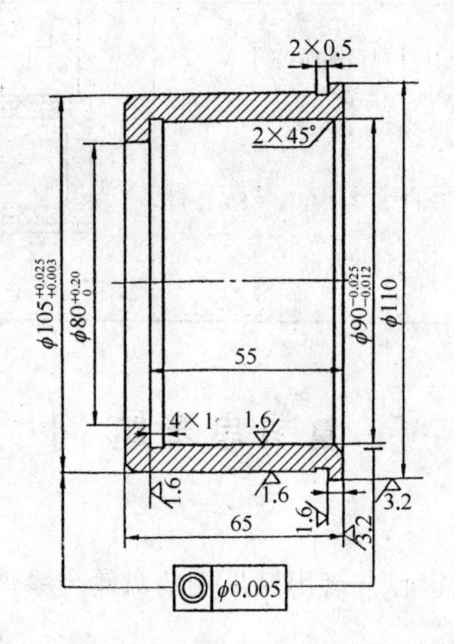

图5－34 薄壁套

表 5－4 薄壁套的车削步骤

序号	车削步骤	示图
1 2 3 4 5 6 7	锻成 $\phi117\times71$ 毛坯，内孔直径为 $\phi65$ 退火 粗车成如图所示形状和尺寸 粗车端面； 粗车内孔 $\phi78_{-1.0}^{\ 0}$、$\phi88_{-1.0}^{\ 0}$，深 $54_{-1.0}^{\ 0}$ 调头车端面，保持总长 $67_{\ 0}^{+1}$ 粗车外圆 $\phi107$ 长 $61_{\ 0}^{+1}$	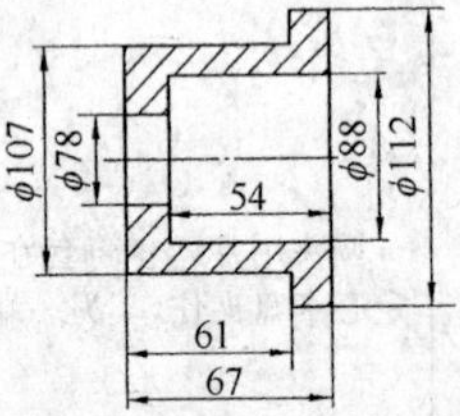
8 9 10 11	正火 HBS170～217 反夹校正外圆车端面(撑住内孔) 车外圆 $\phi110.7_{\ 0}^{+0.1}$、$\phi105.7_{\ 0}^{+0.1}$ 倒角 $2\times45^\circ$，车槽 3×0.5，保持尺寸 4	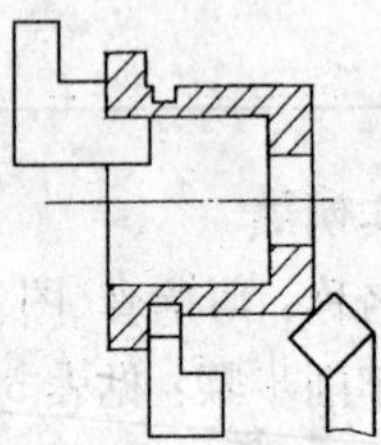
12 13 14 15 16	调头，用套夹住外圆车端面，总长 65 半精车内孔 $\phi90_{-0.6}^{-0.5}$，深 54.7 车内孔 $\phi80_{\ 0}^{+0.2}$ 车内孔沟槽 倒角：$\phi90$ 孔口 $1.3\times45^\circ$、$\phi80$ 孔口 $1.3\times45^\circ$ 以下由磨床加工，这里从略	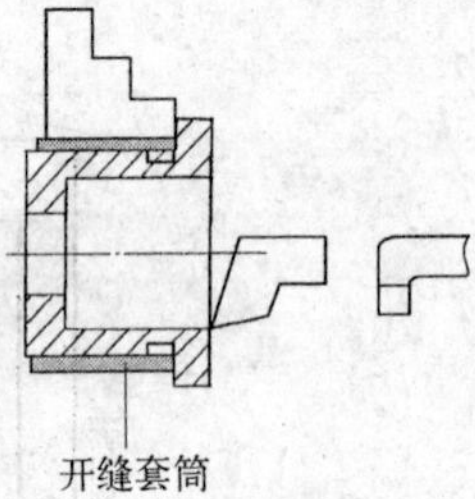 开缝套筒

复习思考题

一、选择题

1. 三爪自动定心卡盘用反爪安装盘轮类零件，其目的是保证零件的________。

(1) 尺寸精度；(2) 两端面平行度；(3) 表面粗糙度。

2. 采用活动挡块的目的是保证零件________。

(1) 两端面平行度;(2) 同轴度;(3) 垂直度。

3. 在使用卡盘上未经淬火的卡爪时,卡爪________。

(1) 应精车;(2) 不需精车;(3) 任意。

4. 车削薄壁套筒时,以外圆定心,最好采用________。

(1) 心轴;(2) 增大卡爪与工件接触面;(3) 开缝套筒。

5. 以内孔定心车削多件尺寸相同的套类零件时,最好采用________。

(1) 短心轴;(2) 长心轴;(3) 伞形顶尖。

6. 麻花钻的锋角应是________。

(1) 120°;(2) 118°;(3) 115°。

7. 麻花钻的锋角大于标准角度时,其钻刃呈________。

(1) 凹形;(2) 凸形;(3) 直线形。

8. 麻花钻的两刃 φ 角相等,但钻刃长短不同,钻出来的孔径________。

(1) 缩小;(2) 扩大;(3) 不变。

9. 麻花钻的横刃斜角 ψ 应是________。大于________时,其后角会________。

(1) 50°;(2) 55°;(3) 增大;(4) 减小。

10. 麻花钻的锥柄与尾座套筒锥孔号码不符时,应采用________。锥套的内锥号码比外锥号码________。

(1) 锥套;(2) 锥夹头;(3) 大;(4) 小。

二、计算题

1. 在车床上用直径 20 mm 的麻花钻钻孔,选用主轴转速为 125 r/min,问这时的切削速度是多少?

2. 用直径 20 mm 钢球放在内孔口(题图 5-1),测得高度 $h=15$ mm,求内孔直径 d。

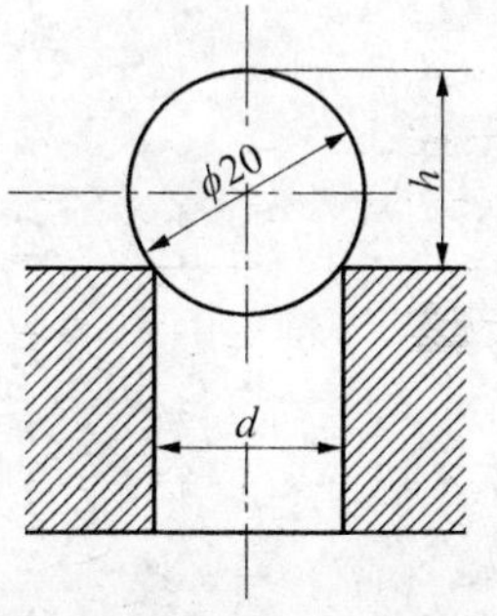

题图 5-1

三、问答题

1. 带有内孔的环形零件,其精度要

求有哪几个方面？为什么？

2. 一支符合要求的麻花钻应该具有哪几点？

3. 车削套类零件时，要达到内外圆同轴、内孔与两端面垂直，其车削步骤应该是怎样的？

4. 用图表示扁钻的前角、主后角、主偏角和刃倾角。

5. 怎样刃磨麻花钻？

6. 怎样知道车出来的内孔呈三角形？其原因是什么？

7. 怎样测量套类零件的径向圆跳动和端面圆跳动？

第 6 章　角度类零件的车削方法

学习者应掌握：

1. *熟悉圆锥表面的有关角度和尺寸计算。*
2. *车削角度零件时，能算出斜滑板的转动角度和转动方向。*
3. *车削圆锥表面时，能在不同情况下采用不同的车削方法。*
4. *能使用常用量具测量角度零件的角度和尺寸。*

一、角度类零件的种类

角度类零件有各种不同形状，图 6 - 1 所示为常见的几种。

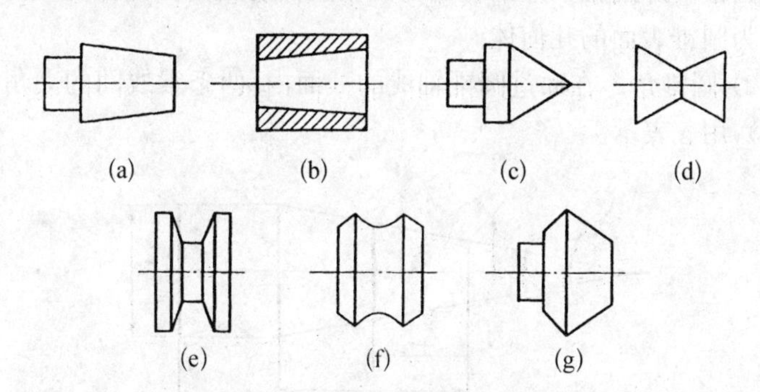

图 6 - 1　角度类零件的种类

(a) 圆锥体；(b) 圆锥孔；(c) 顶尖；(d) 滑轮；
(e) V 带轮；(f) 蜗轮坯；(g) 锥齿轮坯

在角度类零件中，一般把角度较小(10°以下)的零件称为圆锥，而角度较大的零件称为角度零件。

二、转动斜滑板车削角度零件

1. 圆锥表面的车削

(1) 圆锥表面的各部分名称和计算　与轴线成一定角度、且一端相交于轴线的一条直线段(母线)，围绕着该轴线旋转形成的表面，称为圆锥表面(图 6-2)。

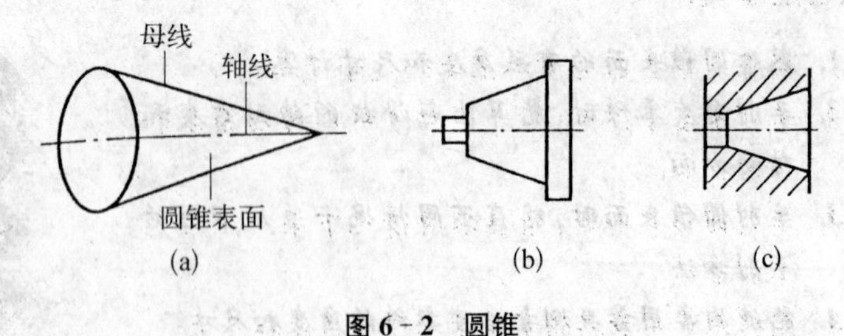

图 6-2　圆锥

(a) 整圆锥体；(b) 外圆锥；(c) 内圆锥

圆锥的各部分名称如下：

1) 外圆锥和内圆锥。由圆锥表面与一定尺寸所限定的几何体称为圆锥。外圆锥是外部表面为圆锥表面的几何体；内圆锥是内部表面为圆锥表面的几何体。

2) 圆锥角。在通过圆锥轴线的截面内，两条素线间的夹角(图 6-3)，用 α 表示。

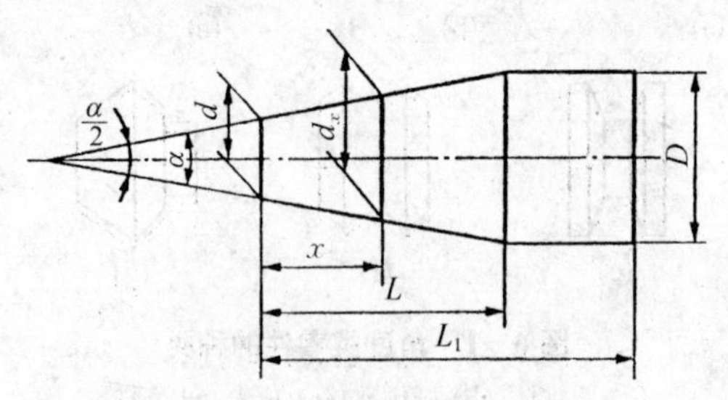

图 6-3　圆锥的各部分名称

3）圆锥斜角。在通过圆锥轴线的截面内，圆锥母线与圆锥轴线的夹角，用 $\alpha/2$ 表示。

4）圆锥直径。圆锥在垂直轴线截面上的直径。常用的圆锥直径有：

最大圆锥直径 D；

最小圆锥直径 d；

给定截面的圆锥直径 d_x。

5）圆锥长度。最大圆锥直径截面与最小圆锥直径截面之间的轴向距离，用 L 表示。

6）锥度。两个垂直圆锥轴线截面的圆锥直径差与该两截面间的轴向距离之比，用 C 表示，即

$$C = \frac{D-d}{L}$$

$$D = d + CL$$

$$d = D - CL$$

7）斜度。两个垂直于圆锥轴线截面的圆锥直径差与该两截面间的轴向距离之比的一半，也就是锥度的一半，用 M 表示，即

$$M = \frac{C}{2} = \frac{\frac{D-d}{L}}{2} = \frac{D-d}{2L}$$

$$D = d + 2ML$$

$$d = D - 2ML$$

$$d = D - 2L\tan\frac{\alpha}{2}$$

如果工件的斜角较小，例如 $\frac{\alpha}{2}$ 在 $12°$ 以下，则可采用乘上一个常数的方法来计算，即

$$\alpha/2 = 28.7° \times \frac{D-d}{L}$$

$$\alpha/2 = 28.7° \times C$$

$$D = d + \frac{L\alpha/2}{28.7°}$$

$$d = D - \frac{L\alpha/2}{28.7°}$$

【例】 有一圆锥体，$D=30$ mm，$d=28$ mm，$L=64$ mm，求 C、M 和 $\alpha/2$。

解：
$$C = \frac{30-28}{64} = \frac{2}{64} = \frac{1}{32} = 1:32$$

$$M = \frac{30-28}{2\times 64} = \frac{2}{128} = \frac{1}{64} = 1:64$$

$$\tan\frac{\alpha}{2} = \frac{30-28}{2\times 64} = \frac{1}{64} = 0.015\,625$$

$$\alpha/2 = 54'$$

或
$$\alpha/2 = 28.7° \times \frac{30-28}{64} = \frac{28.7°}{32}$$

$$= 0.897° = 54'$$

【例】 圆锥孔的锥度 $C=1:10$，$L=30$ mm，$D=24$ mm，求 $\alpha/2$ 和 d。

解：
$$\tan\frac{\alpha}{2} = \frac{C}{2} = \frac{\frac{1}{10}}{2} = \frac{1}{20} = 0.05$$

$$\alpha/2 = 2°52'$$

或
$$\frac{\alpha}{2} = 28.7° \times \frac{1}{10} = 2.87° = 2°52'$$

$$d = 24 - \frac{1}{10} \times 30 = 21 \text{ mm}$$

或
$$d = 24 - 2\times 30 \times \tan 2°52'$$

$$=24-2\times30\times0.05=21\ \text{mm}$$

【例】 有一圆锥体$\frac{\alpha}{2}=3°15'$，$d=12$ mm，$L=30$ mm，求 D。

解：
$$D=d+2L\tan\frac{\alpha}{2}$$
$$=12+2\times30\times\tan 3°15'$$
$$=12+2\times30\times0.056\,78$$
$$=12+3.4=15.4\ \text{mm}$$

或
$$D=d+\frac{\frac{\alpha}{2}L}{28.7°}=12+\frac{3°15'\times30}{28.7°}$$
$$=12+\frac{3.25°\times30}{28.7°}=15.4\ \text{mm}$$

【例】 有一主轴，其一端有一段锥度为 7∶24 的锥孔，大端孔径为 50 mm，长度为 96 mm，问它的小端直径 d 和斜角 $\alpha/2$ 是多少？

解：
$$d=D-CL=50-96\times\frac{7}{24}=22\ \text{mm}$$
$$\tan\frac{\alpha}{2}=\frac{C}{2}=\frac{7/24}{2}=\frac{7}{48}=0.145\,83$$
$$\frac{\alpha}{2}=8°18'$$

【例】 如图 6-4 所示的工件，求 C 和 α。

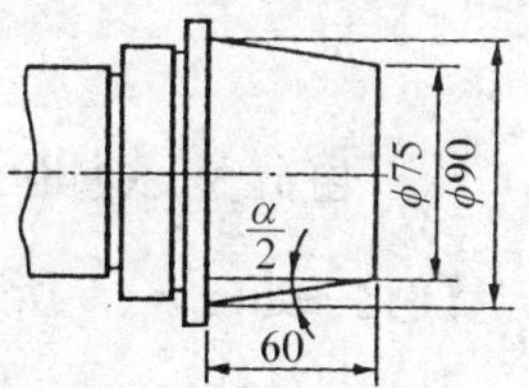

图 6-4 短圆锥体

解：
$$C=\frac{90-75}{60}=\frac{15}{60}$$
$$=\frac{1}{4}=1:4$$
$$\frac{\alpha}{2}=28.7°\times\frac{1}{4}=7.175°=7°10'$$

或 $$\tan\frac{\alpha}{2}=\frac{C}{2}=\frac{\frac{1}{4}}{2}=\frac{1}{8}=0.125$$

$$\frac{\alpha}{2}=7^\circ08'$$

$$\alpha=14^\circ16'$$

【例】 如图 6-5 所示的工件，求 d 和 α。

解： $$d=D-CL=88-\frac{1}{15}\times173$$

$$=88-11.53=76.47\text{ mm}$$

$$\frac{\alpha}{2}=28.7^\circ\times\frac{1}{15}=1.913^\circ=1^\circ55'$$

$$\alpha=1^\circ55'\times2=3^\circ50'$$

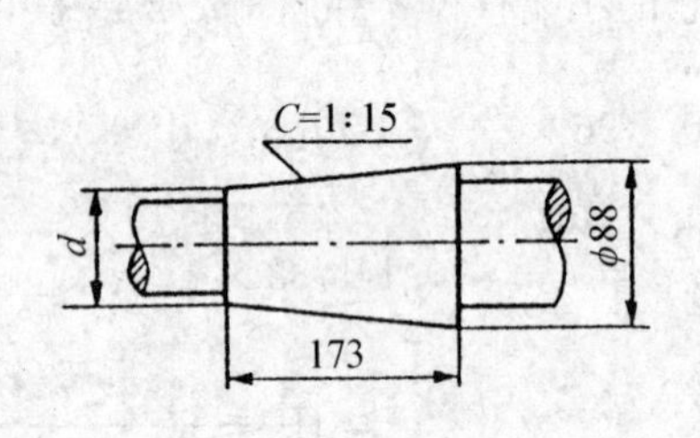

图 6-5 长圆锥工件

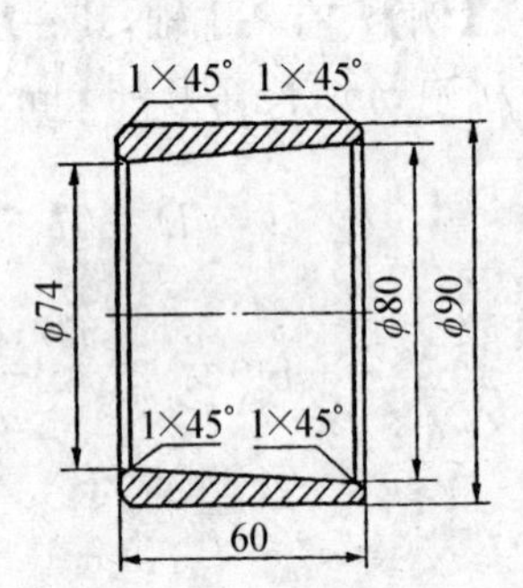

图 6-6 圆锥孔工件

【例】 如图 6-6 所示的工件，求 C 和 α。

解： $$C=\frac{80-74}{60}=\frac{6}{60}=\frac{1}{10}=1:10$$

$$\frac{\alpha}{2}=28.7^\circ\times\frac{1}{10}=2.87^\circ=2^\circ52'$$

$$\alpha=2^\circ52'\times2=5^\circ44'$$

(2) 标准圆锥　按标准化制成的圆锥称为标准圆锥。

我国常用的标准圆锥有米制圆锥和莫氏圆锥两种。***米制圆锥有七种尺码，即4、6、80、100、120、160、200。它的尺码是指圆锥的大端直径。锥度固定不变，即$C=1:20$，例如80号米制圆锥，它的大端直径为80 mm，锥度$C=1:20$。***

莫氏圆锥有七个尺码，即0、1、2、3、4、5、6，最小是0号，最大是6号。但号数不同锥度也不相同(见表6-1)，所以斜角$\alpha/2$也不同。

表6-1　莫氏圆锥锥度、锥角和斜角

圆锥号数	锥　度　C	锥角α	斜角$\frac{\alpha}{2}$
0	1∶19.212=0.052 05	2°58′54″	1°29′27″
1	1∶20.047=0.049 88	2°51′26″	1°25′43″
2	1∶20.020=0.049 95	2°51′41″	1°25′50″
3	1∶19.922=0.050 20	2°52′32″	1°26′16″
4	1∶19.254=0.051 94	2°58′31″	1°29′15″
5	1∶19.002=0.052 63	3°00′53″	1°30′26″
6	1∶19.180=0.052 14	2°59′12″	1°29′36″

莫氏圆锥的各部分尺寸可查有关手册。

(3) 转动斜滑板车削圆锥表面　较短的圆锥表面，应用转动斜滑板方法车削。转动角度大小应该是：***工件的锥形表面的母线与轴线之间的夹角，就是斜滑板应转动的角度。***转动方向随锥形表面位置不同而不同。具体实例见表6-2。

表6-2　斜滑板应转动角度实例

工 件 图 形	斜 滑 板 位 置 图	应 转 角 度
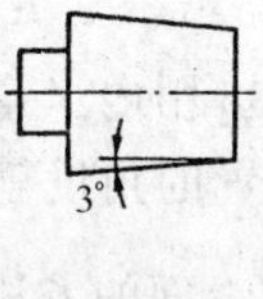 3°	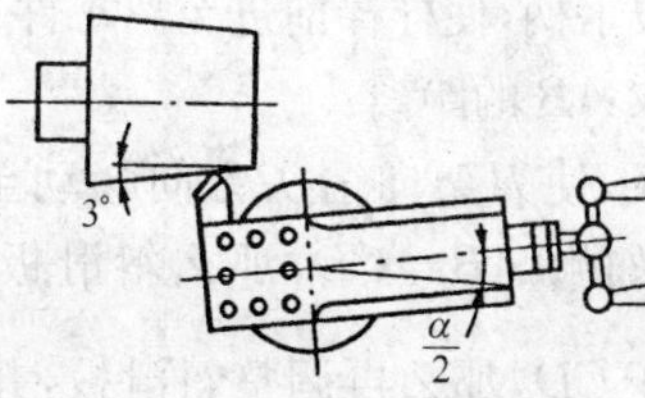 3°　$\frac{\alpha}{2}$	逆时针方向 3°

（续　表）

工件图形	斜滑板位置图	应转角度
3°	3°	顺时针方向 3°

至于斜滑板转动角度数，我们可用以下几种方法得到。

1）以斜滑板下部转盘刻度计数。

2）用样棒和内卡钳法（如图 6－7 所示）。

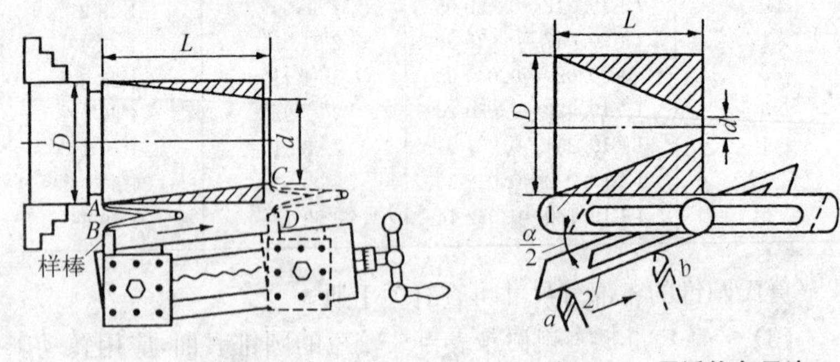

图 6－7　用样棒和内卡钳法　　图 6－8　用活络角尺法

① 车准圆锥体的长度 l 和两端直径 D、d（D 和 d 可以同时放大些，作为精车余量）。

② 把样棒装在刀架上。

③ 把斜滑板转盘转过大致与 $\frac{\alpha}{2}$ 相近似的角度。

④ 摇动横滑板手柄，使样棒前进至离工件一定距离。

⑤ 用内卡量取 AB 的距离。

⑥ 摇动斜滑板，使刀架向箭头方向移动至 C 处，用内卡量取 CD 的距离。此时如果 $AB=CD$，那么斜滑板所安置的角度就是 $\frac{\alpha}{2}$；如果 AB 不等于 CD，那么再调整斜滑板，并依照上面的方法进

行校正。直到 $AB=CD$ 为止。

3) 用活络角尺法(如图 6-8)。按工件斜角 $\frac{\alpha}{2}$ 的大小安置角尺(也可用锥度量规),然后把角尺放在工件外圆上,斜滑板大致按 $\frac{\alpha}{2}$ 转动角度,车刀沿尺边 2 移动,试看刀尖从 a 至 b 是否与尺边平行,如果不平行,这时再转动斜滑板,直至刀尖移动轨迹与尺边平行。

(4) 配套圆锥的车削

如果数量不多且要求配合精确的配套圆锥,则可采用如图 6-9 所示的方法车削。

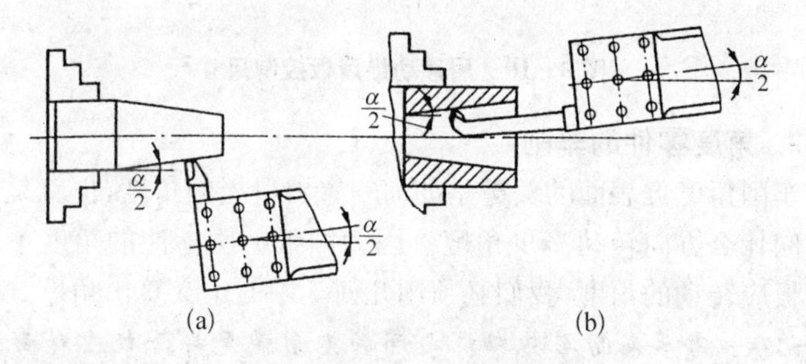

图 6-9 配套圆锥车削法

(a) 车外圆锥;(b) 车内圆锥

先车好外圆锥(图 6-9a),然后把内孔刀反装(图 6-9b),并从孔的外边开始进给(斜滑板角度不变),这时只要尺寸控制准确就可以车出精确的配套圆锥表面。

(5) 尺寸控制法

车削圆锥时,如果锥角 α 已车准,但直径还大(用圆锥量规测量),量规的界限端面(或线)还在工件的端面以外(图 6-10a),这时可以用斜滑板把车刀向右移 L 的尺寸(图 6-10b),然后向左移动纵滑板,使车刀刀尖接触工件端面(图 6-10c),接着用移动斜滑板使车刀进给,这样一次进给就可以把工件车准确,即工件端面会在两个界限面(或线)之间。

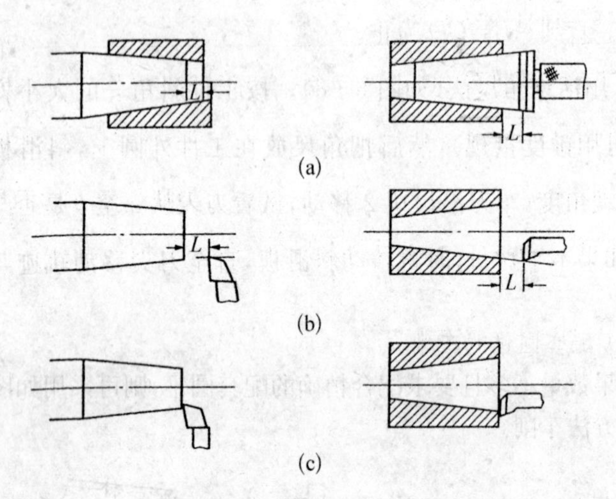

图 6－10　用移动纵滑板控制尺寸

2. 角度零件的车削

车削角度类表面的关键是如何安置斜滑板的角度，也就是斜滑板应向什么方向转动多少角度。因为图纸上所标注的角度不等于斜滑板应转动的角度，我们必须用几何学中的定义算出角度。***计算时应记住：需车表面与其轴线之间的夹角就是斜滑板应转动的角度，具体见表 6－3***。

表 6－3　斜滑板应转方向和角度

工件形状	斜滑板位置	斜滑板转动方向和角度
60°	60°　30°　30°　30°	逆时针方向 30°

(续 表)

工件形状	斜滑板位置	斜滑板转动方向和角度
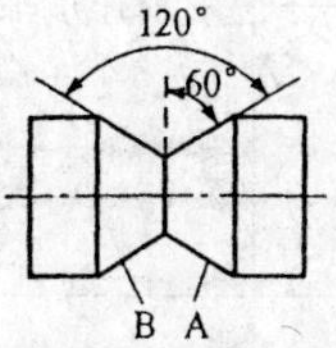 120° 60° B A	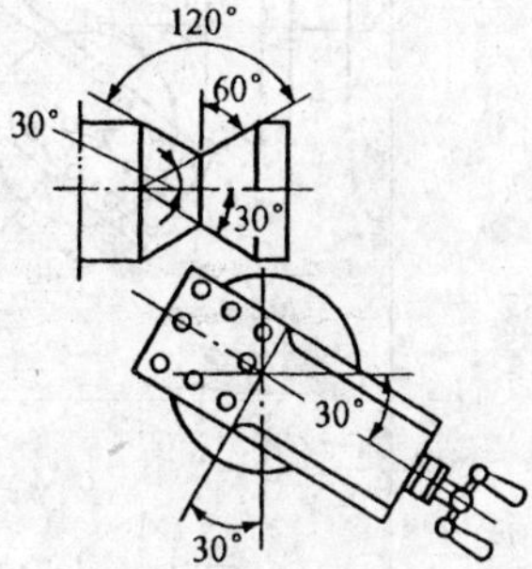 120° 60° 30° 30° 30° 30°	表面A 顺时针方向30° 表面B 顺时针方向150°
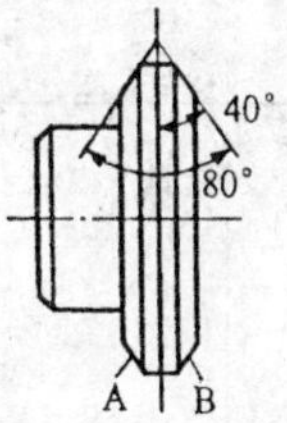 40° 80° A B	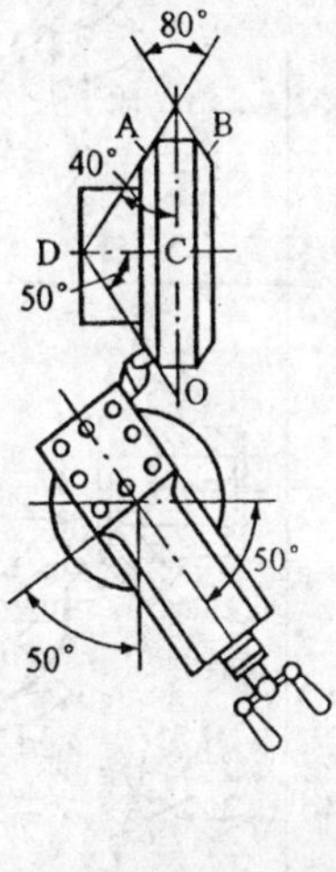 80° A B 40° D C 50° O 50° 50°	表面A 顺时针方向50° 表面B 逆时针方向50°

（续 表）

工 件 形 状	斜 滑 板 位 置	斜滑板转动方向和角度
	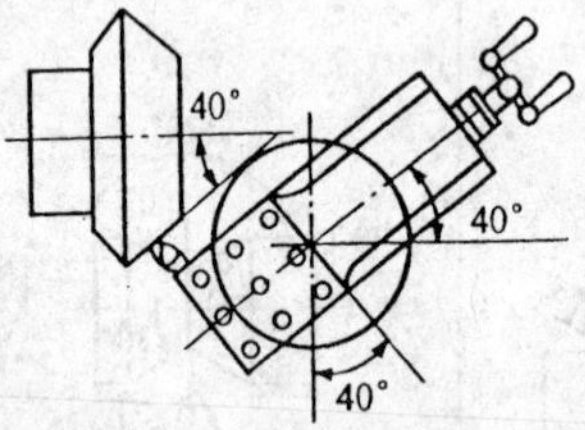	表面 A 逆时针方向 40°
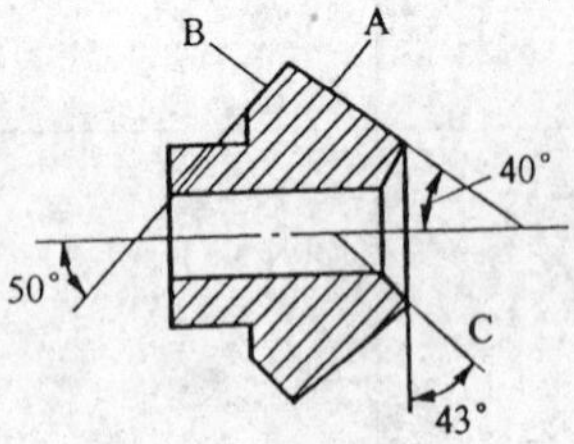	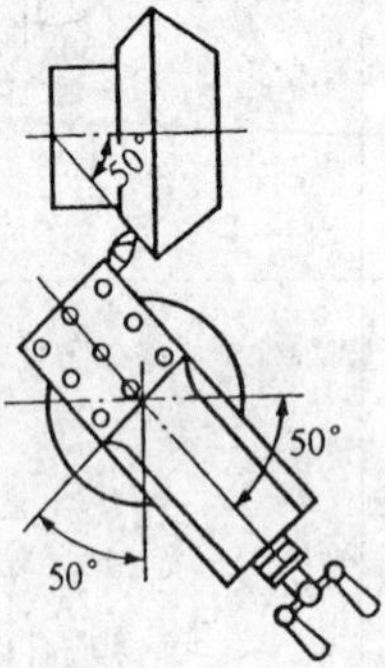	表面 B 顺时针方向 50°
	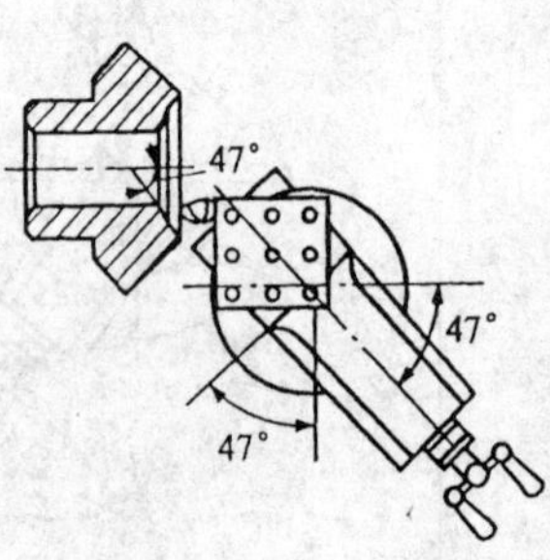	表面 C 顺时针方向 47°

(续 表)

工件形状	斜滑板位置	斜滑板转动方向和角度
40°	40° B A 70°	表面A 顺时针方向70° 表面B 顺时针方向110°
	1 2 O 50°	由于转盘上只有±60°,所以要转动70°必须分两步走:第一步:先转动50°
	1 2 O 70° 20°	第二步:在转盘刻线20°处划一条线2,然后再转过20°,这样50°+20°=70°

三、偏移尾座车削圆锥体

☞ ***较长和锥角较小($\alpha<10^\circ$)的外圆锥，可用偏移尾座的方法车削。***工件安装好以后（两顶尖连线与床身导轨平行），将尾座上部偏移一个 S 尺寸（图 6－11）后固定。偏移量 S 可用下面公式计算：

$$S=\frac{L_1}{2}\times\frac{D-d}{L}$$

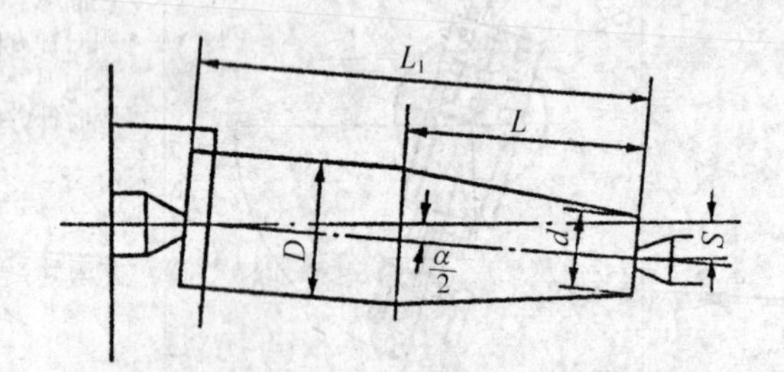

图 6－11　偏移尾座车削外圆锥

或 $$S=\frac{L_1}{2}\times C$$

或 $$S=L_1\times M$$

式中　S——尾座偏移量(mm)；

L_1——圆锥表面工件全部长度（连圆柱表面在内，单位：mm）；

L——工件圆锥部分长度(mm)；

D——圆锥表面大端直径(mm)；

d——圆锥表面小端直径(mm)；

C——锥度；

M——斜度。

【例】 有一圆锥外表面，$D=30$ mm，$d=26$ mm，$L=160$ mm，$L_1=240$ mm，求 S。

解：$$S=\frac{240}{2}\times\frac{30-26}{160}=120\times\frac{4}{160}=3\text{ mm}$$

【例】 如图 6-12 所示的圆锥工件，求 S。

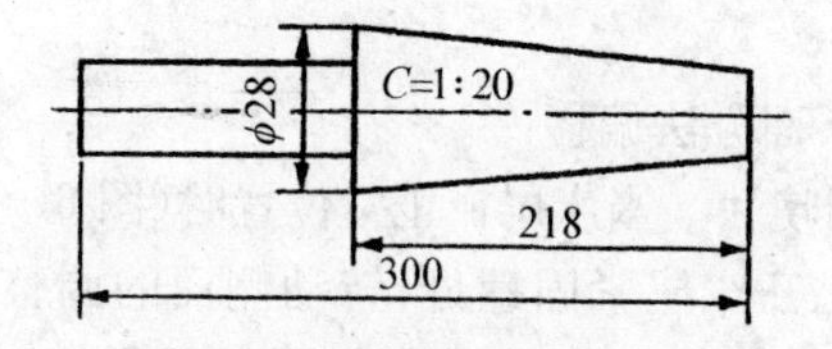

图 6-12 长圆锥体工件之一

解：$$S=\frac{300}{2}\times\frac{1}{20}=7.5\text{ mm}$$

【例】 如图 6-13 所示的圆锥体，问用什么方法车削？

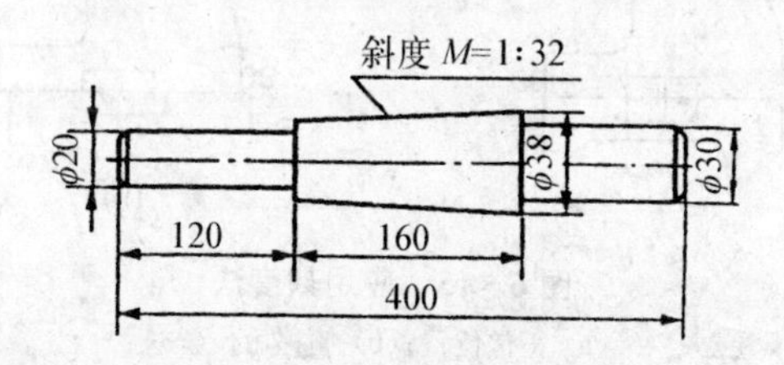

图 6-13 长圆锥体工件之二

解：用偏移尾座法车削。

$$S=400\times\frac{1}{32}=12.5\text{ mm}$$

即尾座偏移 12.5 mm。

【例】 如图 6-14 所示的圆锥体，问怎样车削？

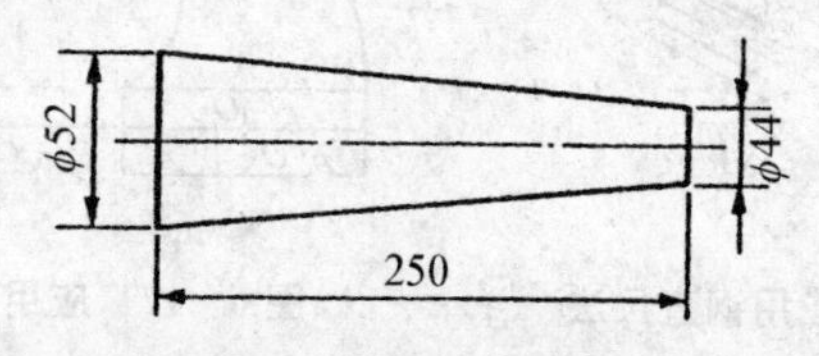

图 6-14 长圆锥体工件之三

解：偏移尾座车削。

因为 $L_1 = L$，所以

$$S = \frac{D-d}{L} = \frac{52-44}{250} = 4\ \text{mm}$$

尾座可按下面方法偏移：

(1) 应用刻度法　当床尾在正常位置时(图 6-15a)，上下零线对齐，偏移时，松开床尾紧固螺母，转动侧面的调整螺钉，使线条 0 偏移一个 S(图 6-15b)。然后拧紧床尾紧固螺母。

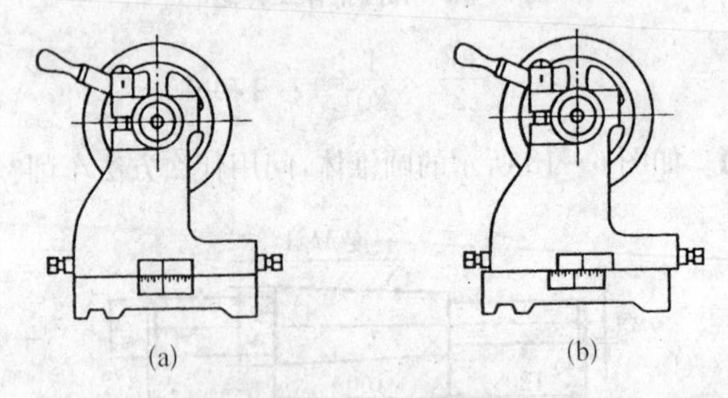

图 6-15　应用刻度法

(a) 正常位置；(b) 偏移后位置

(2) 应用钢直尺法　如果床尾没有刻度，可用钢直尺或其他量具量取偏位值(图 6-16)。

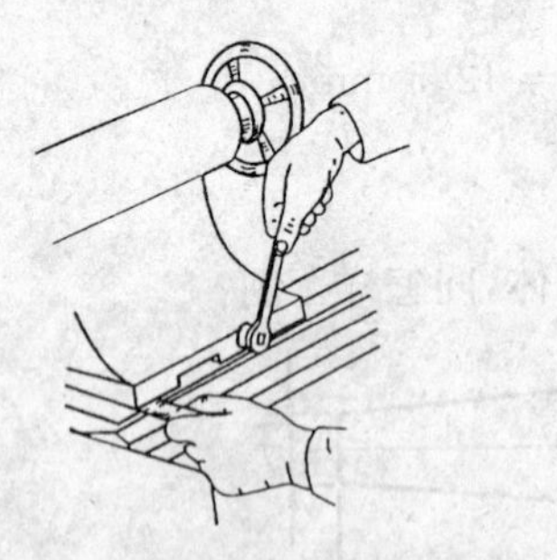

图 6-16　应用钢直尺法

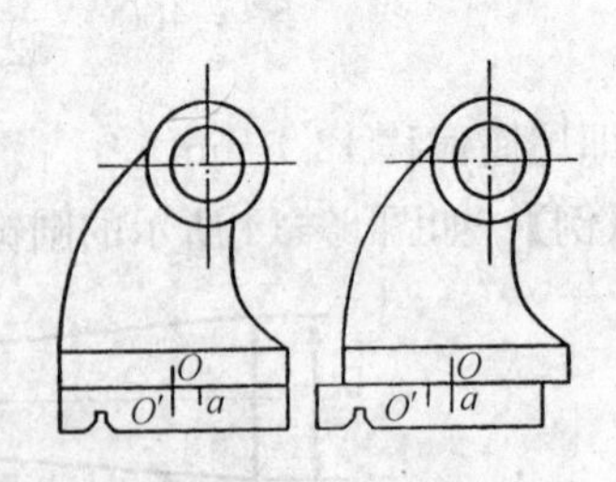

图 6-17　应用划线法

(3) 应用划线法　在两顶尖对齐的情况下，在床尾后面涂一层白粉,用划针画上 OO' 线(图 6-17),再在床尾下层画一条 a 线,使 $O'a$ 等于 S。然后偏移床尾上层,使 O 与 a 对齐,即偏移了一个 S 的距离。

(4) 应用横滑板刻度法　在刀架上装一根铜杆(或其他杆)(图 6-18),手摇横滑板手柄,使铜杆接触床尾套筒,记下刻度。这时根据偏移量 S,算出刻线应转过几格;例如 $S=2$ mm,刻线每格代表 0.05 mm,那么刻线应转过 2/0.05=40 格。接着按刻度格数使铜杆退出,使铜杆与床尾套筒相距 S,然后偏移床尾的上层,使套筒接触铜杆为止。

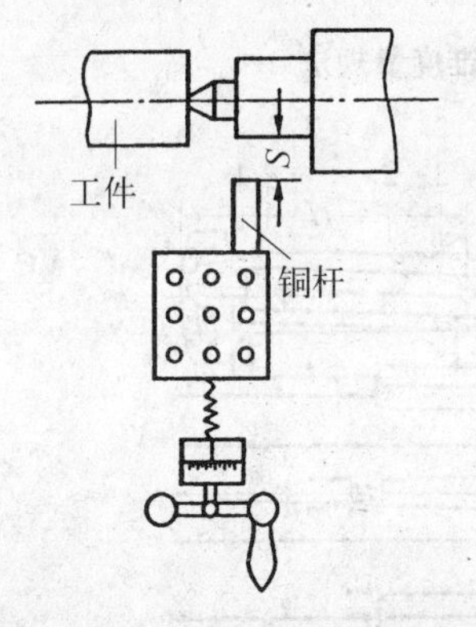

图 6-18　应用横滑板刻度法

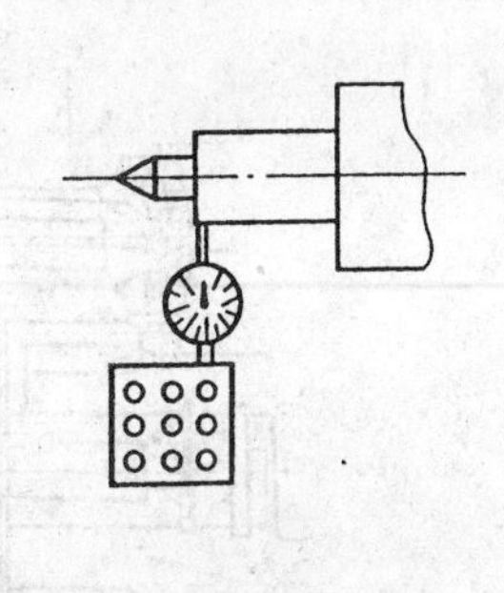
图 6-19　应用千分表法

(5) 应用千分表法　在方刀架或床身上安装一千分表(图 6-19),并使触头触及尾座套筒,调整千分表零位,然后偏移尾座上层,直到千分表读数为 S 时为止,这时固紧尾座。

(6) 应用锥度量规法　将量规安装在两顶尖上(图 6-20),在方刀架上安装一千分表,使触头触及量规表面,这时可偏移尾座大致 S 尺寸。然后移动纵向滑板,试看千分表读数变化,如果两端读数相等,这表示尾座偏移 S 正确,否则再调整尾座,直至千分表两端读数相等。用这个方法比较精确。

(7) 应用靠模法　在床身外侧安装一靠模板 1(图 6-21),其上层滑板 2 以 3 为中心可以转动一定角度以适应工件锥度大小,然后两端用螺母 4 固定。使用时将斜滑板转过 90°,用来掌握吃刀量。

横滑板 6 与连接板 7 连接，与靠模上滑块 5 用螺母 8 固定。横滑板丝杠抽去。

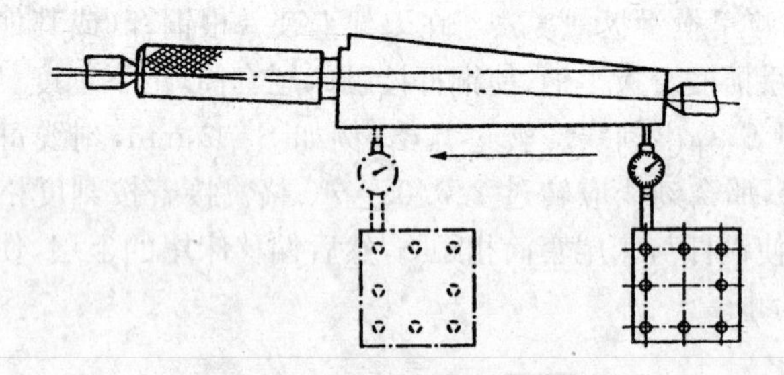

图 6-20　应用锥度量规法

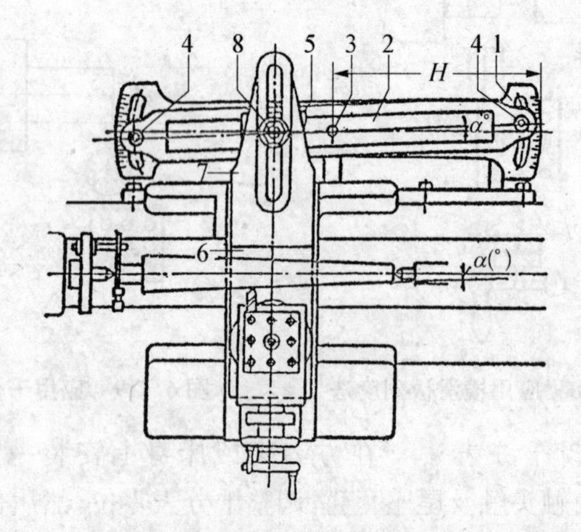

图 6-21　应用靠模法

1—靠模板；2—滑板；3—回转中心；4—固定用螺母；
5—滑块；6—横滑板；7—连接板；8—螺母

四、角度类零件的测量方法

角度类零件的测量方法除第 2 章中万能量角器和量规的使用方法之外，一般的测量方法有以下几种：

1. 圆锥体和圆锥孔的综合测量法

☞ *测量圆锥体时，先在锥度界限塞规锥面上沿锥面轴向均匀地涂*

上三条显示剂(红丹粉或浓铅芯),接着将塞规轻轻地放入锥孔中转动1/3～1/4转,然后拿出来看,如果显示剂很均匀地被擦去,这说明锥孔的角度是准确的。如果是大端表面处被擦去,小端表面没有被擦去,这说明锥孔的角度太小;反之,小端表面被擦去,而大端表面未被擦去,这说明锥孔的角度太大。

必须注意,塞规在锥孔中不应转动一周或更多,否则如果锥孔的圆度超差也无法显示。

如果检测外锥表面,可以用套规,检测方法相同,但显示剂应涂在工件表面上。

圆锥表面的角度(或锥度)准确以后,不一定是成品,还要检测其尺寸大小。

锥度界限量规除了有一个精确的锥形表面之外,还有台阶和刻线(图6－22);应用塞规检测锥孔时(图6－22b),如果两条刻线都进入锥孔内,这说明锥孔尺寸太大;两条刻线都未进入,锥孔尺寸太小。如果一条刻线进入锥孔,第二条刻线未进入,这说明尺寸准确。应用套规检测时(图6－22a),要看工件端面是否在台阶两个端面之间。

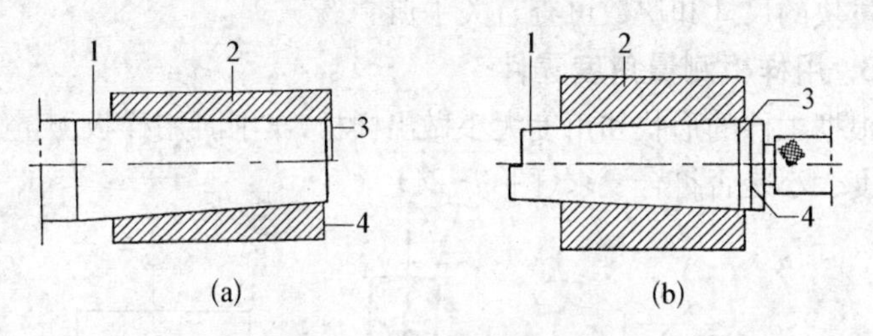

图6－22 综合测量法

(a) 测量圆锥体：1—被测件；2—量规；3—量规的界限面
(b) 测量圆锥孔：1—量规；2—被测件；3、4—量规的界限线

2. 正弦规测量法

在平板上放一正弦规(图6－23),正弦规上安放工件,下端用量规垫上,使千分表在工件两端上读数相等。根据量块的尺寸和正弦规的中心距就可算出工件的锥角大小。其计算公式如下：

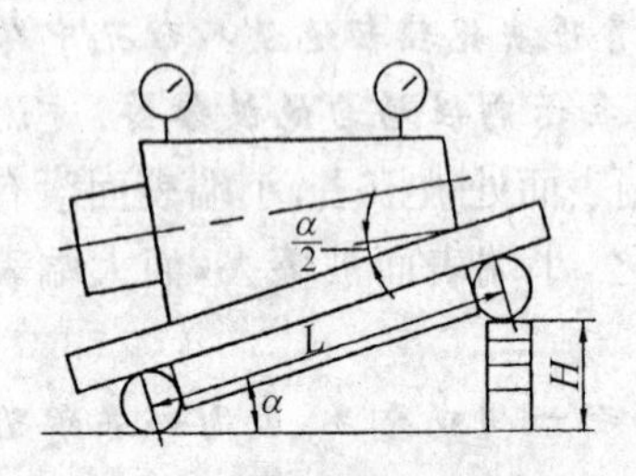

图 6-23　用正弦规和量块测量圆锥体的锥角

α—圆锥体锥角(°)；L—正弦规中心距(mm)；H—所垫量块高度(mm)

$$\sin \alpha = \frac{H}{L}$$

$$H = L\sin \alpha$$

式中　α——圆锥体的锥角(°)；

H——量块的高度(mm)；

L——正弦规的中心距(一般有 100 mm 和 200 mm 两种)(mm)。

【例】　L=200 mm，H=8 mm，求 α。

解：　$\sin \alpha = \frac{8}{200} = 0.04$

$$\alpha = 2°18'$$

【例】　L=100 mm，α=6°30′，求 H。

解：　H=100×sin 6°30′=100×0.113=11.3 mm

量块的尺寸和块数可查有关手册。

3. 用样板测量角度零件

根据工件的形状和角度大小做出样板，车削时用样板测量工件的角度大小是否符合要求(图 6-24)。

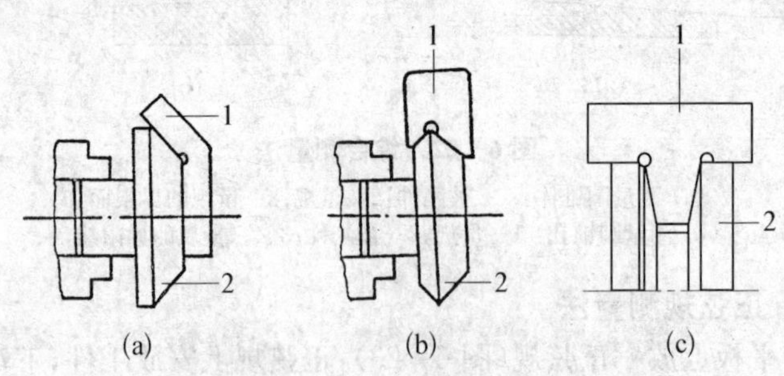

图 6-24　用样板测量角度零件

1—样板；2—工件

五、角度类零件的加工实例

实例一

名称：锥套(图 6－25)。材料：50 钢。毛坯：棒料。

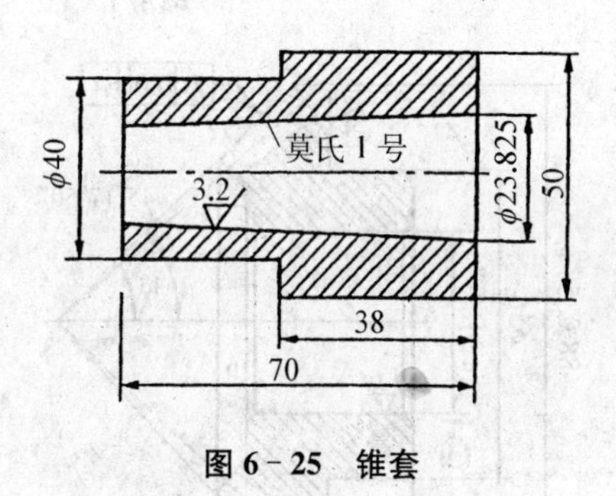

图 6－25　锥套

车削步骤：见表 6－4。

表 6－4　锥套的车削步骤

序号	车　削　步　骤	示　　图
1	用三爪卡盘夹住棒料，伸出 80 mm 左右，车准 φ40 mm，粗车 φ50 mm 外圆	1　2　3
2	用 φ18 mm 麻花钻钻孔	
3	切断	
4	粗镗孔至 φ20 mm	
5	车准 φ50 mm 外圆	
6	将斜滑板向顺时针方向转 1°25′43″，粗镗和精镗锥孔至要求尺寸(用量规检验)	α/2
7	去锐边	

实例二

名称：锥齿轮坯(图 6－26)。材料：铸铁。毛坯：铸件。

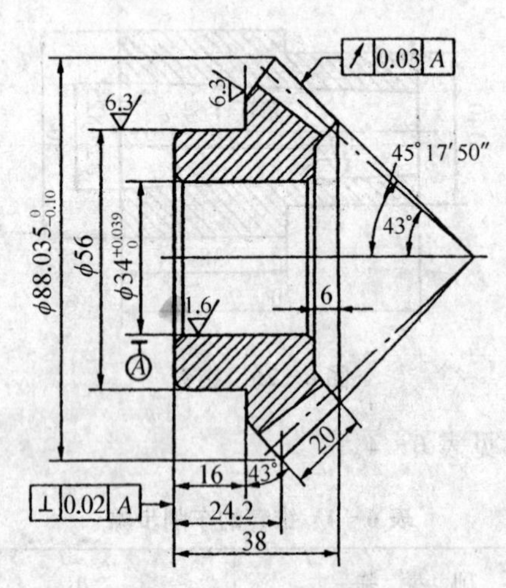

图 6－26　锥齿轮坯

车削步骤：见表 6－5。

表 6－5　锥齿轮坯的车削步骤

序号	车　削　步　骤	示　　图
1 2	夹住 ϕ88 mm 外圆,并校正 粗车和精车 ϕ56 mm 外圆及倒角 1×45°	1　2

（续 表）

序号	车削步骤	示图
3 4 5 6	调头夹住 ϕ56 mm 外圆，并校正 粗车 ϕ88.035 mm 外圆 钻孔，孔口倒角（倒角尺寸稍大些，以便内孔车准以后，倒角正好） 半精车总长 38 mm 以及 ϕ88.035 mm 外圆	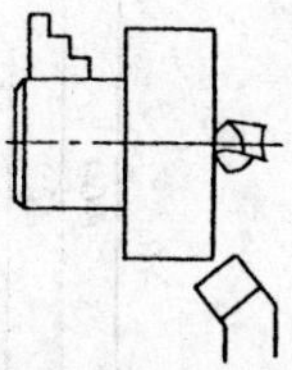
7	将斜滑板向逆时针方向转动 45°17′50″，车准齿面角，并控制斜面长 20 mm	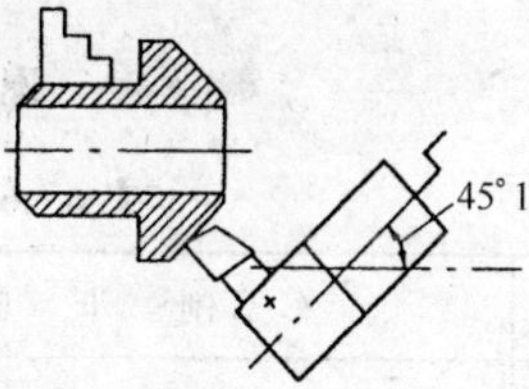 45°17′
8 9 10	斜滑板复位，再向顺时针方向转动 47°车齿背角 车端面上锥角至深 6 mm 粗车和精车 ϕ34 mm 内孔至要求尺寸，并倒角 1×45°	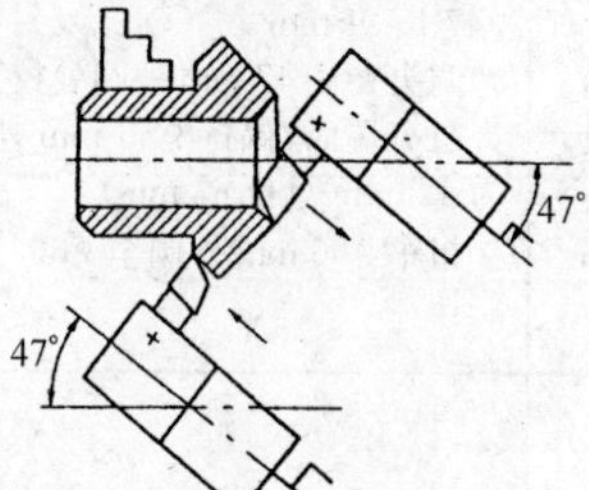 47° 47°

实例三

名称：V 带轮（图 6－27）。材料：铸铁。毛坯：铸件。

车削步骤：见表 6－6。

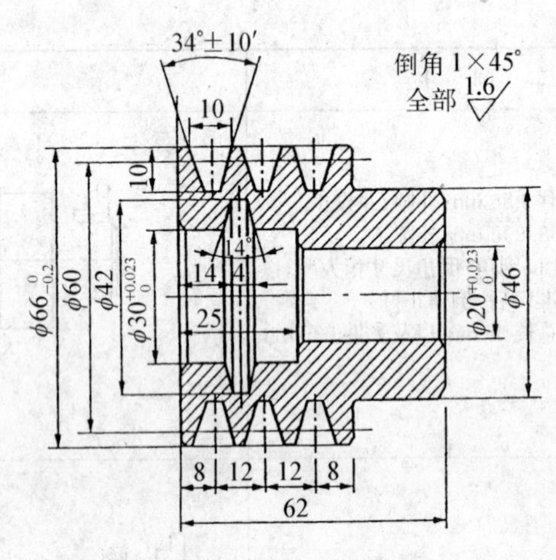

图 6-27　V 带轮

表 6-6　V 带轮的车削步骤

序号	车　削　步　骤	示　　图
1	夹住 $\phi66$ mm 外圆,夹持长度 30 mm 左右	
2	粗车 $\phi46$ 长 22 mm 外圆及端面,车至 $\phi47$ 长 21 mm	
3	调头夹住 47 mm 外圆处校正	
4	粗车端面,保持 $\phi66$ mm 外圆的长度为 42 mm(总长 63 mm)	
5	粗车 $\phi66$ mm 外圆至 $\phi66_{0}^{+0.2}$ mm	
6	用 $\phi18$ mm 麻花钻钻通孔,扩孔至 $\phi29\times24$ mm	
7	$\phi66$ mm 外圆表面上涂色划线,控制槽距	

（续 表）

序号	车削步骤	示图
8 9 10 11	用切槽刀切深10 mm的三条槽 用梯形(34°)切槽刀精车三条V带槽至要求尺寸 精车端面及$\phi60_{-0.02}^{0}$ mm外圆 精镗$\phi20_{0}^{+0.023}$ mm及$\phi30_{0}^{+0.023}\times25$内孔	
12 13 14 15	切内梯形槽及内外圆倒角1×45° 调头夹住$\phi66$ mm外圆(用铜皮包住),精车$\phi46$外圆,控制长度40 mm 精车端面至总长62 mm 内外圆倒角1×45°	

复习思考题

一、选择题

1. 在通过圆锥轴线的截面内,两条素线的夹角称为________;圆锥母线与轴心线的夹角称为________。

(1) 圆锥斜角;(2) 圆锥锥角。

2. 圆锥的两直径之差与长度之比称为________。

(1) 锥角;(2) 锥度;(3) 斜度。

3. 较短的圆锥可用________方法车削。

(1) 偏移尾座;(2) 转动斜滑板;(3) 转动方刀架。

4. 用圆锥量规测量锥孔时,先测量圆锥的________,后测量圆锥的________。

(1) 直径尺寸;(2) 锥度;(3) 长度。

5. 较________和锥角较________的外圆锥可用________方法

车削。

(1) 短;(2) 长;(3) 大;(4) 小;(5) 偏移尾座;(6) 转动斜滑板。

6. 在两顶尖之间车削精度要求高的标准圆锥,最好采用________法。

(1) 转动斜滑板;(2) 尾座刻线;(3) 标准圆锥量规。

7. 莫氏圆锥有________个尺码,最大的是________号。

(1) 6;(2) 7;(3) 8。

二、计算题

1. 如图 6-4 所示的圆锥,如果小端直径为 50 mm,大端直径为 54 mm,长度为 80 mm,问圆锥角 α 和锥度 C 是多少?

2. 如图 6-5 所示的圆锥,$C=1:20$,$D=40$ mm, $l=160$ mm,求 d。

3. 如图 6-6 所示的锥孔,其锥度 $C=1:16$,长度 $l=40$ mm,$d=32$ mm,求 D。

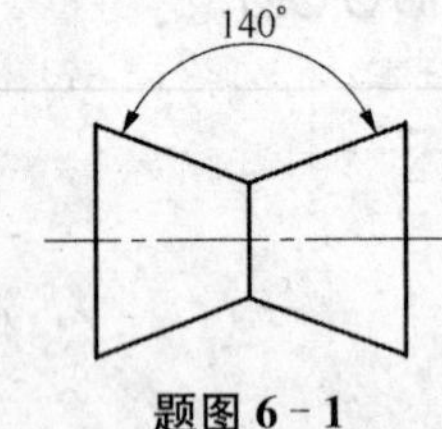

题图 6-1

4. 如题图 1 所示的角度零件,车削 V 槽时斜滑板应转过几度?向什么方向转动?

5. 图纸上圆锥零件的锥角为 $2°52'$,现在用中心距为 100 mm 的正弦规测量,问这时应垫上多高的量块?

三、问答题

1. 车削如图 6-14 所示的圆锥体,用偏移尾座的方法,其计算公式为什么这样简单?

2. 用什么方法车削角度零件,是根据什么来定的?试举例说明。

3. 莫氏圆锥与米制圆锥有什么不同?

4. 怎样测量圆锥表面(用量规测量)?

第7章 螺纹类零件的车削方法

学习者应掌握：

1. 能根据工作图确认是什么螺纹、精度要求和螺纹的几何尺寸。

2. 合理选用螺纹车刀，包括粗车刀和精车刀。

3. 用哪一种型号车床加工，如何调整进给箱手柄位置和交换齿轮。

4. 如何测量螺纹的螺距、牙型角和中径。

5. 能选择螺纹类零件的一般车削步骤。

一、螺纹的种类和用途

螺纹的种类和用途见表7－1。

表7－1 螺纹的种类和用途

名称	形状	用途
三角形米制螺纹（普通螺纹）		连接用
管螺纹		连接管道零件和管子配件等

（续　表）

名　称	形　状	用　途
矩形螺纹		传动用
梯形螺纹		传动用，如车床丝杠等
锯齿形螺纹		用于承受单向压力的机构中，如千斤顶等
圆形螺纹		用于经常和污物接触的地方或薄壁空心零件上

二、螺纹的各部分名称和代号

螺纹的各部分名称和代号见表 7－2。

表 7－2　螺纹的各部分名称和代号

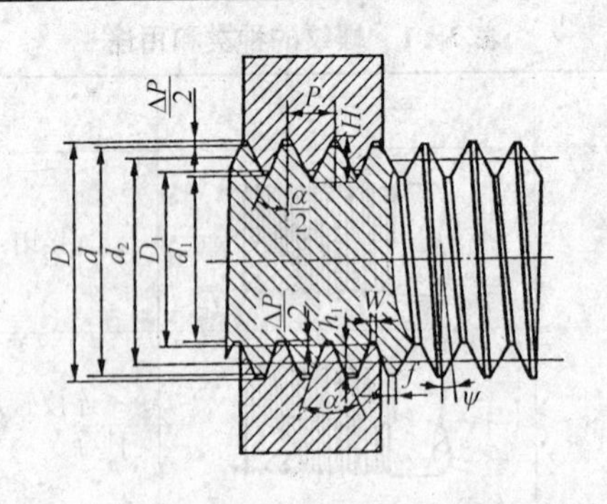

（续 表）

名 称	外螺纹代 号	内螺纹代 号	解 释
螺 距	P	P	沿螺纹轴线方向相邻两个牙的对应点距离
每英寸牙数	n	n	沿螺纹轴线方向每英寸长度内的牙数
导 程	L	L	螺杆旋转一周时沿轴向移动的距离。在单线螺纹中，$L=P$，双线螺纹中，$L=2P$
大 径	d	D	垂直于轴线方向的螺纹最外两边之间的距离
中 径	d_2	D_2	是一个假想圆的直径，在这个直径上，牙形轴向厚度等于槽宽
小 径	d_1	D_1	垂直于轴线方向的螺纹最里两边之间的距离
原始三角形高度	H	H	延长牙型的两侧边直到相交而获得的尖角形状的高度
牙型高度	h_1	h_1	在径向量得的实际牙型高度
工作高度	h	h	在径向量得的内外螺纹牙型接触边的最大高度
牙型角	α	α	在螺纹轴向剖面内量得的牙型两侧边的夹角
升 角	ψ	ψ	螺纹螺旋线与螺纹中径展开的圆周线的夹角
牙顶宽	f	f'	沿螺纹轴线方向牙型两侧边实际边长在外径上的距离，也是牙型被削平部分的宽度
牙底宽	W	W'	沿螺纹轴线方向牙型两侧边实际边长在内径上的宽度
圆角半径	r	r	牙型的圆头半径。只有牙顶或牙底是圆角的螺纹上才有
间 隙	ΔP	ΔP	内外螺纹旋合时牙顶之间或牙底之间的间隙

三、螺纹的几何尺寸计算

车螺纹之前，应了解螺纹的大径、中径、小径、螺距、牙深和升角的大小，它们的计算方法见表 7-3。

表 7-3　螺纹的主要尺寸计算

种类	示　图	计算公式	实　例
米制（普通）螺纹	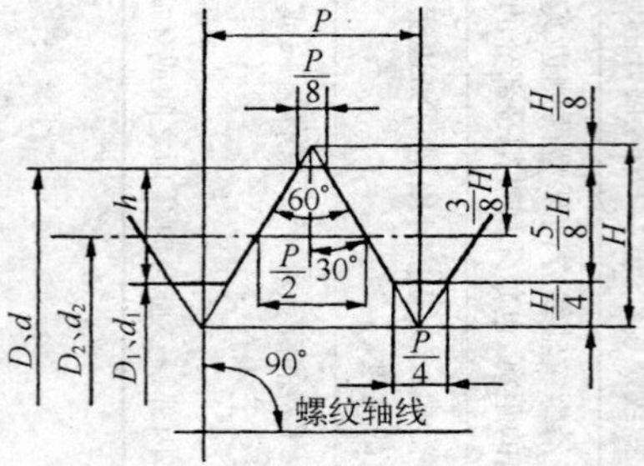 P　$\frac{P}{8}$　$60°$　$\frac{P}{2}$　$30°$　$\frac{P}{4}$　$90°$　螺纹轴线　h　$D、d$　$D_2、d_2$　$D_1、d_1$　$\frac{H}{8}$　$\frac{3}{8}H$　$\frac{5}{8}H$　$\frac{H}{4}$　H	$d_2=d-0.6495P$ $d_1=d-1.0826P$ $h=0.5413P$ $\psi=18.24°\times\frac{nP}{d_2}$ 式中　n——螺纹线数	[例] M16 普通螺纹，$P=2$ mm，求 d_2、d_1、h、ψ。 解：$d_2=16-2\times0.6495=14.701$ $d_1=16-2\times1.0826=13.835$ $h=2\times0.5413=1.083$ $\psi=18.24°\times\frac{2}{14.701}=2.48°=2°29'$
梯形螺纹	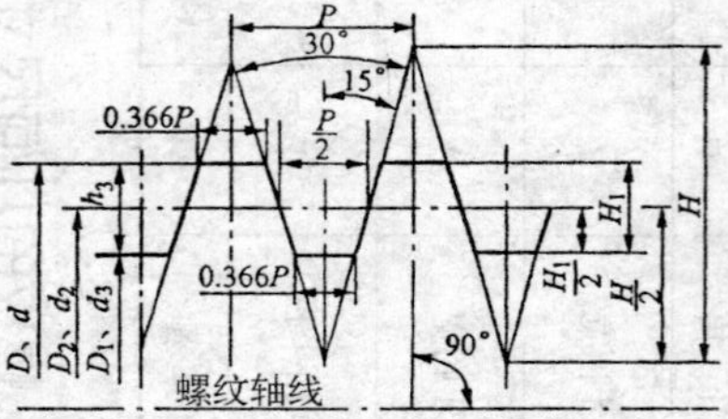 P　$30°$　$15°$　$0.366P$　$\frac{P}{2}$　h_3　$0.366P$　$90°$　螺纹轴线　$D、d$　$D_2、d_2$　$D_1、d_3$　H_1　$\frac{H_1}{2}$　$\frac{H}{2}$　H	$h_3=0.5P+a_c$ $P=6\sim12$ 时，$a_c=0.5$ $d_2=d-0.5P$ $d_3=d-2h_3$ $\psi=18.24°\times\frac{nP}{d_2}$	[例] Tr20×4 梯形螺纹求 h_3、d_2、d_3、ψ。 解：$h_3=4\times0.5+0.25=2.25(a_c=0.25)$ $d_2=20-4\times0.5=18$ $d_3=20-2.25\times2=15.5$ $\psi=18.24°\times\frac{4}{18}=4.05°=4°03'$

（续　表）

种类	示图	计算公式	实际
锯齿形螺纹	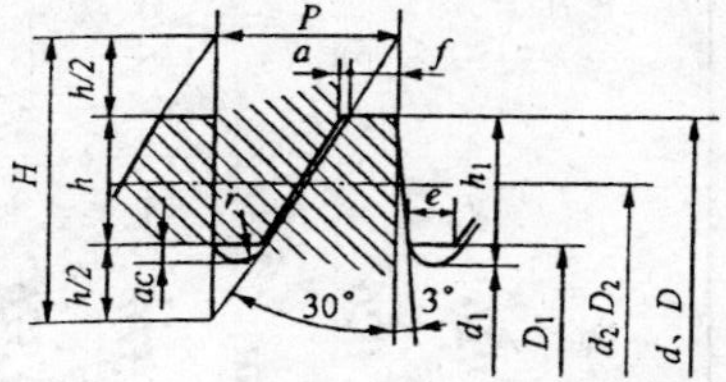	$h_1=0.868P$ $d_2=d-0.682P$ $d_1=d-2h_1$ $r=0.124P$ $\psi=18.24°\times\frac{nP}{d_2}$	［例］锯形螺纹 24×5，求 h_1、d_2、d_1、r、ψ。 解：$h_1=5\times0.868=4.34$ $d_2=24-5\times0.682=20.59$ $d_1=24-4.34\times2=15.32$ $r=5\times0.124=0.62$ $\psi=18.24°\times\frac{5}{20.59}=4.43°=4°26'$
圆形螺纹	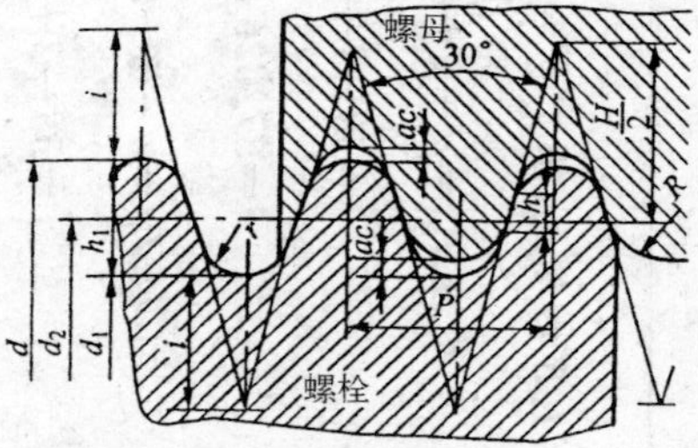	$h_1=0.5P$ $a_c=0.05P$ $r=0.2385P$ $R=0.256P$ $d_2=d-0.5P$ $d_1=d-2h_1$	［例］圆形螺纹 $d=26$ mm，每英寸 8 牙，求主要尺寸。 解：$P=\frac{25.4}{8}=3.175$ $h_1=3.175\times0.5=1.59$ $a_c=3.175\times0.05=0.159$ $r=3.175\times0.2385=0.752$ $R=3.175\times0.256=0.812$ $d_2=26-3.175\times0.5=24.4$ $d_1=26-1.59\times2=22.82$
蜗杆螺纹	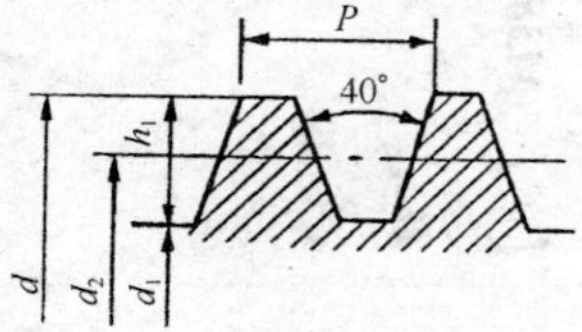	$h_1=2.25m$ $d_2=d-2m$ $d_1=d-2h_1$	［例］$a=20°$，$m=4$，$d=60$，求 h_1、d_2、d_1。 解：$h_1=4\times2.25=9$ $d_2=60-4\times2=52$ $d_1=60-9\times2=42$

米制螺纹的中径 d_2 和小径 d_1 也可用表 7-4 中所列的简便计算。

表 7-4 米制螺纹基本尺寸和简便计算 (mm)

螺距 P	中径 d_2	小径 d_1	工作高度 h	圆角半径 r
0.2	$d-1+0.870$	$d-1+0.784$	0.108	0.029
0.25	$d-1+0.838$	$d-1+0.729$	0.135	0.036
0.35	$d-1+0.773$	$d-1+0.621$	0.189	0.051
0.5	$d-1+0.675$	$d-1+0.459$	0.271	0.072
0.75	$d-1+0.513$	$d-1+0.188$	0.406	0.108
1	$d-1+0.350$	$d-2+0.918$	0.541	0.144
1.25	$d-1+0.188$	$d-2+0.647$	0.677	0.180
1.5	$d-1+0.026$	$d-2+0.376$	0.812	0.216
2	$d-2+0.701$	$d-3+0.835$	1.083	0.289
3	$d-2+0.052$	$d-4+0.752$	1.624	0.433
4	$d-3+0.402$	$d-5+0.670$	2.165	0.577
6	$d-4+0.103$	$d-7+0.505$	3.248	0.866

【例】 M38×1.5 的螺纹，求中径和小径。

解：

$$中径\ d_2 = d-1+0.026 = 38-1+0.026 = 37.026\ \text{mm}$$

$$小径\ d_1 = d-2+0.376 = 38-2+0.376 = 36.376\ \text{mm}$$

表7-5 米制螺纹的直径与螺距系列 (mm)

公称直径 d			螺距 P	
第一系列	第二系列	第三系列	粗牙	细牙
4			0.7	0.5
	4.5		0.75	
5			0.8	
		5.5		
6		7	1	0.75，(0.5)
8			1.25	1，0.75，(0.5)
		9	1.25	
10			1.5	1.25，1，0.75，(0.5)
		11	1.5	1，0.75，(0.5)
12			1.75	1.5，1.25，1，(0.75)，(0.5)
	14		2	1.5，(1.25)，1，(0.75)，(0.5)
		15		1.5，1，
16			2	1.5，1，(0.75)，(0.5)
	17			1.5，1
20	18		2.5	2，1.5，1，(0.75)，(0.5)
	22			
24			3	2，1.5，1，(0.75)
		25		2，1.5，1
		26		1.5
	27		3	2，1.5，1，(0.75)

公称直径 d			螺距 P	
第一系列	第二系列	第三系列	粗牙	细牙
30		28	3.5	2，1.5，1(3)，2，1.5，1，(0.75)
		32		2，1.5
	33		3.5	(3)，2，1.5，1，(0.75)
		35		1.5
36			4	3，2，1.5，(1)
		38		1.5
	39		4	3，2，1.5，(1)
		40		3，2，1.5
42	45		4.5	(4)，3，2，1.5，(1)
48			5	
		50		3，2，1.5
	52		5	(4)，3，2，1.5
		55		4，3，2，1.5
56			5.5	4，3，2，1.5，(1)
		58		4，3，2，1.5
	60		(5.5)	4，3，2，1.5，(1)
		62		4，3，2，1.5

（续 表）

公称直径 d			螺距 P	
第一系列	第二系列	第三系列	粗牙	细牙
64			6	4，3，2，1.5，(1)
		65		4，3，2，1.5
	68		6	4，3，2，1.5，(1)
		70		6，4，3，2，1.5
72				6，4，3，2，1.5，(1)
		75		4，3，2，1.5
	76			6，4，3，2，1.5，(1)
		78		2
80				6，4，3，2，1.5，(1)

公称直径 d			螺距 P	
第一系列	第二系列	第三系列	粗牙	细牙
		82		2
90	85			6，4，3，2，(1.5)
100	95			
110	105			
125	115			
	120			6，4，3，2，(1.5)
	130	135		
140	150	145		
		155		6，4，3，(2)
160	170	165		
180		175		
	190	185		
200		195		
		205		6，4，3
	210	215		

表 7-6 米制螺纹的基本尺寸 (mm)

公称直径 D、d			螺距 P	中径 D_2 或 d_2	小径 D_1 或 d_1	公称直径 D、d			螺距 P	中径 D_2 或 d_2	小径 D_1 或 d_1
第一系列	第二系列	第三系列				第一系列	第二系列	第三系列			
2			0.4	1.740	1.567	3			0.5	2.675	2.459
			0.25	1.838	1.729				0.35	2.773	2.621
	2.2		0.45	1.908	1.713		3.5		(0.6)	3.110	2.850
			0.25	2.038	1.929				0.35	3.273	3.121
2.5			0.45	2.208	2.013	4			0.7	3.545	3.242
			0.35	2.273	2.121				0.5	3.675	3.459

（续 表）

公称直径 D、d			螺距 P	中径 D_2 或 d_2	小径 D_1 或 d_1
第一系列	第二系列	第三系列			
	4.5		(0.75)	4.013	3.688
			0.5	4.175	3.959
5			0.8	4.480	4.134
			0.5	4.675	4.459
		5.5	0.5	5.175	4.959
6			1	5.350	4.917
			0.75	5.513	5.188
			(0.5)	5.675	5.459
		7	1	6.350	5.917
			0.75	6.513	6.188
			0.5	6.675	6.459
8			1.25	7.188	6.647
			1	7.350	6.917
			0.75	7.513	7.188
			(0.5)	7.675	7.459
		9	(1.25)	8.188	7.647
			1	8.350	7.917
			0.75	8.513	8.188
			0.5	8.675	8.459
10			1.5	9.026	8.376
			1.25	9.188	8.647
			1	9.350	8.917
			0.75	9.513	9.188
			(0.5)	9.675	9.459
		11	(1.5)	10.026	9.376
			1	10.350	9.917
		11	(0.75)	10.513	10.188
			0.5	10.675	10.459
12			1.75	10.863	10.106
			1.5	11.026	10.376
			1.25	11.188	10.647
			1	11.350	10.917
			(0.75)	11.513	11.188
			(0.5)	11.675	11.459
	18		2	12.701	11.835
			1.5	13.026	12.376
			(1.25*)	13.188	12.647
			1	13.350	12.917
			(0.75)	13.513	13.188
			(0.5)	13.675	13.459
		15	1.5	14.026	13.376
			(1)	14.350	13.917
16			2	14.701	13.835
			1.5	15.026	14.376
			1	15.350	14.917
			(0.75)	15.513	15.188
			(0.5)	15.675	15.459
		17	1.5	16.026	15.376
			(1)	16.350	15.917
	18		2.5	16.376	15.294
			2	16.701	15.835
			1.5	17.026	16.376

（续　表）

公称直径 D、d			螺距 P	中径 D_2 或 d_2	小径 D_1 或 d_1
第一系列	第二系列	第三系列			
	18		1	17.350	16.917
			(0.75)	17.513	17.188
			(0.5)	17.675	17.459
20			2.5	18.376	17.294
			2	18.701	17.835
			1.5	19.026	18.376
			1	19.350	18.917
			(0.75)	19.513	19.188
			(0.5)	19.675	19.459
	22		2.5	20.376	19.294
			2	20.701	19.835
			1.5	21.026	20.376
			1	21.350	20.917
			(0.75)	21.513	21.188
			(0.5)	21.675	21.459
24			3	22.051	20.752
			2	22.701	21.835
			1.5	23.026	22.376
			1	23.350	22.917
			(0.75)	23.513	23.188
		25	2	23.701	22.835
			1.5	24.026	23.376
			(1)	24.350	23.917
		26	1.5	25.026	24.376
	27		3	25.051	23.752
			2	25.701	24.835
			1.5	26.026	25.376
			1	26.350	25.917
			(0.75)	26.513	26.188
		28	2	26.701	25.835
			1.5	27.026	26.376
			1	27.350	26.917
30			3.5	27.727	26.211
			(3)	28.051	26.752
			2	28.701	27.835
			1.5	29.026	28.376
			1	29.350	28.917
			(0.75)	29.513	29.188
		32	2	30.701	29.835
			1.5	31.026	30.376
	33		3.5	30.727	29.211
			(3)	31.051	29.752
			2	31.701	30.835
			1.5	32.026	31.376
			(1)	32.350	31.917
			(0.75)	32.513	32.188
		35	1.5	34.026	33.376
36			4	33.402	31.670
			3	34.051	32.752

表7-7 梯形螺纹各直径基本尺寸 (mm)

公称直径 d		螺距 P	中径 $d_2=D_2$	大径 D_4	小径	
第一系列	第二系列				d_3	D_1
12		2	11.000	12.500	9.500	10.000
		3	10.500	12.500	8.500	9.000
	14	2	13.000	14.500	11.500	12.000
		3	12.500	14.500	10.500	11.000
16		2	15.000	16.500	13.500	14.000
		4	14.000	16.500	11.500	12.000
	18	2	17.000	18.500	15.500	16.000
		4	16.000	18.500	13.500	14.000
20		2	19.000	20.500	17.500	18.000
		4	18.000	20.500	15.500	16.000
	22	3	20.500	22.500	18.500	19.000
		5	19.500	22.500	16.500	17.000
		8	18.000	23.000	13.000	14.000
24		3	22.500	24.500	20.500	21.000
		5	21.500	24.500	18.500	19.000
		8	20.000	25.000	15.000	16.000
	26	3	24.500	26.500	22.500	23.000
		5	23.500	26.500	20.500	21.000
		8	22.000	27.000	17.000	18.000
28		3	26.500	28.500	24.500	25.000
		5	25.500	28.500	22.500	23.000
		8	24.000	29.000	19.000	20.000
	30	3	28.500	30.500	26.500	27.000
		6	27.000	31.000	23.000	24.000
		10	25.000	31.000	19.000	20.000
32		3	30.500	32.500	28.500	29.000
		6	29.000	33.000	25.000	26.000
		10	27.000	33.000	21.000	22.000
	34	3	32.500	34.500	30.500	31.000
		6	31.000	35.000	27.000	28.000
		10	29.000	35.000	23.000	24.000

(续 表)

公称直径 d		螺距 P	中径 $d_2=D_2$	大径 D_4	小径	
第一系列	第二系列				d_3	D_1
36		3 6 10	34.500 33.000 31.000	36.500 37.000 37.000	32.500 29.000 25.000	33.000 30.000 26.000
	38	3 7 10	36.500 34.500 33.000	38.500 39.000 39.000	34.500 30.000 27.000	35.000 31.000 28.000
40		3 7 10	38.500 36.500 35.000	40.500 41.000 41.000	36.500 32.000 29.000	37.000 33.000 30.000

表 7-8 锯齿形螺纹的基本尺寸 (mm)

公称直径 d		螺距 P	中径 $d_2=D_2$	小径	
第一系列	第二系列			d_1	D_1
10		(2)	8.50	6.529	7.0
12		2 (3)	10.50 9.75	8.529 6.793	9.0 7.5
	14	2 (3)	12.50 11.75	10.529 8.793	11.0 9.5
16		2 (4)	14.50 13.00	12.529 9.058	13.0 10.0
	18	2 (4)	16.50 15.00	14.529 11.058	15.0 12.0
20		2 (4)	18.50 17.00	16.529 13.058	17.0 14.0
	22	3 (5) 8	19.75 18.25 16.00	16.793 13.332 8.116	17.5 14.5 10.0
24		3 (5) 8	21.75 20.25 18.00	18.793 15.332 10.116	19.5 16.5 12.0

（续 表）

公称直径 d		螺 距 P	中 径 $d_2=D_2$	小 径	
第一系列	第二系列			d_1	D_1
	26	3 (5) 8	23.75 22.25 20.00	20.793 17.332 12.116	21.5 18.5 14.0
28		3 (5) 8	25.75 24.25 22.00	22.793 19.332 14.116	23.5 20.5 16.0
	30	3 (6) 10	27.75 25.50 22.50	24.793 19.587 12.645	25.5 21.0 15.0
32		3 (6) 10	29.75 27.50 24.50	26.793 21.587 14.645	27.5 23.0 17.0
	34	3 (6) 10	31.75 29.50 26.50	28.793 23.587 16.645	29.5 25.0 19.0
36		3 (6) 10	33.75 31.50 28.50	30.793 25.587 18.645	31.5 27.0 21.0
	38	3 (7) 10	35.75 32.75 30.50	32.793 25.851 20.645	33.5 27.5 23.0

表7-9　30°圆形螺纹的直径和每英寸牙数

螺纹直径 d(mm)	8	9	10	12	14	16	18	20	22	24
每英寸牙数	10	10	10	10	10	8	8	8	8	8
螺纹直径 d(mm)	26	28	30	32	36	40	44	48	52	55
每英寸牙数	8	8	8	8	8	6	6	6	6	6
螺纹直径 d(mm)	60	65	(68)	70	75	80	85	90	95	100
每英寸牙数	6	6	6	6	6	6	6	6	6	6

四、螺纹车刀的几何角度

螺纹车刀的刀尖角应按螺纹的牙型角刃磨，例如米制三角螺纹刀尖角为60°；梯形螺纹为30°等。后角一般取6°～12°，但两侧后角不相等，车右螺纹时左侧后角还应加上螺纹升角ψ；车左螺纹时右侧后角加上一个ψ，这对车梯形螺纹更加重要。为方便起见，往往采用如图7－3所示的刀排，以便转动角度。

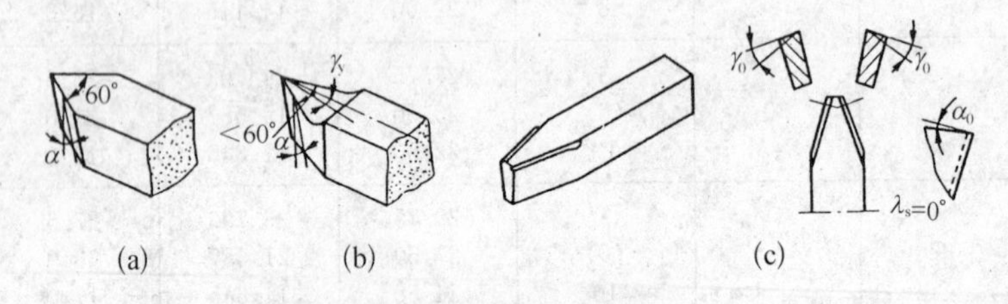

图7－1　外螺纹车刀

(a) 前角为零度；(b) 带有背前角；(c) 带有前角

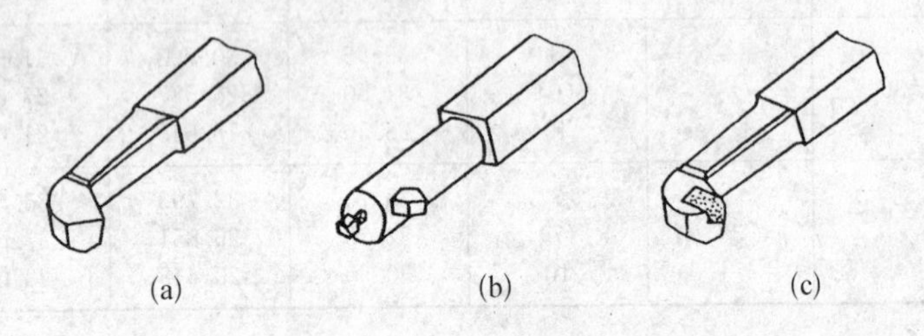

图7－2　内螺纹车刀

(a) 整体式；(b) 刀排式；(c) 镶有硬质合金刀片

精车螺纹时，应采用不带前角的螺纹车刀(如图7－1a所示)；精度不高的螺纹，可采用带有背前角γ_y的车刀(如图7－1b所示)，这样刀刃锋利，切削方便；精度要求高，又要求刀刃锋利，则可采用带有前角γ_0而刃倾角等于零(如图7－1c所示)的车刀。

车螺纹时为防止车刀振动而扎入工件，这时可采用如图7－4所示的弹性刀排。

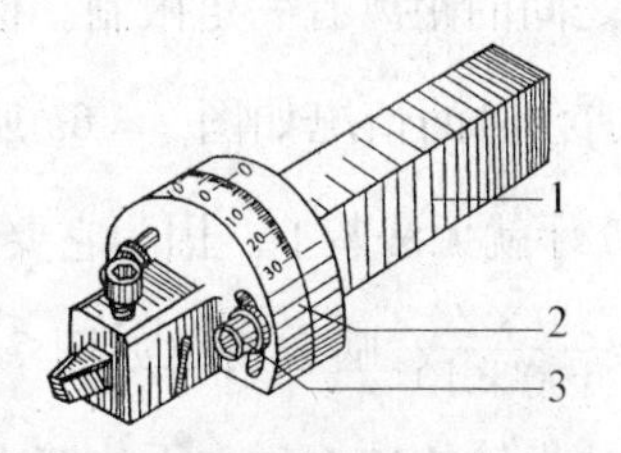

图7-3 可转动角度的刀排

1—刀排主体；2—转角分度盘；3—固紧螺钉

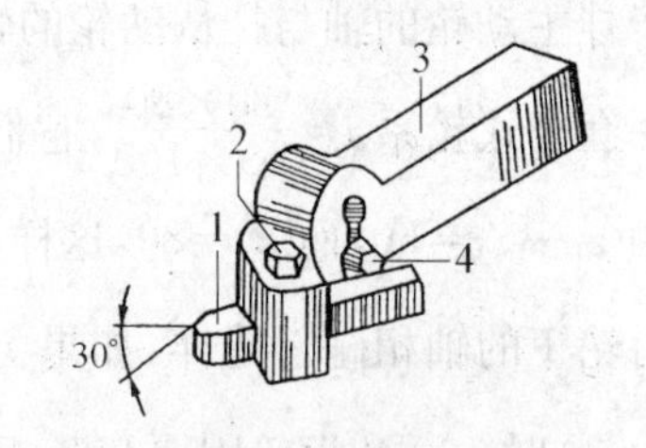

图7-4 弹性刀排

1—车刀；2—固定螺钉；3—刀排主体；4—两用刀排调整螺钉（拧紧为刚性刀排，拿掉为弹性刀排）

五、卧式车床的交换齿轮计算

卧式车床有两种类型，一种是无进给箱的，车螺纹时需要计算交换齿轮，并将计算出来的交换齿轮装在挂轮架上。另一种是有进给箱车床，车螺纹时只要按进给箱上铭牌（指示牌）规定，需要哪几个齿轮？手柄放在什么位置？只有在特殊情况下才需要计算交换齿轮。

1. 无进给箱车床的交换齿轮计算

无进给箱车床（旧式车床或用直联丝杠传动）车螺纹时，主轴与丝杠之间直接用交换齿轮连接起来，如图7-5和图1-3a所示。

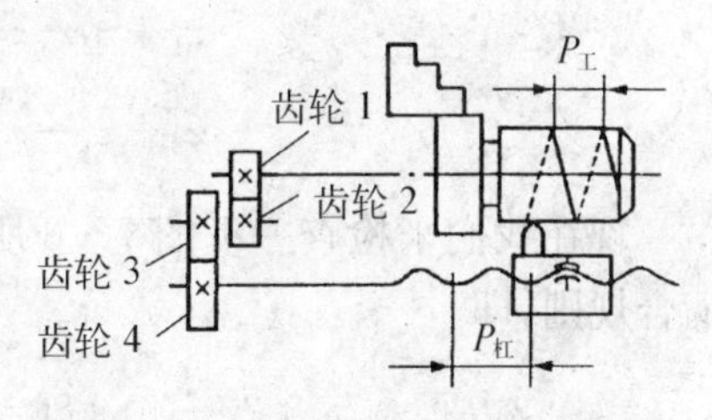

图7-5 无进给箱车床的交换齿轮

（1）无进给箱车床所备的交换齿轮 20、25、30、35、40、40、45、50、55、60、60、65、70、75、80、85、90、95、100、105、110、115、120、127。

（2）车床的交换齿轮啮合条件和调整 计算出来的交换齿轮，不可能彼此都能啮合，有时其中一个齿轮会顶住挂轮架的轴端（指复式轮系），有时即使在主动轮和从动轮之间加用最大的中间齿轮也不能啮合（指单式轮系）。为什么会发生上述情况呢？这主要是由于挂主动轮的轴与挂从动轮的轴之间的距离有一定限制。例如，有一套复式轮系 $i=\frac{20\times80}{40\times100}$，它们啮合时的情况如图 7-6a 所示。图中 $z_1+z_2=60$，而 $z_3=80$，这样 80 牙就无法装上。因为它要与交换齿轮 1 的轴相碰。同样，如果 $i=\frac{80\times20}{100\times40}$，啮合情况如图 7-6b 所示，这时 100 牙齿轮因要与装 40 牙齿轮的轴相碰也无法装上，由此可见，要使交换齿轮能装得上，并且能很好啮合，必须要有适当大小的齿轮。为了要选择适当大小的齿轮，必须遵守下列两条啮合规则

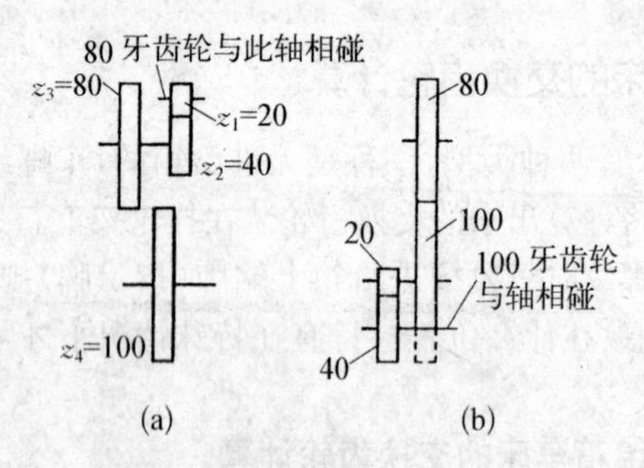

图 7-6　交换齿轮的啮合条件

$$z_1+z_2-z_3>15$$

$$z_3+z_4-z_2>15$$

现在我们来检查一下图 7-6 所说的复式轮系，看它是否符合啮合规则，即

$$20+40-80=-20$$

$$(-20<15，不能应用)$$

在上例中，检查结果不能应用。

【例】 有一复式轮系，$z_1=50$、$z_2=60$、$z_3=40$、$z_4=80$，问它们是否符合啮合规则。

解： $50+60-40=70(70>15$,可以应用)

$40+80-60=60(60>15$,可以应用)

检查结果,两条规则都符合,所以可以应用。

如果计算出来的交换齿轮不符合啮合规则,那么可按下列三个原则进行调整：

1）主动轮与从动轮可以同时增大几倍或缩小几倍,如

$$\frac{z_1}{z_2}\times\frac{z_3}{z_4}=\frac{20}{30}=\frac{2}{3}=\frac{30}{45}=\frac{40}{60}=\frac{50}{75}=\frac{60}{90}=\cdots$$

2）主动轮与主动轮或从动轮与从动轮可以互换位置,如

$$\frac{z_1}{z_2}\times\frac{z_3}{z_4}=\frac{20}{40}\times\frac{80}{100}=\frac{80}{40}\times\frac{20}{100}=\frac{20}{100}\times\frac{80}{40}$$

3）主动轮与主动轮或从动轮与从动轮可以互借倍数,如

$$\frac{z_1}{z_2}\times\frac{z_3}{z_4}=\frac{20}{100}\times\frac{110}{120}=\frac{40}{100}\times\frac{55}{120}$$

(3) 交换齿轮的计算实例　车床丝杠有公制(米制)和英寸制不同,而工件的螺纹也有公制、英寸制等不同,所以计算交换齿轮的公式也有所不同。具体计算实例见表 7-10。

表 7-10　无进给箱车床的交换齿轮计算

车床丝杠	工件	计算公式	实例
以公制螺距表示	以公制螺距表示	$i=\frac{z_1\times z_3}{z_2\times z_4}=\frac{P_工}{P_杠}$ 式中　z_1、z_2、z_3、z_4——交换齿轮齿数； $P_工$——工件螺距(mm)； $P_杠$——车床丝杠螺距(mm)。	【例】 $P_杠=6$ mm, $P_工=1.75$ mm,求 i 解：$i=\frac{P_工}{P_杠}=\frac{1.75}{6}=\frac{7}{24}=\frac{35}{120}$ 或　$i=\frac{7}{24}=\frac{1\times7}{2\times12}=\frac{40}{80}\times\frac{35}{60}$ 【例】 $P_杠=8$ mm, $P_工=1$ mm,求 i 解：$i=\frac{1}{8}=\frac{20}{160}=\frac{1\times20}{2\times80}=\frac{30}{60}\times\frac{20}{80}$

（续 表）

车床丝杠	工件	计算公式	实例
以公制螺距表示	以每英寸牙数表示	$i=\frac{127}{n_{工}\times P_{杠}\times 5}$ 式中 $n_{工}$——工件每英寸牙数； $P_{杠}$——车床丝杠螺距(mm)。	【例】 $P_{杠}=6$ mm，$n_{工}=12$，求 i 解：$i=\frac{127}{12\times 6\times 5}=\frac{127}{360}=\frac{1\times 127}{4\times 90}=\frac{30}{120}\times\frac{127}{90}$ 【例】 $P_{杠}=12$ mm，$n_{工}=4$，求 i 解：$i=\frac{127}{4\times 12\times 5}=\frac{127}{240}=\frac{1\times 127}{3\times 80}$ $=\frac{40}{120}\times\frac{127}{80}$
	以模数 m 表示	$i=\frac{22}{7}\times\frac{m}{P_{杠}}$ 式中 m——工件(蜗杆)模数； $P_{杠}$——车床丝杠螺距(mm)。	【例】 $P_{杠}=6$ mm，$m=2$ mm，求 i 解：$i=\frac{22}{7}\times\frac{2}{6}=\frac{22}{21}=\frac{2\times 11}{3\times 7}$ $=\frac{40}{60}\times\frac{55}{35}=\frac{60}{90}\times\frac{110}{70}$ 【例】 $P_{杠}=12$ mm，$m=4$ mm，求 i 解：$i=\frac{22}{7}\times\frac{4}{12}=\frac{22}{21}=\frac{2\times 11}{3\times 7}$ $=\frac{50}{75}\times\frac{110}{70}$
	以径节D.P表示	$i=\frac{22}{7}\times\frac{127}{D.P\times P_{杠}\times 5}$ 式中 D. P——工件（蜗杆）径节； $P_{杠}$——车床丝杠螺距(mm)。	【例】 $P_{杠}=6$ mm，D. P=12，求 i 解：$i=\frac{22}{7}\times\frac{127}{12\times 6\times 5}=\frac{11}{7}\times\frac{127}{180}$ $=\frac{11}{14}\times\frac{127}{90}=\frac{55}{70}\times\frac{127}{90}$ $=\frac{55}{90}\times\frac{127}{70}$ 【例】 $P_{杠}=12$ mm，D. P=8，求 i 解：$i=\frac{22}{7}\times\frac{127}{8\times 12\times 5}=\frac{22}{7}\times\frac{127}{480}$ $=\frac{22}{28}\times\frac{127}{120}=\frac{11}{14}\times\frac{127}{120}$ $=\frac{55}{70}\times\frac{127}{120}=\frac{55}{120}\times\frac{127}{70}$

（续 表）

车床丝杠	工件	计算公式	实例
以每英寸牙数表示	以公制螺距表示	$i=\frac{P_{工}\times n_{杠}\times 5}{127}$ 式中 $n_{杠}$——车床丝杠每英寸牙数； $P_{工}$——工件螺距(mm)。	【例】 $n_{杠}=4$，$P_{工}=2.5$ mm，求 i 解：$i=\frac{2.5\times 4\times 5}{127}=\frac{50}{127}$ 【例】 $n_{杠}=2$，$P_{工}=16$ mm，求 i 解：$i=\frac{16\times 2\times 5}{127}=\frac{160}{127}=\frac{2\times 80}{1\times 127}$ $=\frac{90}{45}\times\frac{80}{127}$
	以每英寸牙数表示	$i=\frac{n_{杠}}{n_{工}}$ 式中 $n_{杠}$——车床丝杠每英寸牙数； $n_{工}$——工件每英寸牙数。	【例】 $n_{杠}=4$，$n_{工}=12$，求 i 解：$i=\frac{4}{12}=\frac{20}{60}=\frac{40}{120}$ 【例】 $n_{杠}=4$，$n_{工}=28$，求 i 解：$i=\frac{4}{28}=\frac{20}{140}=\frac{1\times 20}{2\times 70}=\frac{30}{60}\times\frac{20}{70}$
	以模数 m 表示	$i=\frac{22}{7}\times\frac{m\times n_{杠}\times 5}{127}$ 式中 m——工件(蜗杆)模数； $n_{杠}$——车床丝杠每英寸牙数。	【例】 $n_{杠}=4$，$m=2$ mm，求 i 解：$i=\frac{22}{7}\times\frac{2\times 4\times 5}{127}=\frac{11}{7}\times\frac{80}{127}$ $=\frac{55}{35}\times\frac{80}{127}=\frac{80}{35}\times\frac{55}{127}$ 【例】 $n_{杠}=2$，$m=6$ mm，求 i 解：$i=\frac{22}{7}\times\frac{6\times 2\times 5}{127}=\frac{22}{7}\times\frac{60}{127}$ $=\frac{110}{35}\times\frac{60}{127}=\frac{60}{127}\times\frac{110}{35}$ (110齿放在第一个位置不方便，所以换一个位置)
	以径节D.P表示	$i=\frac{22}{7}\times\frac{n_{杠}}{D.P}$ 式中 D.P——工件（蜗杆）径节； $n_{杠}$——车床丝杠每英寸牙数。	【例】 $n_{杠}=4$，D.P=10，求 i 解：$i=\frac{22}{7}\times\frac{4}{10}=\frac{11}{7}\times\frac{8}{10}$ $=\frac{55}{35}\times\frac{40}{50}$ 【例】 $n_{杠}=4$，D.P=16，求 i 解：$i=\frac{22}{7}\times\frac{4}{16}=\frac{11}{14}=\frac{55}{70}$

2. 有进给箱车床的交换齿轮计算和手柄位置的变换

在有进给箱车床上车螺纹时，根据需车螺纹的螺距或每英寸牙数，在进给箱铭牌上找到这个数字，按这个数字所对准的位置就可知道交换齿轮的齿数和手柄位置。

(1) C6127 型卧式车床　进给箱外形如图 7－7 所示。铭牌见表 7－11 和表 7－12。

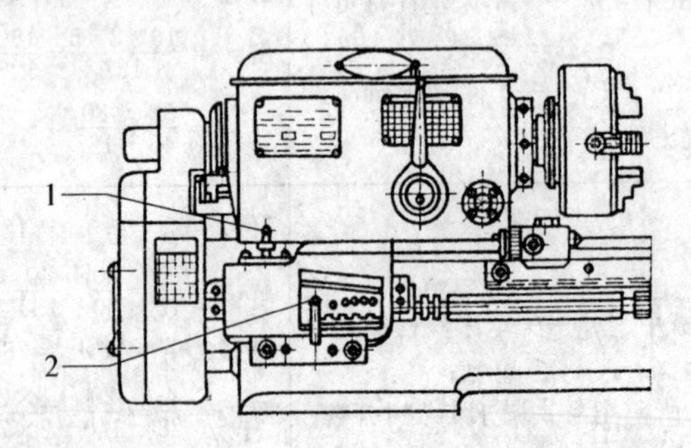

图 7－7　C6127 型卧式车床进给箱外形

表 7－11　C6127 型卧式车床车削公制螺纹铭牌

手柄 1 的位置 / 手柄 2 的位置		Ⅰ	Ⅱ	Ⅲ	*A*	*B*	*D*
	8	0.3	0.6	1.2	21	50	120
	6	0.35	0.7	1.4			
	5	0.4	0.8	1.6	22	50	120
	1	0.55	1.1	2.2			
	6	0.45	0.9	1.8	27	50	120
	8	0.5	1	2	35	50	120
	1		1.75	3.5			
	6	0.75	1.5	3	45	50	120
	2	1	2	4			
	1		2.25	4.5			
	1	1.25	2.5	5	50	50	120
	1		2.75	5.5	55	50	120
	1	1.5	3	6	60	50	120

表 7-12 C6127 型卧式车床车削英制螺纹

<table>
<tr><th>手柄1的位置
手柄2的位置</th><th>Ⅰ</th><th>Ⅱ</th><th>Ⅲ</th><th>A</th><th>B</th><th>C</th><th>D</th></tr>
<tr><td>1</td><td>8</td><td>4</td><td rowspan="3"></td><td rowspan="3">60</td><td rowspan="3">45</td><td rowspan="3">50</td><td rowspan="3">63</td></tr>
<tr><td>6</td><td>12</td><td>6</td></tr>
<tr><td>8</td><td>14</td><td>7</td></tr>
<tr><td>1</td><td>16</td><td>8</td><td>4</td><td rowspan="8">60</td><td rowspan="8">72</td><td rowspan="8">40</td><td rowspan="8">63</td></tr>
<tr><td>2</td><td>18</td><td>9</td><td>4.5</td></tr>
<tr><td>3</td><td>19</td><td>9.5</td><td>4.75</td></tr>
<tr><td>4</td><td>20</td><td>10</td><td>5</td></tr>
<tr><td>5</td><td>22</td><td>11</td><td>5.5</td></tr>
<tr><td>6</td><td>24</td><td>12</td><td>6</td></tr>
<tr><td>7</td><td>26</td><td>13</td><td>6.5</td></tr>
<tr><td>8</td><td>28</td><td>14</td><td>7</td></tr>
<tr><td>6</td><td>32</td><td>16</td><td>8</td><td>45</td><td>72</td><td>40</td><td>63</td></tr>
</table>

【例】 在 C6127 型车床上，车削螺距 4 mm 的螺纹，试确定交换齿轮和手柄位置。

解：查表 7-11 得

交换齿轮：$\frac{45}{120}$。其中 50 是中间齿轮，也可以是其他齿数。

手柄位置：手柄 1 放在位置Ⅲ上，手柄 2 放在位置 2 上。

【例】 在 C6127 型车床上，车一每英寸 12 牙的螺纹，试确定交换齿轮和手柄位置。

解：查表 7-12 得

交换齿轮：$\frac{60}{72}\times\frac{40}{63}$，或$\frac{60}{45}\times\frac{50}{63}$。

手柄位置：手柄 1 放在位置Ⅱ

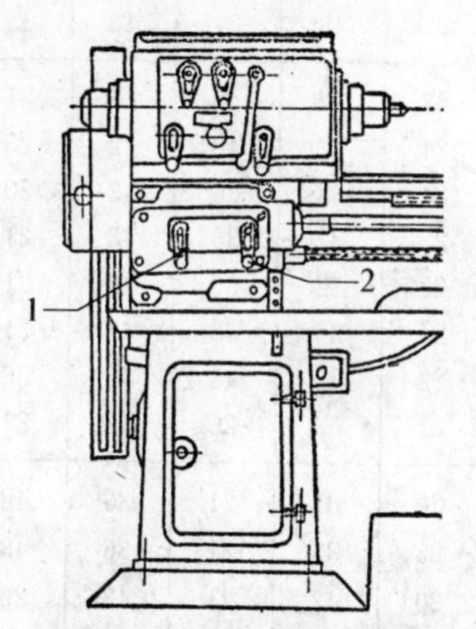

图 7-8 C615 型卧式车床进给箱外形

1—手柄；2—丝杠或光杠手柄

上,手柄2放在位置6上。或手柄1放在位置Ⅰ上,手柄2放在位置6上。

(2) C615型卧式车床 进给箱外形如图7-8所示。进给箱铭牌见表7-13。

表7-13 C615型卧式(公制)车床进给箱铭牌

交换齿轮					螺纹	手柄1的位置			
甲	乙	丙	丁	戊		1	2	3	4
22	32	48	42	33	公制螺纹(螺距)	1.5	3	6	12
22	32	48	42	36		—	2.75	5.5	11
22	33	25	48	20		1.25	2.5	5	10
22	32	38	48	33		—	—	4.75	9.5
22	32	36	48	33		—	2.25	4.5	9
21	42	32	48	24		1	2	4	8
22	48	42	38	33		—	1.75	3.5	7
22	32	26	48	33		—	—	3.25	6.5
22	33	20	48	25		0.8	1.6	3.2	6.4
22	32	24	48	33		0.75	1.5	3	6
21	36	20	48	25		0.7	1.4	2.8	5.6
21	42	20	48	25		0.6	1.2	2.4	4.8
22	48	24	42	33		0.5	1	2	4
22	32	48	42	21	模数螺纹(模数)	0.75	1.5	3	6
24	32	48	42	25		—	—	2.75	5.5
24	33	36	42	20		—	1.25	2.5	5
22	32	38	48	21		—	—	—	4.75
22	32	36	48	21		—	—	2.25	4.5
24	36	33	48	21		0.5	1	2	4
22	32	48	42	36		—	—	1.75	3.5
22	32	26	42	21		—	—	—	3.25
20	31	21	36	48	英制螺纹(每英寸牙数)	60	30	15	7.5
25	31	21	36	48		48	24	12	6
20	42	21	48	26		44	—	—	—
20	32	21	42	31		40	20	10	5
25	38	21	42	31		38	19	9.5	4.75
25	36	21	42	31		36	18	9	4.5

（续 表）

交换齿轮					螺纹	手柄1的位置			
甲	乙	丙	丁	戊		1	2	3	4
25	32	21	42	31	英制螺纹（每英寸牙数）	32	16	8	4
25	48	36	42	31		28	14	7	3.5
25	26	21	42	31		26	13	6.5	3.25
25	48	42	36	31		24	12	6	3
25	31	21	48	22		22	11	5.5	2.75
20	32	42	36	31		20	10	5	2.5
25	38	42	36	31		19	9.5	4.75	—
25	36	42	38	31		18	9	4.5	2.25
25	32	42	36	31		16	8	4	2
25	32	48	36	31		14	7	3.5	1.75
25	26	42	36	31		13	6.5	3.25	—
丁齿轮是中间轮									
交换齿轮：20、21、22、24、25、26、31、32、33、36、38、42、48									

【例】 在C615型车床上，车一螺距3 mm螺纹，试确定交换齿轮和手柄位置。

解：查表7-13得

交换齿轮：$\frac{22}{32}\times\frac{48}{33}$（42是中间齿轮）。

手柄位置：手柄1放在位置2上，手柄2放在丝杠位置上。

【例】 在C615型车床上，车一模数2 mm蜗杆螺纹，试确定交换齿轮和手柄位置。

解：查表7-13得

交换齿轮：$\frac{24}{36}\times\frac{33}{21}$（48是中间齿轮）。

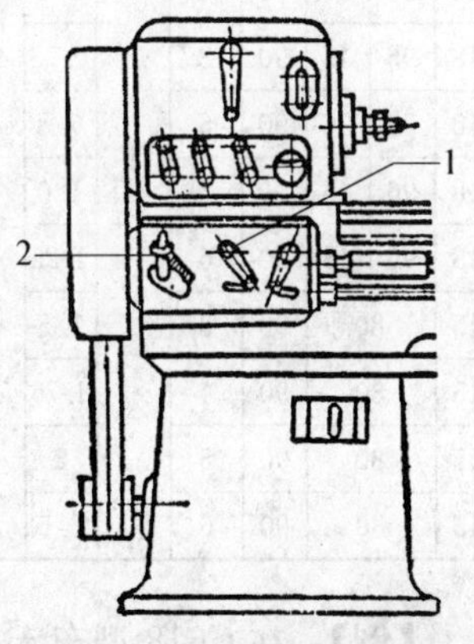

图7-9 C618型车床的进给箱外形

1—移动手柄；2—诺顿手柄

手柄位置：手柄 1 放在位置 3 上，手柄 2 放在丝杠位置上。

【例】 在 C615 型车床上，车一每英寸 8 牙螺纹，试确定交换齿轮和手柄位置。

解：查表 7－13 得

交换齿轮：$\frac{25}{32}\times\frac{42}{31}$(36 是中间齿轮)。

手柄位置：手柄 1 放在位置 2 上，手柄 2 放在丝杠位置上。

(3) C618 型卧式车床　进给箱外形如图 7－9 所示。进给箱铭牌见表 7－14。

表 7－14　C618 型卧式车床进给箱铭牌

公制螺纹									英制螺纹								
交换齿轮				手柄2的位置	手柄1的位置	螺距	手柄1的位置	螺距	交换齿轮				手柄2的位置	手柄1的位置	每英寸牙数	手柄1的位置	每英寸牙数
z_1	z_2	z_3	z_4						z_1	z_2	z_3	z_4					
45	90	36	120	1		0.3			127	90	36	96	1		24		
45	90	48	120	1		0.4			127	80	36	90	1		20		5
48	96	45	90	1		0.5			127	95	48	96	1		19		
48	96	36	90	4		0.7			127	90	48	96	1		18		
48	96	45	90	3		0.75		3	127	80	36	90	2		16		4
48	96	36	90	5		0.8			127	70	48	96	1		14		
48	96	45	90	5	Ⅰ	1.0	Ⅱ	4	127	90	48	96	3	Ⅰ	12	Ⅱ	3
48	96	45	90	6		1.25		5	127	44	36	90	1		11		
45	80		90	3		1.5		6	127	80	36	90	5		10		2.5
45	80		90	4		1.75		7	127	90	48	96	5		9		
45	80		90	5		2		8	127	80	36	90	6		8		2
45	80		90	6		2.5		10	127	80	48	90	6		6		

【例】 在 C618 型车床上，车一螺距为 6 mm 螺纹，试确定交换齿轮和手柄位置。

解：查表 7－14 得

交换齿轮：$\frac{45}{90}$(80 为中间齿轮)。

手柄位置：手柄1放在位置Ⅱ上，手柄2放在位置3上。

【例】 在C618型车床上，车一每英寸10牙螺纹，试确定交换齿轮和手柄位置。

解：查表7-14得

交换齿轮：$\frac{127}{80}\times\frac{36}{90}$。

手柄位置：手柄1放在位置Ⅰ上，手柄2放在位置5上。

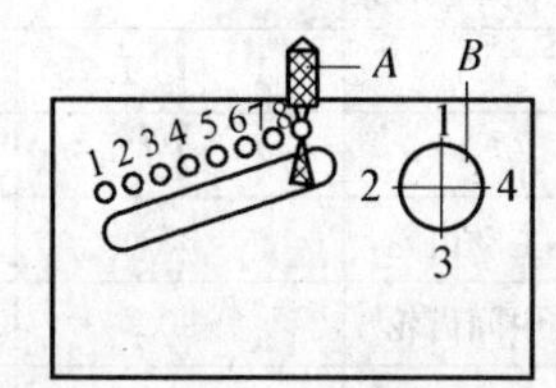

图7-10 英寸制车床进给箱外形

(4) 英寸制车床 进给箱外形如图7-10所示。进给箱铭牌见表7-15。

表7-15 英寸制卧式车床进给箱铭牌

英制螺纹								
手柄A的位置	1	2	3	4	5	6	7	8
手柄B的位置	每英寸牙数							
1	28	26	24	22	20	19	18	16
2	14	13	12	11	10	$9\frac{1}{2}$	9	8
3	7	$6\frac{1}{2}$	6	$5\frac{1}{2}$	5	$4\frac{3}{4}$	$4\frac{1}{2}$	4
4	$3\frac{1}{2}$	$3\frac{1}{4}$	3	$2\frac{3}{4}$	$2\frac{1}{2}$	$2\frac{3}{8}$	$2\frac{1}{4}$	2
	主动齿轮		中间齿轮				被动齿轮	
主动齿轮	60		120				60	
公制螺纹								
手柄A的位置	1	8	3	7	8	8	8	8
手柄B的位置	螺距 (mm)							
1	0.25		0.375	0.5		0.625		0.75
2	0.5	0.875	0.75	1	1.125	1.25	1.375	1.5

（续 表）

公制螺纹								
手柄 A 的位置	1	8	3	7	8	8	8	8
手柄 B 的位置	螺距 (mm)							
3	1	1.75	1.5	2	2.25	2.5	2.75	3
4	2	3.5	3	4	4.5	5	5.5	6
主动齿轮	35		45			50	55	60
中间齿轮	90		90			90	90	90
中间齿轮								
从动齿轮	127		127			127	127	127
交换齿轮：35、45、50、55、60、60、90、100、120、127								

【例】 在英寸制车床上，车一螺距 2.5 mm 螺纹，试确定交换齿轮和手柄位置。

解：查表 7-15 得

交换齿轮：$\frac{50}{127}$(90 是中间齿轮)。

手柄位置：手柄 1 放在位置 3 上，手柄 2 放在位置 8 上。

【例】 在英寸制车床上，车一每英寸 11 牙螺纹，试确定交换齿轮和手柄位置。

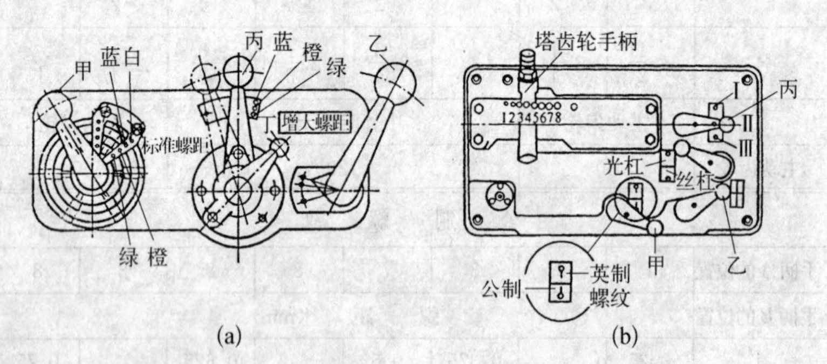

图 7-11 C620-1 型卧式车床主轴箱和进给箱外形

(a) 主轴箱外形；(b) 进给箱外形

解：查表7－15得

交换齿轮：$\frac{60}{60}$(120是中间齿轮)。

手柄位置：手柄1放在位置2上，手柄2放在位置4上。

(5) C620－1型卧式车床　主轴箱和进给箱外形如图7－11所示。进给箱铭牌见表7－16。

表7－16　C620－1型车床进给箱铭牌

床头箱手柄												
手柄丁												
正常螺距									增大螺距			
手柄乙												
任意位置									橙黄色		绿色	
交换齿轮		进给箱手柄的位置										
z_1	z_3	甲	乙		Ⅰ	Ⅱ	Ⅰ	Ⅱ	Ⅱ	Ⅰ	Ⅱ	Ⅰ
			丙		Ⅰ		Ⅱ		Ⅰ	Ⅱ	Ⅰ	Ⅱ
			公制螺纹螺距 (mm)									
42	100	公制螺纹位置上	塔齿轮手柄的位置	1	—	—	—	—	—	—	—	—
				2	—	1.75	3.5	7	14	28	56	112
				3	1	2	4	8	16	32	64	128
				4	—	—	4.5	9	18	36	72	144
				5	—	—	—	—	—	—	—	—
				6	1.25	2.5	5	10	20	40	80	160
				7	—	—	5.5	11	22	44	88	176
				8	1.5	3	6	12	24	48	96	192
			模数螺纹模数 (mm)									
32	97		塔齿轮手柄的位置	1	—	—	—	—	3.25	6.5	13	26
				2	—	—	—	1.75	3.5	7	14	28
				3	—	0.5	1	2	4	8	16	32
				4	—	—	—	2.25	4.5	9	18	36

(续 表)

交换齿轮												
			床头箱手柄									
			手柄丁									
			正常螺距						增大螺距			
			手柄乙									
			任意位置						橙黄色		绿色	
交换齿轮			进给箱手柄的位置									
z_1	z_3	甲	乙		Ⅰ	Ⅱ	Ⅰ	Ⅱ	Ⅱ	Ⅰ	Ⅱ	Ⅰ
			丙		Ⅰ		Ⅱ		Ⅰ	Ⅱ	Ⅰ	Ⅱ
		公制螺纹位置上	模数螺纹模数(mm)									
32	97	公制螺纹位置上	塔齿轮手柄的位置	5	—	—	—	—	—	—	—	—
32	97	公制螺纹位置上	塔齿轮手柄的位置	6	—	—	1.25	2.5	5	10	20	40
32	97	公制螺纹位置上	塔齿轮手柄的位置	7	—	—	—	2.75	5.5	11	22	44
32	97	公制螺纹位置上	塔齿轮手柄的位置	8	—	—	1.5	3	6	12	24	48
		英制螺纹位置上	英制螺纹每英寸牙数									
42	100	英制螺纹位置上	塔齿轮手柄的位置	1	—	—	$3\frac{1}{4}$	—	—	—	—	—
42	100	英制螺纹位置上	塔齿轮手柄的位置	2	14	7	$3\frac{1}{2}$	—	—	—	—	—
42	100	英制螺纹位置上	塔齿轮手柄的位置	3	16	8	4	2	—	—	—	—
42	100	英制螺纹位置上	塔齿轮手柄的位置	4	18	9	$4\frac{1}{2}$	—	—	—	—	—
42	100	英制螺纹位置上	塔齿轮手柄的位置	5	19	—	—	—	—	—	—	—
42	100	英制螺纹位置上	塔齿轮手柄的位置	6	20	10	5	—	—	—	—	—
42	100	英制螺纹位置上	塔齿轮手柄的位置	7	—	11	—	—	—	—	—	—
42	100	英制螺纹位置上	塔齿轮手柄的位置	8	24	12	6	3	—	—	—	—
		英制螺纹位置上	径节螺纹径节									
32	97	英制螺纹位置上	塔齿轮手柄的位置	1	—	—	—	—	—	—	—	—
32	97	英制螺纹位置上	塔齿轮手柄的位置	2	56	28	14	7	$3\frac{1}{2}$	$1\frac{3}{4}$	—	—
32	97	英制螺纹位置上	塔齿轮手柄的位置	3	64	32	16	8	4	2	1	—
32	97	英制螺纹位置上	塔齿轮手柄的位置	4	72	36	18	9	—	$2\frac{1}{4}$	—	—

（续 表）

<table>
<tr><td colspan="13">床头箱手柄</td></tr>
<tr><td colspan="13">手柄丁</td></tr>
<tr><td colspan="9">正常螺距</td><td colspan="4">增大螺距</td></tr>
<tr><td colspan="13">手柄乙</td></tr>
<tr><td colspan="9">任意位置</td><td colspan="2">橙黄色</td><td colspan="2">绿 色</td></tr>
<tr><td colspan="2">交换齿轮</td><td colspan="11">进 给 箱 手 柄 的 位 置</td></tr>
<tr><td rowspan="2">z_1</td><td rowspan="2">z_3</td><td rowspan="2">甲</td><td colspan="2">乙</td><td>Ⅰ</td><td>Ⅱ</td><td>Ⅰ</td><td>Ⅱ</td><td>Ⅱ</td><td>Ⅰ</td><td>Ⅱ</td><td>Ⅰ</td></tr>
<tr><td colspan="2">丙</td><td colspan="2">Ⅰ</td><td colspan="2">Ⅱ</td><td>Ⅰ</td><td>Ⅱ</td><td>Ⅰ</td><td>Ⅱ</td></tr>
<tr><td rowspan="5">32</td><td rowspan="5">97</td><td rowspan="5">英制螺纹位置上</td><td colspan="10">径 节 螺 纹 径 节</td></tr>
<tr><td rowspan="4">塔齿轮手柄的位置</td><td>5</td><td>—</td><td>—</td><td>—</td><td>—</td><td>—</td><td>—</td><td>—</td><td>—</td></tr>
<tr><td>6</td><td>80</td><td>40</td><td>20</td><td>10</td><td>5</td><td>$2\frac{1}{2}$</td><td>$1\frac{1}{4}$</td><td>—</td></tr>
<tr><td>7</td><td>88</td><td>44</td><td>22</td><td>11</td><td>—</td><td>—</td><td>—</td><td>—</td></tr>
<tr><td>8</td><td>96</td><td>48</td><td>24</td><td>12</td><td>6</td><td>3</td><td>$1\frac{1}{2}$</td><td>—</td></tr>
</table>

床头箱手柄丁放在正常螺距位置上；手柄乙放在任意位置上。

进给箱塔齿轮手柄放在4位置上；手柄甲放在公制螺纹位置上；手柄乙放在Ⅰ位置上；手柄丙放在Ⅱ位置上。

【例】 在C620－1型车床上，车一螺距14 mm螺纹，试确定交换齿轮和手柄位置。

解：交换齿轮 $z_1=42$，$z_3=100$。

床头箱手柄丁放在增大螺距位置上；手柄乙放在橙黄色位置上。

进给箱塔齿轮手柄放在位置2上；手柄甲放在公制螺纹位置上；手柄乙放在位置Ⅱ上；手柄丙放在位置Ⅰ上。

【例】 在C620－1型车床上，车一每英寸6牙的螺纹，试确定交换齿轮和手柄位置。

解：交换齿轮 $z_1=42$，$z_3=100$。

床头箱手柄丁放在正常螺距位置上；手柄乙放在任意位置上。

进给箱塔齿轮手柄放在位置 8 上；手柄甲放在英制螺纹位置上；手柄乙放在位置Ⅰ上；手柄丙放在位置Ⅱ上。

【例】 在 C620－1 型车床上，车一模数 $m=4$ mm 蜗杆螺纹，试确定交换齿轮和手柄位置。

解：
$$z_1=32,\ z_3=97。$$

床头箱手柄丁放在增大螺距位置上；手柄乙放在橙黄色位置上。

进给箱塔齿轮手柄放在位置 3 上；手柄甲放在公制螺纹位置上；手柄乙放在位置Ⅱ上；手柄丙放在位置Ⅰ上。

如果遇到进给箱铭牌上所表示的数字有限，而需加工的工件螺距、每英寸牙数、模数和径节往往找不到。有些铭牌上只有螺距和每英寸牙数，没有模数和径节的数字。在这种情况下，就必须重新计算交换齿轮。但计算出来的交换齿轮，应尽可能在现有的交换齿轮中能找得到。

计算时可采用下面公式：

需车的螺纹是螺距或模数：

$$\frac{z_1}{z_2}\times\frac{z_3}{z_4}=\frac{a}{a_1}\times i_{原}$$

需车的螺纹是每英寸牙数或径节：

$$\frac{z_1}{z_2}\times\frac{z_3}{z_4}=\frac{b_1}{b}\times i_{原}$$

式中 a——需车螺纹的螺距或模数；

a_1——在铭牌上任意选取的螺距或模数。但它必须与 a 一致。如果 a 是螺距，那么 a_1 应该在铭牌“螺距”一行中任意选取；如果 a 是模数，那么 a_1 应该在铭牌“模数”一行中任意选取；

b——需车螺纹的每英寸牙数或径节；

b_1——在铭牌上任意选取的每英寸牙数或径节。如果 b 是每英寸牙数，那么 b_1 应在铭牌上“每英寸牙数”一行中任意选取；如果 b 是径节，那么 b_1 应在铭牌上“径节”一行中任意选取；

$i_{原}$——a_1 或 b_1 位置上原来的交换齿轮比，这个比在铭牌上是写明的。

手柄位置按所选的 a_1 或 b_1 所在位置的说明进行变换。

【例】 在 C6127 型车床上，车一螺距为 2.8 mm 非标准螺纹，问这时如何计算交换齿轮和变换手柄位置？

解：在 C6127 型车床进给箱铭牌（表 7－11）上选 $a_1=4$，这一行的 $i_{原}=\frac{45}{120}$，则

$$i=\frac{z_1}{z_2}\times\frac{z_3}{z_4}=\frac{2.8}{4}\times\frac{45}{120}=\frac{0.7}{1}\times\frac{45}{120}=\frac{35}{50}\times\frac{45}{120}$$

即新的交换齿轮为$\frac{35}{50}\times\frac{45}{120}$，手柄 1 放在位置Ⅲ上，手柄 2 放在位置 2 上。

或选 $a_1=0.7$，$i_{原}=\frac{21}{120}$，则

$$i=\frac{2.8}{0.7}\times\frac{21}{120}=\frac{84}{120}=\frac{7}{10}=\frac{35}{50}$$

手柄 1 放在位置Ⅱ上，手柄 2 放在位置 6 上。

【例】 在 C6127 型车床上，车一每英寸 3 牙螺纹，试确定交换齿轮和手柄位置。

解：在表 7－12 中，选每英寸 6 牙位置，原交换齿轮为$\frac{60}{72}\times\frac{40}{63}$，则

$$i=\frac{6}{3}\times\frac{60}{72}\times\frac{40}{63}=\frac{10}{9}\times\frac{60}{63}=\frac{50}{45}\times\frac{60}{63}$$

【例】 在 C618 型车床上，车一螺距为 2.2 mm 螺纹，试确定交换齿轮和手柄位置。

解：在表 7－14 中，选螺距位置 2，原交换齿轮为$\frac{45}{90}$

$$i=\frac{2.2}{2}\times\frac{45}{90}=\frac{44}{40}\times\frac{45}{90}=\frac{44}{80}$$

手柄 1 放在位置 Ⅰ 上，手柄 2 放在位置 5。

【例】 C618 型车床上，车一模数 m＝2 mm 蜗杆螺纹，试确定交换齿轮和手柄位置。

解：在表 7－14 中，选螺距位置 2，原交换齿轮为$\frac{45}{90}$

因为螺距＝π×模数＝$\frac{22}{7}\times m$，所以

$$i=\frac{22}{7}\times\frac{2}{2}\times\frac{45}{90}=\frac{11}{7}=\frac{1\times 11}{1\times 7}=\frac{1}{4}\times\frac{44}{7}$$

$$=\frac{10}{4}\times\frac{44}{70}=\frac{120}{48}\times\frac{44}{70}$$

手柄 1 放在位置 Ⅰ 上，手柄 2 放在位置 5 上。

【例】 在英寸制车床上，车一每英寸 $4\frac{2}{3}$ 牙螺纹，试确定交换齿轮和手柄位置。

解：在表 7－15 中，选每英寸 7 牙位置，原交换齿轮为$\frac{60}{60}$

$$i=\frac{7}{4\frac{2}{3}}\times\frac{60}{60}=\frac{3}{2}=\frac{90}{60}$$

手柄 B 放在位置 3 上，手柄 A 放在位置 1 上。

六、螺纹的车削方法

1. 读图

读懂图纸上所标明的是什么螺纹？其直径和螺距是多大？什么材料？有哪些技术要求？以便计算螺纹的几何尺寸，选择车床、

刀具、量具和工具。

2. 调整车床

车螺纹时，应调整车床主轴转速、交换齿轮或进给箱手柄位置以及斜滑板、横滑板和纵滑板的间隙。

主轴转速应根据工件材料、刀具材料和螺纹大小来确定，一般比车外圆时小一些。

交换齿轮和进给箱手柄位置按前面一节所说进行。

滑板间隙应调整到既灵活又不松动为宜。

3. 车刀安装

螺纹车刀的安装有两个方面，一个是高低，另一个是水平面位置。

车刀刀尖应按主轴(工件)中心高低安装。

车刀在水平面位置，必须垂直于工件轴线，这可应用专用样板(图 7-12)。如果不这样安装，那么车出来牙型会向一个方向倾斜(图 7-13)。

图 7-12 螺纹车刀的安装

(a) 车外螺纹；(b) 车内螺纹

4. 车削方法

车螺纹时，一般用高速钢车刀，其车削方法有下面三种：

(1) 直进法　只用横滑板向垂直于工件轴线方向进给(见图 7-14a)，每一次进给按一定的吃刀量，使螺纹牙槽一次比一次加深，直至符合要求。用这种方法只适用加工螺距较小的螺纹。

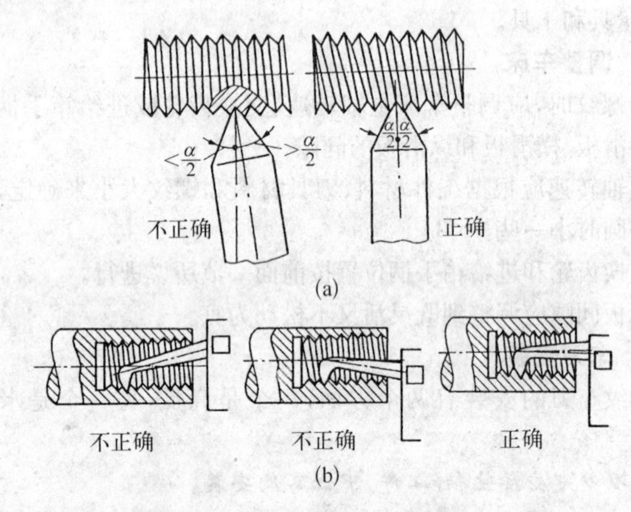

图 7-13　螺纹车刀安装正确与否

(a) 车外螺纹；(b) 车内螺纹

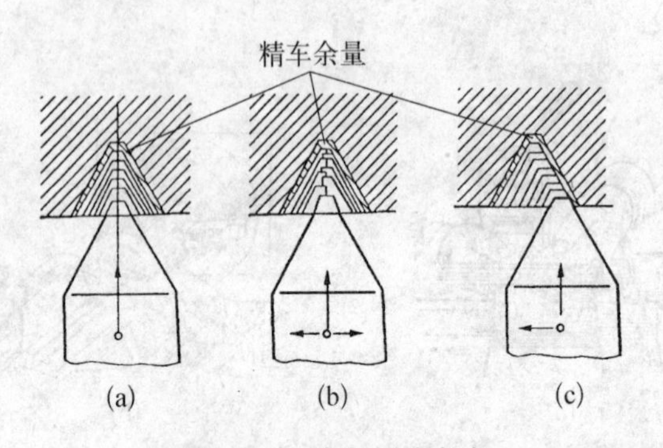

图 7-14　车削螺纹方法

(a) 直进法；(b) 左右切削法；(c) 斜进法

(2) 左右切削法　除了用横滑板进给外，斜滑板作微量移动，即第一次向左移动，第二次向右移动(见图 7-14b)，使牙型两侧面光洁，且不易扎刀。

(3) 斜进法　除了横滑板进给外，斜滑板向一个方向进给(见图 7-14c)，它只适用于粗车。

车削梯形螺纹时，可以采用如图7－15所示的方法进行。

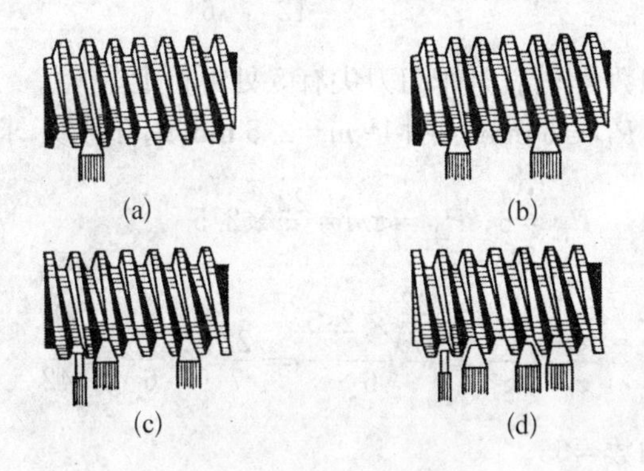

图7－15 车削梯形螺纹方法

(a) 用一把车刀车削成形；(b) 用先粗车刀后精车刀削成形；
(c) 用先切槽刀后粗精车刀车削成形；(d) 用四把车刀先后车削成形

5. 防止乱扣

车螺纹时，车完第一刀再车第二刀时，往往会出现车刀刀尖不落在(也可能落在)螺旋槽上，而是偏左或偏右的情况，这样就会把螺纹车乱，这种现象称为乱扣。

产生这种现象的原因是：车床长丝杠转一转时，工件不是转整数转的结果。 如果工件转整数转(包括一转)，那么车刀就不会乱扣。实际上乱扣总是存在的，问题是如何防止，让车刀刀尖始终是在一条螺旋槽上行走。这样就需要知道乱扣数的大小了。

(1) 乱扣数的计算　不论是无进给箱车床还是有进给箱车床，只要将计算出来的交换齿轮约为最简，所得分子就是乱扣数。

【例】 车床丝杠螺距12 mm，工件螺距6 mm，求乱扣数。

解：
$$\frac{z_1}{z_2}\times\frac{z_3}{z_4}=\frac{6}{12}=\frac{1}{2}$$

即分子为1，车刀刀尖只有一处可行走，不会乱扣。所以说：约简后的分数式，如果分子是1，即乱扣数为1，不会乱扣。

【例】 $P_{杠}=12$ mm，$P_{工}=10$ mm，求乱扣数。

解：　　$\frac{z_1}{z_2}\times\frac{z_3}{z_4}=\frac{10}{12}=\frac{5}{6}$

即乱扣数为 5，就是车刀刀尖有 5 处可行走。

【例】　$P_{杠}=6$ mm，工件是 $m=2.5$ mm 蜗杆螺纹，求乱扣数。

解：　　$P_{杠}=6,\ P_{工}=\pi m=\frac{22}{7}\times 2.5$

$$\frac{z_1}{z_2}\times\frac{z_3}{z_4}=\frac{\frac{22}{7}\times 2.5}{6}=\frac{22}{7}\times\frac{2.5}{6}=\frac{55}{42}$$

即乱扣数＝55。

【例】　车床丝杠每英寸 4 牙，工件螺距为 4 mm，求乱扣数。

解：　　$P_{杠}=\frac{1}{4}\times 25.4=\frac{127}{4\times 5},\ P_{工}=4$

$$\frac{z_1}{z_2}\times\frac{z_3}{z_4}=\frac{4}{\frac{127}{4\times 5}}=\frac{4\times 4\times 5}{127}=\frac{80}{127}$$

即乱扣数为 80。

由上述几个例子可知，英制车床车米制螺纹或米制车床车英制螺纹，它们的乱扣数不可能是 1，也就是说要乱扣的。

(2) 防止乱扣的方法

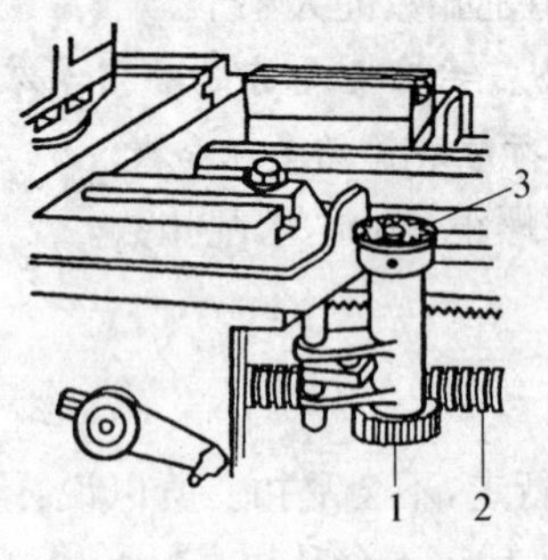

图 7-16　乱扣盘

1—蜗轮；2—丝杠；3—乱扣盘

1) 用乱扣盘：乱扣盘是安装在纵滑板箱左面或右面的(图 7-16)，使用时蜗轮 1 与丝杠 2 啮合，因此车螺纹时丝杠转动使蜗轮 1 也转动。蜗轮同轴上有一乱扣盘 3，3 上有刻线，刻线的格数一般是蜗轮齿数的一半，当然也有另外的情况。使用乱扣盘时，当车刀车完第一刀，车第二刀时，盘面应转过几格才能按下开合螺母手柄?

乱扣盘应转过格数可用下面公式计算

$$n_1 = x \times \frac{n}{z}$$

式中 n_1——车第二刀时乱扣盘盘面刻线应转过格数;

x——乱扣数;

n——乱扣盘盘面刻线总格数;

z——蜗轮齿数。

【例】 $x=4$, $z=24$, $n=12$(6 条长线,6 条短线),求 n_1。

解: $$n_1 = 4 \times \frac{12}{24} = 2 \text{ 格}$$

即车第二刀时,盘面每转过 2 格就可以按下开合螺母手柄;也就是如果第一次长线对准,以后每逢长线对准就可按下开合螺母手柄。如果第一次是短线对准,则以后每逢短线对准即可按下开合螺母手柄。

2) 开倒顺车:当乱扣数较小时可用乱扣盘防止乱扣,但当乱扣数较大时,如乱扣数为 55、80 时,就无法利用乱扣盘了。这时可以采用开倒顺车的方法来防止乱扣,即车完第一刀后退出车刀,立即开倒车,让车刀退回原处,调整吃刀量再开顺车进行第二刀车削,这样车刀刀尖仍落在螺旋槽中,不会乱扣。

实际上开倒顺车是最方便的方法,可以说是万能的,不论乱扣数有多大都可以。

6. 车多线螺纹

凡有两条或两条以上螺旋槽的螺纹,称为多线螺纹(图 7-17)。

(1) 导程计算 在多线螺纹中

$$L = P \times z$$

式中 L——螺纹导程,mm;

P——螺纹螺距,mm;

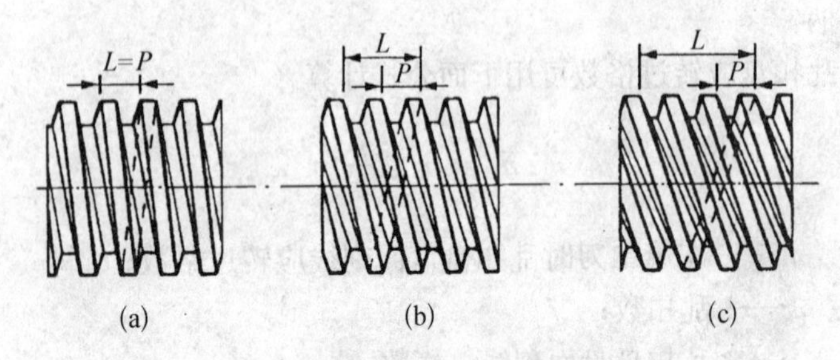

图 7－17　单线螺纹和多线螺纹

(a) 单线螺纹；(b) 双线螺纹；(c) 三线螺纹

z——螺纹线数。

【例】 有一双线螺纹，$P=6$ mm，求 L。

解：
$$L=6\times2=12\text{ mm}$$

【例】 有一蜗杆三线螺纹，模数 $m=3$ mm，求 L。

解：
$$P=\pi m=3\times3.141\,6=9.424\,8\text{ mm}$$
$$L=P\times z=9.424\,8\times3=28.274\,4\text{ mm}$$

【例】 有一英制双线螺纹，每英寸 4 牙，求 L。

解：
$$P=\frac{25.4}{4}=6.35\text{ mm}$$
$$L=6.35\times2=12.7\text{ mm}$$

☞ (2) 交换齿轮计算　***车多线螺纹时，交换齿轮是按导程来计算的。*** 在上面计算导程的三个实例中，如果在丝杠螺距为 6 mm 的无进给箱车床上车削时，它们的交换齿轮应为：

第一例：$\frac{z_1}{z_2}\times\frac{z_3}{z_4}=\frac{12}{6}=\frac{60}{30}$

第二例：$\frac{z_1}{z_2}\times\frac{z_3}{z_4}=\frac{28.274\,4}{6}=4.712\,4\approx4\,\frac{5}{7}=\frac{33}{7}$

$$=\frac{3\times11}{1\times7}=\frac{90}{30}\times\frac{55}{35}$$

第三例：$\frac{z_1}{z_2}\times\frac{z_3}{z_4}=\frac{12.7}{6}=\frac{127}{60}=\frac{1\times127}{2\times30}=\frac{40}{80}\times\frac{127}{30}$

（3）分线方法　车多线螺纹时，先车好第一条螺旋槽，在车第二条螺旋槽之前先要分线，分线的方法有以下几种：

1）用斜滑板手柄刻线分线法：这种方法是利用斜滑板手柄刻度转过若干格，使车刀移动一个螺距来进行分线的。斜滑板应转过几格可用下面公式计算

$$n_1=\frac{P\times n}{P_{杠}}$$

式中　n_1——车刀移动一个工件螺距应转过格数；

n——斜滑板手柄刻度盘总共格数；

P——工件螺距，mm；

$P_{杠}$——斜滑板丝杠螺距，mm。

【例】　工件螺距 $P=6$ mm，$P_{杠}=5$ mm，$n=30$ 格，求 n_1。

解：
$$n_1=\frac{6\times30}{5}=36\text{ 格}$$

即要使车刀移动一个螺距，斜滑板手柄必须转过 36 格。

2）交换齿轮分齿法：如图 7－18 所示，车完第一条螺旋槽以后停车，在主动轮与从动轮之间用粉笔作一条线 1，并在主动轮上作等分线 2，然后脱开主动轮与从动轮的啮合，慢慢转动主轴，使主动轮上线条 2 与从动轮齿轮啮合，这时就可车第二条螺旋槽。车第三条螺旋槽的方法也与车第二条时相同。主动轮齿轮应转过齿数可用下面的公式计算

$$z_{分}=\frac{z_1}{z}$$

式中　$z_{分}$——z_1 应转过齿数；

z_1——主动轮齿数；

z——螺纹线数。

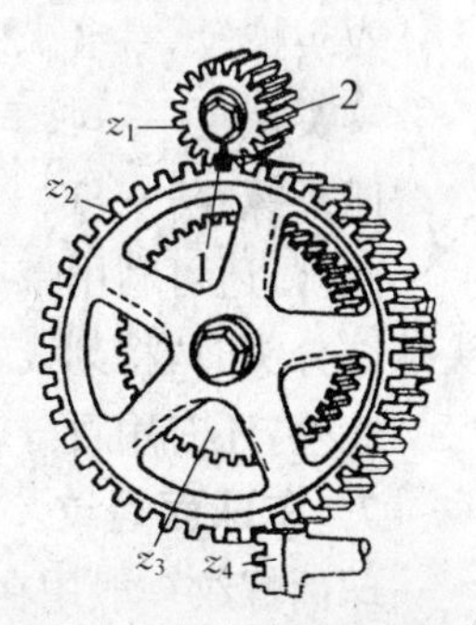

图 7－18　用分齿法分线

【例】 $z_1=60$，$z=3$，求 $z_{分}$。

解：

$$z_{分}=\frac{60}{3}=20$$

即车完第一条螺旋槽以后停车，将主动轮与从动轮脱开，使主动轮转过 20 齿后再与从动轮啮合，再车第二条螺旋槽。当然主动轮齿轮必须能被线数除尽。

3）用专用分度拨盘分头法：车削一般双头、三头和四头螺纹时，可利用简单的分度盘来分头（图 7－19）。车削完第一头后，利用分度盘上的槽子，将工件转过一个角度。

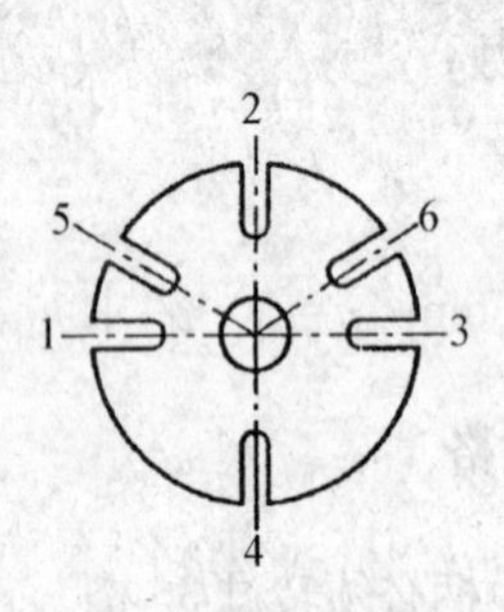

图 7－19　专用分度盘

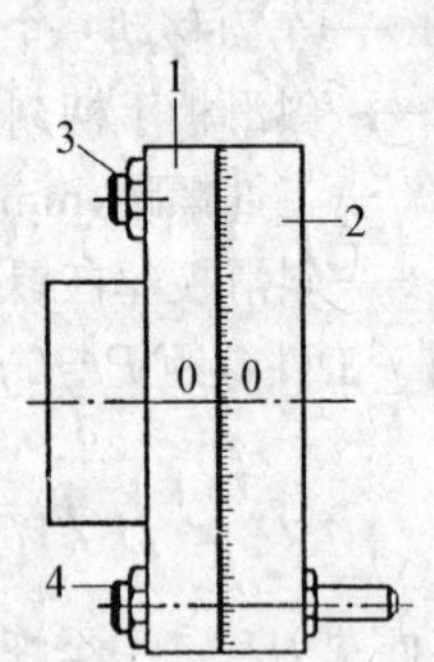

图 7－20　带有刻度的分度盘

1—具有一条刻线的圆盘；2—带 360°刻线的圆盘；3—螺母；4—螺栓

双头螺纹——1、3 或 2、4；

三头螺纹——4、5、6；

四头螺纹——1、2、3、4。

此外，还可利用带有刻度的分度盘来分头（图 7－20）。车削双头螺纹分头时，将刻线转过 180°，三头螺纹转过 120°，以此类推。

此外，还有用百分表、量块等方法分度。

7. 车球面螺纹

球面螺纹一般用在蜗杆上，因此称为球面蜗杆。

车削球面螺纹时，需要在车床（如 C630、C620－1 型）附加一个专用装置(图7-21)。在床面上安装一专用装置,上有(圆柱齿轮)1和小刀架(包括刀夹)2,右端有一纵滑板3,上有连杆与专用装置上齿条4接合。当纵滑板按丝杠传动系统移动时,通过齿条4使直齿圆柱齿轮1转动,从而使小刀架上的车刀也随之转动。

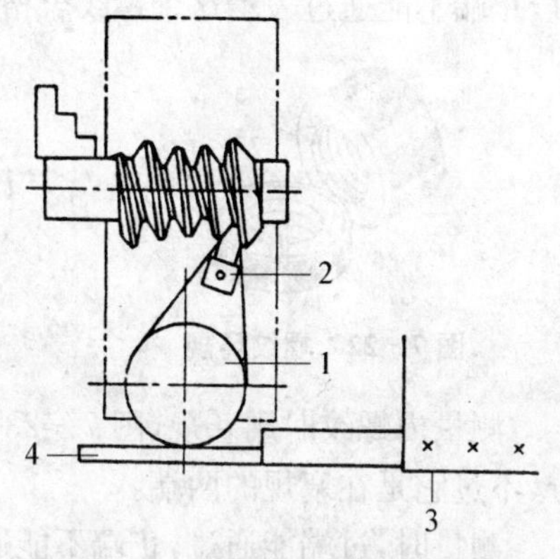

图7-21 车球面螺纹专用装置

车螺纹时的交换齿轮可按下面公式计算:

$$i=\frac{z_1}{z_2}\times\frac{z_3}{z_4}=\frac{\pi m}{P_{杠}}$$

式中 m——球面蜗杆模数(mm);

$P_{杠}$——车床丝杠螺距(mm)。

【例】 在C620-1型专用装置上车一 $m=4$ mm的球面蜗杆,车床丝杠螺距为12 mm,求交换齿轮。

解:
$$\frac{z_1}{z_2}\times\frac{z_3}{z_4}=\frac{4\times3.1416}{12}=1.0472$$

$$\approx1\frac{1}{21}=\frac{22}{21}=\frac{44}{42}$$

即挂轮箱内的齿轮为$\frac{44}{42}$(要加一个中间齿轮),手柄按直联丝杠调整。

刀尖的回转半径应等于球面蜗杆的分度圆半径。

七、螺纹的测量方法

测量螺纹时,主要是测量螺距、牙型角和中径。对于梯形螺纹和蜗杆螺纹,车削时还应测量其法向牙厚。

1. 综合测量法

对于三角形螺纹,一般都采用综合测量法,即应用量规测量。

测量外螺纹时用环规(图 7-22),它有过端和止端两个,过端能通过,止端不能通过表示这个螺纹合格。

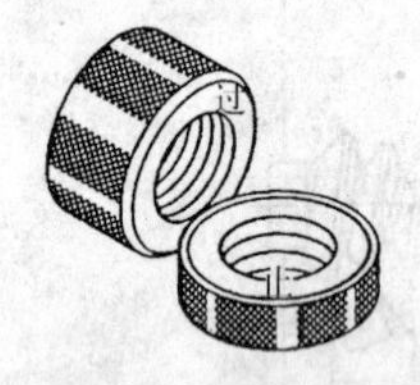

图 7-22　螺纹环规

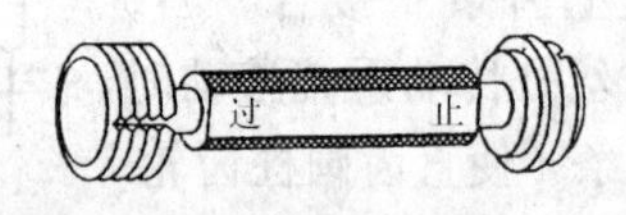

图 7-23　螺纹塞规

测量内螺纹时用塞规(图 7-23),它同样有过端和止端两个部分,不过它是在塞规的两端。

测量时,过端能通过,止端不能通过,表示这个内螺纹合格。

螺纹量规的过端,其螺纹牙型是完整的,止端的牙型截短些,其工作长度缩短到 2～3.5 牙。

2. 分项测量法

分项测量法是把螺纹的螺距、牙型角和中径分别测量。

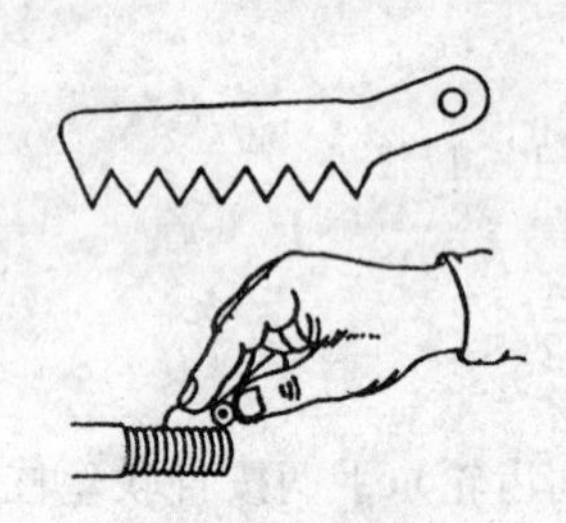

图 7-24　用螺纹卡规测量方法

(1) 螺距测量　常用的螺距测量法是应用螺距卡规(图 7-24)。螺纹卡规做成薄片状,每片一种螺距,把几种常用的螺距叠在一起,应用时只要拉出一片进行测量,当薄片上几个螺距都与工件上的螺纹牙完全重合时,表示螺距正确。

对于传动用的螺纹(如车床长丝杠的梯形螺纹),它除了测量单个螺距外,还要测量螺距的累积误差(图 7-25)。

图 7-25a 表示应用样板测量螺距累积误差的方法;图 7-25b 表示应用专用装置测量法,即专用装置上有两个 V 形块定位,以丝杠外形作基准,将两个测量头(可移动)插入螺槽内,千分表就可表示出误差值。

☞ (2) 牙型角测量　***测量牙型角时应测量其牙型半角,因为牙型角正确不等于其牙型半角正确***,例如螺纹牙倾斜,其牙型角是正确

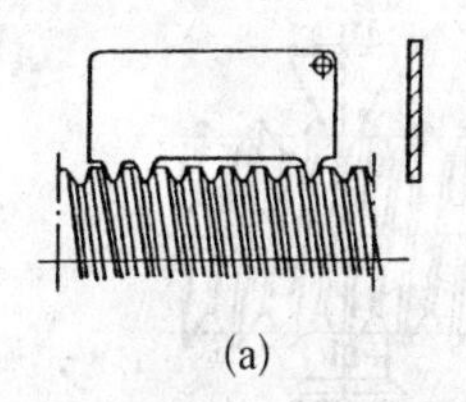

(a)

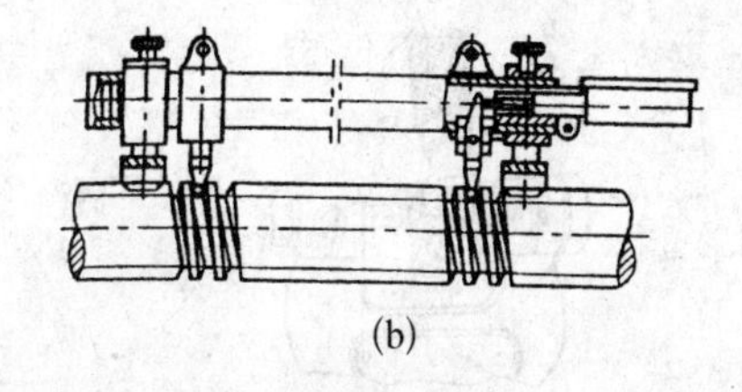

(b)

图 7-25　螺距的累积误差测量方法

(a) 用样板测量；(b) 用专用装置测量

的，但牙型半角就不正确，即一半大，另一半小。

对于三角形螺纹，如果牙型半角不对（即螺纹倾斜），这时螺纹量规就通不过。对于要求不十分高的梯形螺纹，这时可以应用样板测量（图 7-26a）。如果螺纹精度要求较高，则可采用如图 7-26b 所示的方法，即在量角器上安装一个 V 形块，以丝杠外径定位测量牙型半角。

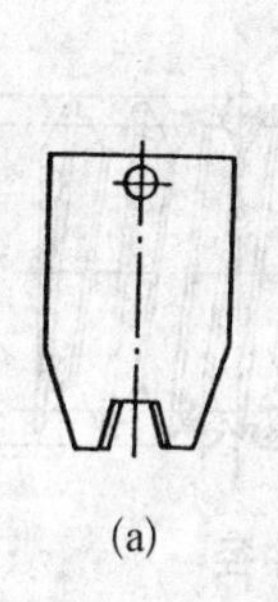

(a)

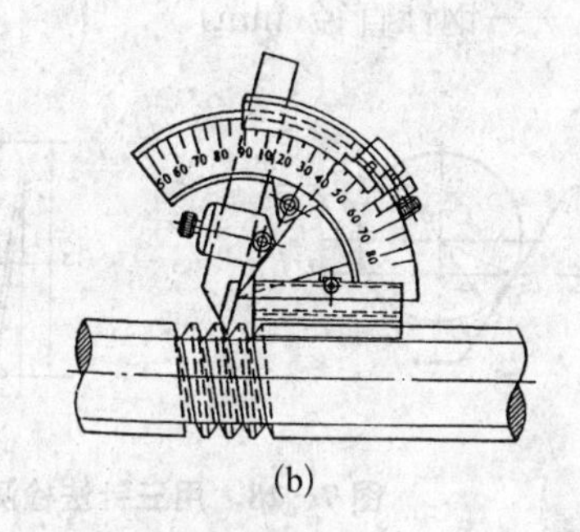

(b)

图 7-26　牙型角的测量方法

(a) 用样板测量；(b) 用量角器测量

（3）中径测量　***测量螺纹中径时，可以应用一种螺纹千分尺（图 7-27）***。螺纹千分尺上的两个测量头可以调换，以适应不同螺距的螺纹，一般用于测量螺距较小（0.4～6 mm）的螺纹。

如果没有螺纹千分尺，则可采用三针测量法。即将三根钢针放在螺纹的螺旋槽内（图 7-28）用公法线长度百分尺或专用的三针千分尺测出尺寸 M，然后用下面的公式计算出螺纹中径 d_2。

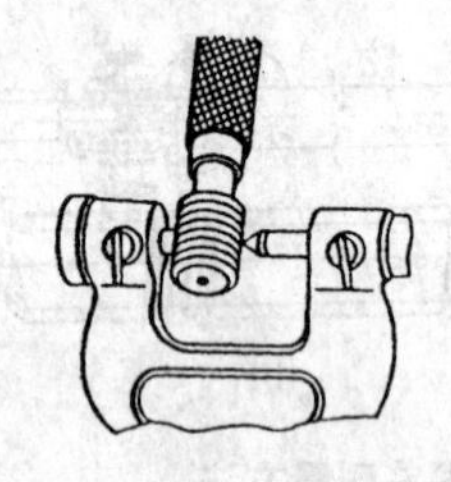
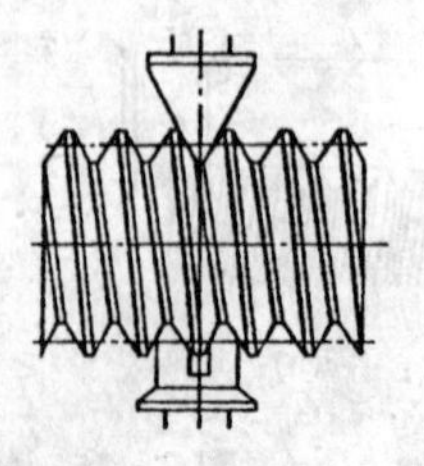

图 7-27 用螺纹千分尺测量螺纹中径

$$d_2 = M - d_0\left(1 + \frac{1}{\sin\frac{\alpha}{2}}\right)$$

式中 d_2——螺纹中径(mm);
M——百分尺测出的尺寸(mm);
α——螺纹牙型角(°);
d_0——钢针直径(mm)。

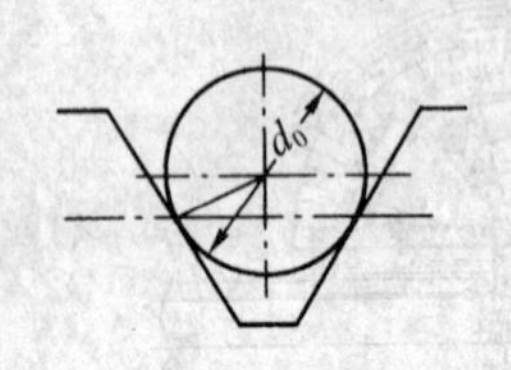

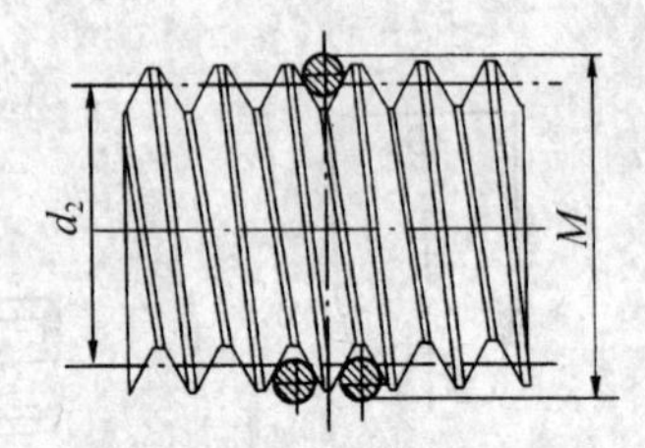

图 7-28 用三针法检测螺纹中径

为方便起见,把常见螺纹的计算公式列在表 7-17 中。

表 7-17 常见螺纹的三针测量计算公式

牙型角	钢针直径 d_0	计算公式
60°	0.577 4P	$d_2=M-3d_0+0.866\ P$
55°	0.563 7P	$d_2=M-3.166d_0+0.960\ 5P$
30°	0.517 7P	$d_2=M-4.863\ 7d_0+1.866P$
33°	0.543P	$d_2=M-4.424d_0+1.588P$

（续 表）

牙型角	钢针直径 d_0	计 算 公 式
45°	$0.586P$	$d_2=M-3.414d_0+P$
40°	$0.533P$	$d_2=M-3.924d_0+1.374P$
29°	$0.516P$	$d_2=M-4.99d_0+1.933P$

注：P 为螺纹的螺距。

【例】 M90×6 螺纹，用三针法测得 $M=90.893$ mm，钢针直径按 $d_0=6\times0.5774=3.464$ mm，问这一螺纹的中径 d_2 是多大？

解：
$$d_2=90.893-3\times3.464+6\times0.866$$
$$=85.696\text{ mm}$$

标准中径为 86.103 mm，该螺纹的中径比标准小

$$86.103-85.696=0.407\text{ mm}$$

【例】 用三针法检测一 $d=50$ mm，$P=12$ mm 的 30°梯形螺纹，钢针直径 $d_0=12\times0.5177=6.212$ mm，测得 $M=51.642$ mm，求中径 d_2。

解：
$$d_2=51.642-6.212\times4.8637+12\times1.866$$
$$=51.642-30.213+22.392=43.82\text{ mm}$$

标准中径为 44 mm，该螺纹的中径比标准小 $44-43.82=0.18$ mm。

(4) 牙厚测量法 ***在车梯形螺纹或蜗杆螺纹时，可以按照工作图所标注的法向牙厚进行测量。***

螺纹的牙厚，沿轴线方向是齿距的一半，即 $p/2$。但这一半是很难测量的，因为齿轮卡尺在牙厚处无法放准。如果把齿轮卡尺转动一个导程角 γ，即沿 NN 方向测量，这样卡尺就能准确地测出牙厚，如图 7-29 所示，不过这是法向牙厚，因此必须事先算出齿顶高和法向齿厚，我们把它称为弦齿高和弦齿厚。测量时先把垂直尺调

整到弦齿高尺寸，再用水平尺测出弦齿厚。弦齿高和弦齿厚可用下面公式计算。

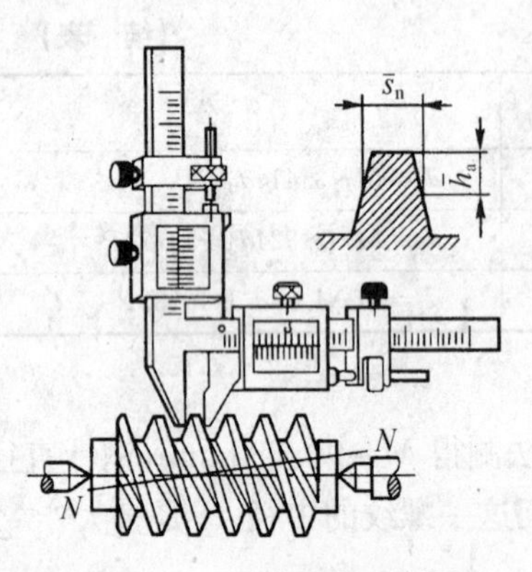

图 7-29　用齿轮卡尺测量弦齿高和弦齿厚

$$\bar{h}_a = m = 0.25p$$

$$\bar{s}_n = \frac{p}{2}\cos\gamma$$

式中　$\bar{h}_a$——弦齿高(mm)；
$\bar{s}_n$——弦齿厚(mm)；
p——齿距(mm)；
m——模数(mm)；
γ——导程角(°)。

【例】　Tr32×10 螺纹，求 $\bar{h}_a$ 和 $\bar{s}_n$。

解：$\bar{h}_a = 10 \times 0.25 = 2.5$ mm

$$d_2 = d - 0.5p = 32 - 10 \times 0.5 = 27 \text{ mm}$$

$$\gamma = 18.2° \times \frac{p}{d_2} = 18.2° \times \frac{10}{27} = 6.74° = 6°44'$$

$$\bar{s}_n = \frac{p}{2}\cos\gamma = \frac{10}{2} \times \cos 6°44' = 5 \times 0.993 = 4.96 \text{ mm}$$

【例】　$m = 4$ mm 的三线蜗杆，求 $\bar{h}_a$ 和 $\bar{s}_n$。

解：$\bar{h}_a = 4$ mm

查有关手册　$\gamma = 15°15'$

$$p = \pi m = 3.1416 \times 4 = 12.566 \text{ mm}$$

$$\bar{s}_n = \frac{p}{2}\cos\gamma = \frac{12.566}{2} \times \cos 15°15'$$

$$= 6.28 \times 0.964 = 6.05 \text{ mm}$$

八、螺纹类零件的加工实例

实例一

名称：螺塞(图 7-30)。

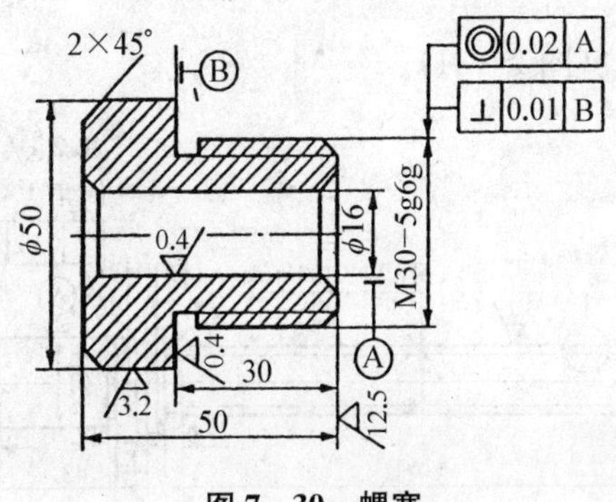

图 7-30 螺塞

材料：钢料。

毛坯：棒料。

车削步骤：见表 7-18。

表 7-18 螺塞的车削步骤

序号	车 削 步 骤	示 图
1 2 3	落料：ϕ54×54 mm 夹住坯料，伸出 25～27 mm，车准 ϕ50 mm 用 ϕ14 mm 钻头钻孔	1 2
4 5 6 7 8 9 10	调头夹住 ϕ50 mm 外圆，半精镗 ϕ16 mm 内孔 车 M30 螺纹外圆至 $\phi30_{-0.20}^{-0.10}$ mm，并倒角 切槽(退刀槽) 调整车床进给箱手柄位置和交换齿轮 (p=3.5 mm)车 M30 螺纹 精车 ϕ16 mm 内孔，并倒角 精车 ϕ50 mm 外圆右端面(阶台) 调头夹住 ϕ50 mm 外圆校准，内孔口倒角	1 2 3

实例二

名称：丝杠(图 7－31)。

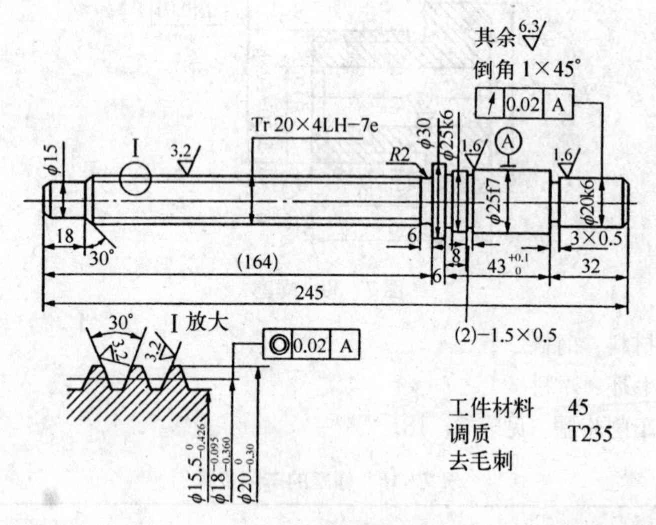

图 7－31 丝杠

材料：45 钢。

毛坯：棒料。

车削步骤：见表 7－19。

表 7－19 丝杠的车削步骤

序号	车削步骤	示图
1 2 3	下料、锻造、退火 用三爪自定心卡盘夹住棒料车端面，打 φ3 mm 中心孔 调头车端面打中心孔	
4 5 6	工件用一夹一顶方法车大外圆至 φ32 mm 长 200 mm 粗车 φ25 mm 外圆至 φ28×73 mm 粗车 φ20 mm 外圆至 φ23×30 mm	

(续 表)

序号	车削步骤	示图
7 8 9 10	调头粗车 T20×4 外圆至 ϕ23×162 mm 粗车 ϕ15 mm 外圆至 ϕ18×16 mm 热处理(调质 T235) 用卡盘夹住，精车两端面，修正中心孔	162 16 ϕ18 ϕ23 v f
11 12 13	用两顶尖装夹工件，车 ϕ30 mm 外圆至要求尺寸 半精车 ϕ25f7 和 ϕ25k6 外圆至 $\phi 25.5^{+0.2}_{0}$ mm 半精车 ϕ20k6 外圆至 $20.5^{+0.2}_{0}$ mm	74 31 ϕ25.5 ϕ20.5 ϕ30 v f
14 15 16 17 18 19 20 21	调头装夹、半精车 Tr20×4 外圆至 $\phi 20.5^{+0.2}_{0}$ mm 车准 ϕ15×18 mm 外圆 轴端倒角 1×45° 切退刀槽，宽 6 mm，R2 mm 粗车 Tr20×4LH 螺纹，齿侧厚度留余量 0.2 mm 由钳工将丝杠校直，其弯曲度不大于 0.1 mm 由热处理车间低温时效 研磨中心孔	164 18 6 ϕ20.5 ϕ15 v P=4 f
22 23 24 25 26 27	调头用两顶尖装夹，精车 ϕ25k6×8 mm 外圆至要求尺寸 精车 ϕ25f7×35 mm 外圆至要求尺寸，保证长度 $43^{+0.1}_{0}$ mm 精车 ϕ20k6×32 mm 外圆至要求尺寸 切槽 1.5×0.5 mm(两条槽) 切槽 3×0.5 mm 倒角 1×45°	$43^{+0.1}_{0}$ 32 6 8 ϕ25k6 ϕ25f7 ϕ20k6 v f

(续 表)

序号	车削步骤	示图
28	调头精车 Tr20×4 mm 外圆至 $\phi 20_{-0.3}^{0}\times 161$ mm	Tr 20×4LH−7e v P=4 f
29	精车 Tr20×4LH−7e 螺纹至要求尺寸，控制中径 $\phi 18_{-0.370}^{-0.095}$ mm	

··[··· 复习思考题 ···]··

一、选择题

1. 三角形米制螺纹的牙型角是________，梯形螺纹的牙型角是________。

(1) 29°；(2) 30°；(3) 55°；(4) 60°。

2. 外螺纹的大径代号为________，中径代号为________，小径代号为________，内螺纹的中径代号为________。

(1) D；(2) d；(3) D_2；(4) d_2；(5) d_1。

3. 内外米制螺纹配合时，大径之间________间隙。

(1) 有；(2) 无。

4. 三角形米制螺纹的牙型实际高度是________。

(1) $0.866P$；(2) $0.640\,33P$；(3) $0.649\,5P$。

5. 梯形外螺纹的牙型实际高度为________。

(1) $0.5P$；(2) $0.5P+a_c$；(3) $0.5P-a_c$。

6. 40°蜗杆螺纹的实际牙型高度为________。

(1) 2.2 m；(2) 2.25 m；(3) 2.157 m。

7. 精车螺纹用的车刀其________角应等于零度。

(1) 前角；(2) 刃倾角；(3) 主后角。

8. 在交换齿轮中，中间齿轮起________作用。

(1) 改变方向；(2) 连接；(3) 改变从动轮转速。

9. 计算交换齿轮时，车________螺纹才用到π$\left(\frac{22}{7}\right)$这个数。

(1) 三角；(2) 梯形；(3) 蜗杆。

10. 为防止车螺纹时乱扣，一般采用________方法较为方便。

(1) 划线；(2) 开倒顺车；(3) 乱扣盘。

二、计算题

1. 试计算 M24×3 螺纹的主要尺寸。

2. 试计算直径为 24 mm，螺距为 5 mm 30°梯形螺纹的主要尺寸。

3. 在丝杠螺距为 6 mm 无进给箱车床上，车一螺距为 0.75 mm 螺纹，试计算交换齿轮。

4. 在丝杠螺距为 6 mm 无进给箱车床上，车一每英寸 10 牙螺纹，试计算交换齿轮。

5. 在丝杠螺距为 6 mm 无进给箱车床上，车一模数 $m=$ 2.5 mm 的蜗杆螺纹，试计算交换齿轮。

6. 在丝杠每英寸 4 牙无进给箱车床上，车一螺距 $P=3$ mm 螺纹，试计算交换齿轮。

7. 在丝杠每英寸 4 牙无进给箱车床上，车一每英寸 24 牙螺纹，试计算交换齿轮。

8. 在 C6127 型车床上，车一螺距 $P=2.4$ mm 螺纹，试确定交换齿轮和手柄位置。

9. 在 C6127 型车床上，车一每英寸 2 牙螺纹，试确定交换齿轮和手柄位置。

10. 在 C618 型车床上，车一模数 $m=3$ mm 蜗杆螺纹，试确定交换齿轮和手柄位置。

三、问答题

1. 精车螺纹时，螺纹车刀不能有前角，这句话对吗？为什么？

2. 梯形螺纹与蜗杆螺纹有什么区别？

3. 计算交换齿轮的三大原则是什么？

4. 在 C6127 型车床上是否可以车蜗杆螺纹？为什么？

5. 在C618型车床上是否可以车螺距为2.2 mm螺纹？为什么？

6. 车出来三角形米制螺纹的牙型角是60°，是否说明这个螺纹的牙型角已符合要求？为什么？

7. 试述车螺纹时为什么会乱扣。如何防止乱扣？

8. 试述螺纹的螺距与导程的关系。计算交换齿轮时用哪一个？

9. 用三针测量螺纹中径的方法，是否可以用到其他螺纹上？

第 8 章　特殊形状零件的加工方法

学习者应掌握：

1. *了解特殊形状零件的特殊性，即在加工时除了工件旋转和刀具移动相结合之外，还可以有第三种运动配合。*
2. *掌握特殊形状零件的装夹特殊性，它除了用卡盘和两顶尖安装之外，还可以用其他附件配合。*
3. *被加工零件可以安装在车床卡盘上，车刀安装在方刀架上，也可以两者互换位置。*
4. *懂得零件加工以后，用什么方法测量出其误差。*

一、球面的车削方法

1. 手动进给车球面

车削球面时，先车出一个带柄的外圆（图 8－1a），外圆的直径 D 比要求尺寸稍大些，长度 L 比球的直径小。L 可用下面公式计算：

$$L=\frac{1}{2}(D+\sqrt{D^2-d^2}),$$

式中　L——球面长度，mm；

D——球的直径，mm；

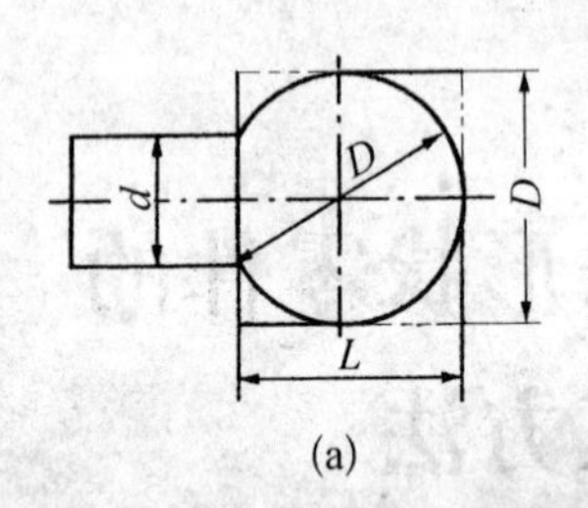

(a)

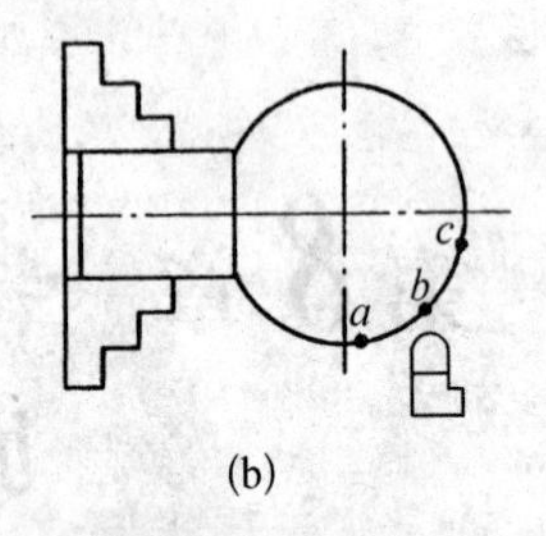

(b)

图 8-1　球体的尺寸和车削方法

(a) 球体的尺寸；(b) 车削时的速度分析

d——球柄直径，mm。

【例】　$D=20$ mm，$d=12$ mm，求 L。

解：

$$L=\frac{1}{2}\times(20+\sqrt{20^2-12^2})$$

$$=\frac{1}{2}\times(20+16)=18\text{ mm}$$

☞ ***车削时，车刀从 a 点到 b 点(图 8-1b)斜滑板进给快，横滑板进给慢；从 b 点到 c 点斜滑板进给慢，横滑板进给快。***

2. 快速车球面

在用手动进给车球体时，为了提高生产效力和工件的圆度，可以先把坯料车成阶台形状(图 8-2)，然后将球以外的几个三角形切除，即成球体形状，最后精加工一下就可以了。

各个阶台的直径可用下面公式计算：

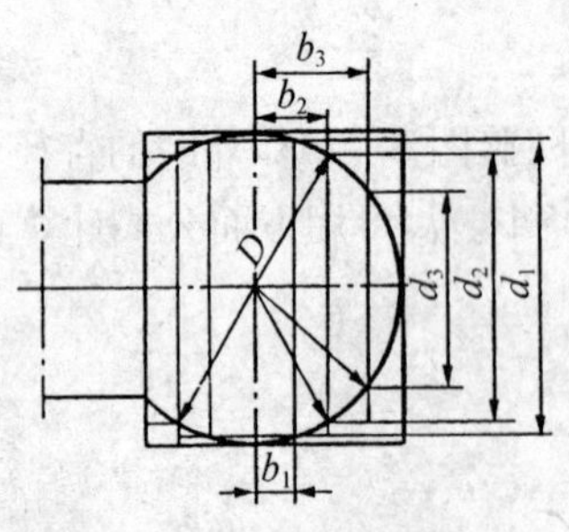

图 8-2　快速车球体的方法

$$d_1=\sqrt{D^2-4b_1^2}$$

$$d_2=\sqrt{D^2-4b_2^2}$$

$$d_3=\sqrt{D^2-4b_3^2}$$

式中　d——阶台各个直径，mm；

D——球体直径，mm；

b_1，b_2，b_3——阶台宽度，mm。

【例】 已知 $D=40$ mm，求各级直径 d_1，d_2，d_3。

解：$R=\frac{40}{2}=20$，现分成四个阶台，第一个阶台 $b_1=5$，$b_2=10$，$b_3=15$

$$d_1=\sqrt{40^2-4b_1^2}=\sqrt{40^2-4\times5^2}=38.73\ \text{mm}$$

$$d_2=\sqrt{40^2-4b_2^2}=\sqrt{40^2-4\times10^2}=34.64\ \text{mm}$$

$$d_3=\sqrt{40^2-4b_3^2}=\sqrt{40^2-4\times15^2}=26.46\ \text{mm}$$

3. 三球手柄的车削

如图 8-3 所示是一个三球手柄，它的车削步骤见表 8-1。

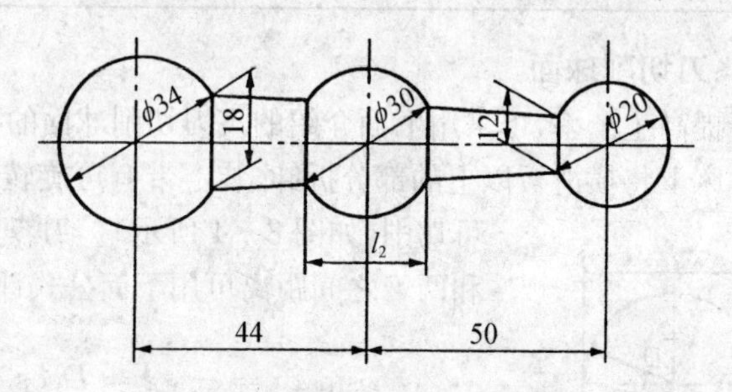

图 8-3 三球手柄

表 8-1 三球手柄的车削步骤

序号	车 削 步 骤	示 图
1	车出阶台轴，直径上留些余量	L_1 L_2 L_3
2	车成三球的毛坯料，长度为 L_1、L_2 和 L_3，然后车球体	l_1 l_2 l_3

(续　表)

序号	车 削 步 骤	示　　图
3	切断	
4	调头用开缝锥套夹住将球体端面的凸头车去	

4. 飞刀切削球面

为了提高生产率,可采用下面介绍的飞刀切削球面的方法。在车床上将横滑板以上的部分拆卸,装上带有可旋转的刀盘即可切削(如图 8－4 所示)。刀盘转动角度和两刀之间距离可用下面公式计算:

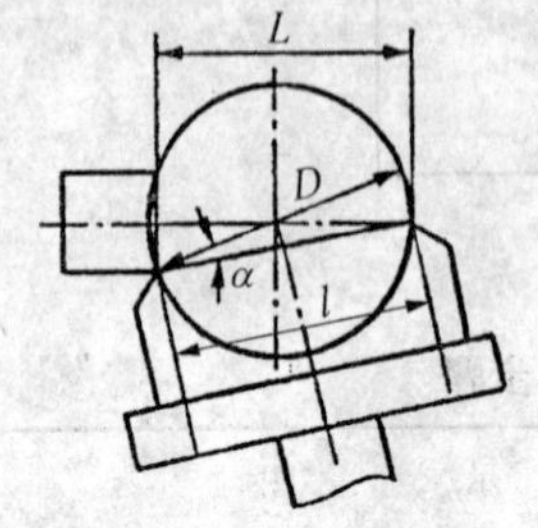

图 8－4　飞刀切削球面

$$\sin 2\alpha = \frac{d}{D},\ l = D\cos\alpha$$

式中　α——刀盘转动角度,°;

D——球面直径,mm;

d——球柄直径,mm;

l——两刀距离,mm。

【例】　$D=50$ mm, $d=30$ mm,求 α 和 l。

解:

$$\sin 2\alpha = \frac{d}{D} = \frac{30}{50} = 0.6$$

$$2\alpha = 36°52'$$

$$\alpha = 18°26'$$

$$l = D\cos\alpha = 50\times\cos 18°26'$$

$$= 50\times 0.9487 = 47.435\ \text{mm}$$

切削端面上球面时，在刀盘装一有刀排的车刀(如图 8-5 所示)，刀盘与工件成 α 角度。车削时工件低速旋转，刀具高速飞转，这样就能切削出球面。α 和 l 可用下面公式计算。不过刀尖与刀轴回转中心距离应是$\frac{l}{2}$。

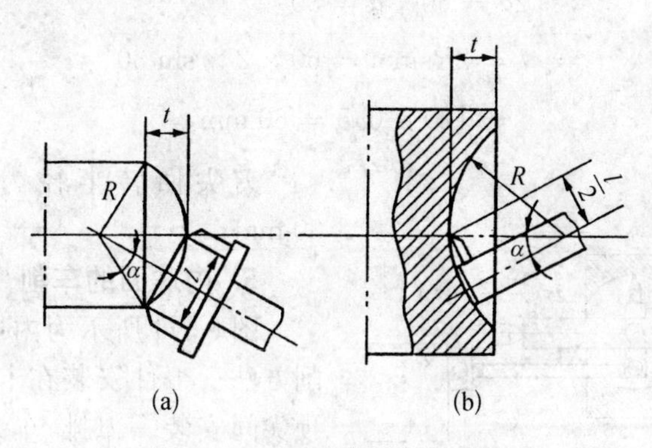

图 8-5 飞刀车削端面上球面

(a) 车端面凸球面；(b) 车端面上凹球面

$$\cos 2\alpha = \frac{R-t}{R}$$

$$l = 2R\sin\alpha$$

式中 α——刀盘转动角度，°；

R——球面半径，mm；

t——球面凸出(或凹入)高度(或深度)，mm；

l——两刀之间距离，mm。

【例】 有一端面凸球，$R=100$ mm，$t=40$ mm，求 α 和 l。

解：
$$\sin 2\alpha = \frac{R-t}{R} = \frac{100-40}{100} = 0.6$$

$$2\alpha = 53°08', \ \alpha = 26°34'$$

$$l = 2R\sin\alpha = 100\times 2\times \sin 26°34'$$

$$= 200\times 0.447\,24 = 89.448 \text{ mm}$$

刀尖与转轴中心之距＝89.448/2＝44.724 mm

【例】 有一端面凹球面，$R=60$ mm，$t=30$ mm，求 α 和 l。

解：

$$\sin 2\alpha = \frac{60-30}{60} = \frac{30}{60} = 0.5$$

$$2\alpha = 60^\circ,\ \alpha = 30^\circ$$

$$l = 2R\sin\alpha = 60\times 2\times \sin 30^\circ$$

$$= 120\times 0.5 = 60\ \text{mm}。$$

刀尖回转半径为 60/2＝30 mm。

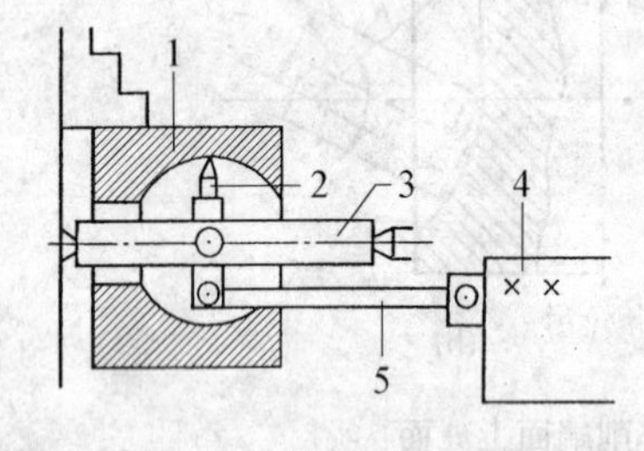

图 8-6 内球面的车削方法

1—工件；2—车刀；3—刀排；4—方刀架；5—推杆

5. 内球面的车削

图 8-6 所示为内球面的车削方法。工件安装在卡盘中，两顶尖间安装一刀排，车刀头反装在刀排中。在方刀架上安装一推杆，当方刀架移动时，车刀头就会转动，于是车出内球面来。

二、弧形面的车削方法

常见的弧形面很多，如机床上的手柄(又称橄榄手柄)等。

车削弧形面有两种方法：一种是用手动进给，另一种是用靠模法。

1. 手动进给法

手动进给法与车球面基本相同。例如车削图 8-7 所示的手柄时，从 a 到 b 斜滑板进给速度快，横滑板进给速度慢。

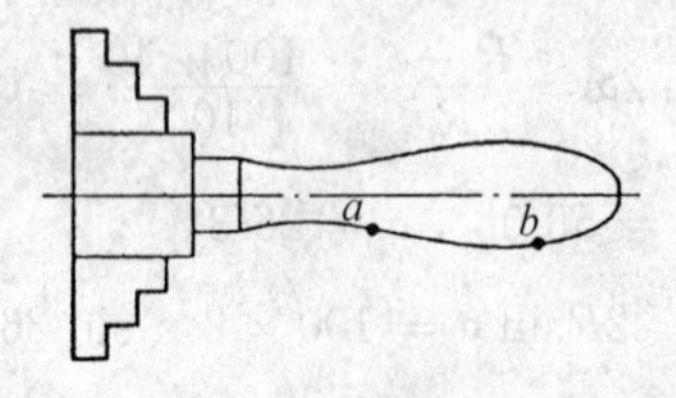

图 8-7 车削手柄时的速度分析

图 8-8 所示为某车床上的手柄，它的车削步骤见表 8-2。

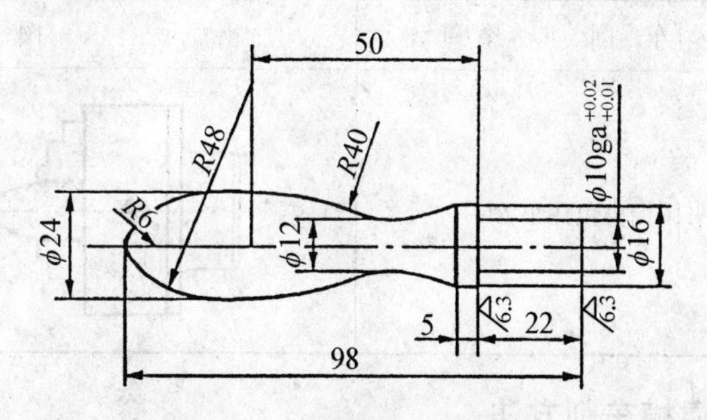

图 8-8 车床上弧形面手柄

表 8-2 车床上弧形面手柄的车削步骤

序号	车 削 步 骤	示 图
1	车成阶台轴	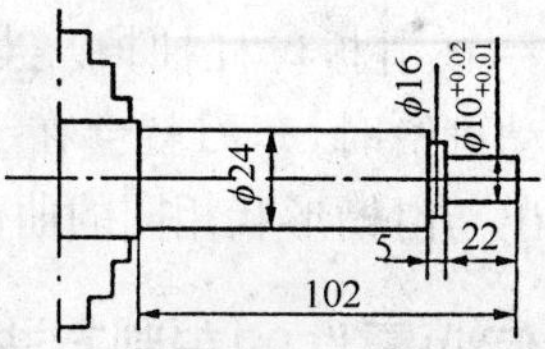
2	车成大致形状，控制尺寸 50 mm，长度 98 mm	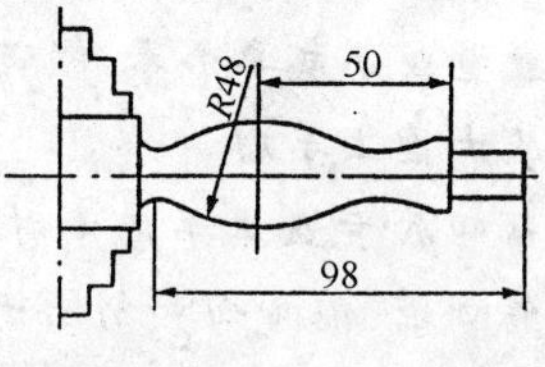
3	精车 $R45$ 和 $R40$ 弧形面，并切断	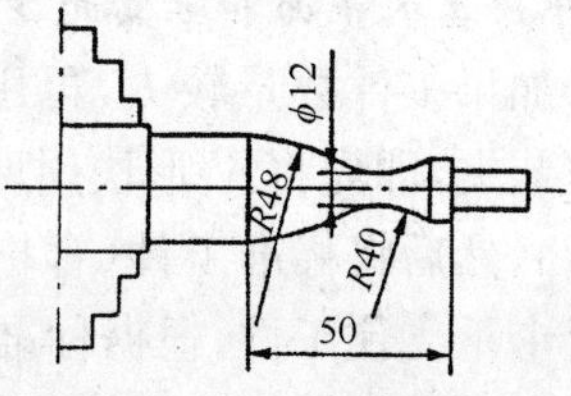

（续 表）

序号	车 削 步 骤	示 图
4	调头用铜皮包住车 $R6$	

2. 用靠模车削方法

图 8－9 所示为用靠模法车削手柄的方法。在床身外侧装置靠模 2，3 是一条与手柄曲面相同的滑槽，槽中滚子 2 与横滑板用连杆 4 连接，横滑板丝杠抽掉。当纵滑板自动进给时，车刀就会在工件 1 上车出与滑槽形状相同的曲面来。

图 8－9 用靠模法车削手柄

1—工件；2—滚子；
3—靠模滑槽；4—连杆

三、偏心零件的车削方法

1. 在四爪单动卡盘上车削

数量较小或单个零件，而精度要求又不太高的偏心工件，可以在四爪卡盘上车削。

在四爪卡盘上车偏心时，一般的方法是先在工件坯料上划线，求出偏心距、偏心圆和划出十字线，如图 8－10a 所示。然后将坯料夹在四爪卡盘上，偏心圆处于主轴旋转中心位置，如图 8－10b 所示，并校正水平面和垂直面方向位置，夹紧后即可车削。

如果工件数量较大，再用划线方法就不合适了。这时可用 V 形块装夹，即先将 V 形块用四爪卡盘上的三个爪夹住（如图 8－11 所示），然后将标准工件（合格件）放在 V 形块槽中，并将卡盘的第四个卡爪支住工件，根据标准工件要求用百分表校正，使工件偏心圆处于与主轴旋转中心一致的位置，就可以进行车削。车第二个工

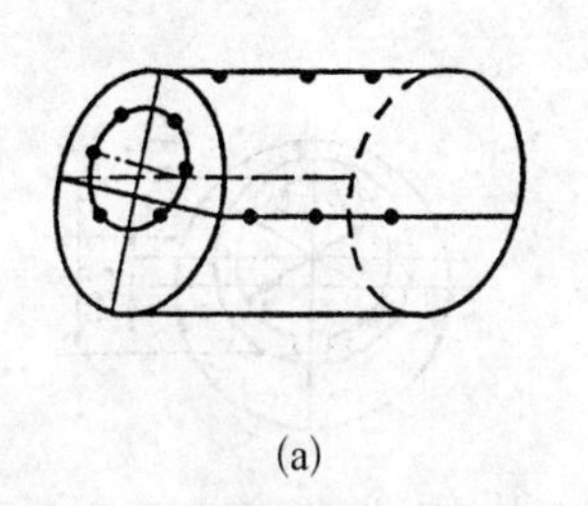

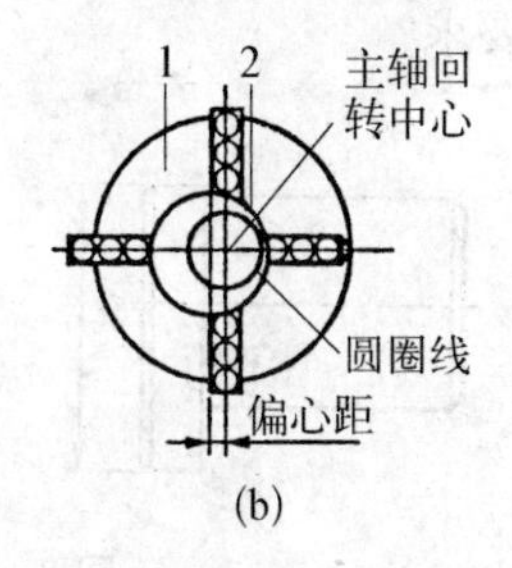

(a) (b)

图 8-10 在四爪卡盘上车削偏心工件

1—四爪卡盘；2—工件

件时，只要将卡盘第四个卡爪松开，换上第二个工件后再夹住，不必再进行校正了。

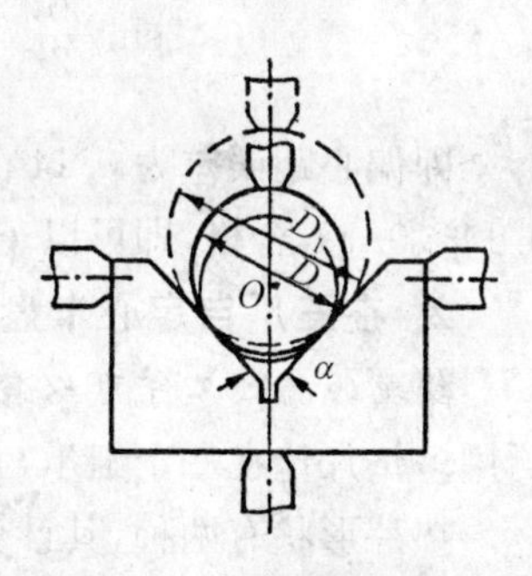

图 8-11 在四爪卡盘上用 V 形块装夹车偏

但由于各个工件直径有一定误差，即直径不一定相同（如 D 和 D_1），加工后会使偏心距变化，产生一个误差 Δe。由于 Δe 与 D 和 D_1 有关，所以必须对工件直径检验一下，直径变化是否在偏心距误差范围内。由于直径变化使偏心距改变的情况，可用下面公式计算：

$$\Delta e = \frac{|D_1 - D|}{2\sin\frac{\alpha}{2}}$$

式中 Δe——偏心距误差，mm；

D_1——坯料变化后的直径，mm；

D——标准工件（合格件）直径，mm；

α——V 形块角度，°。

【例】 在四爪卡盘上用夹角为 90°的 V 形块装夹车削一批如图 8-12 所示的偏心工件，把直径 50 mm 外圆夹住。现量得某一只工件直径为 49.8 mm，问车出来的偏心距误差 Δe 是多少？是否符合图纸要求？

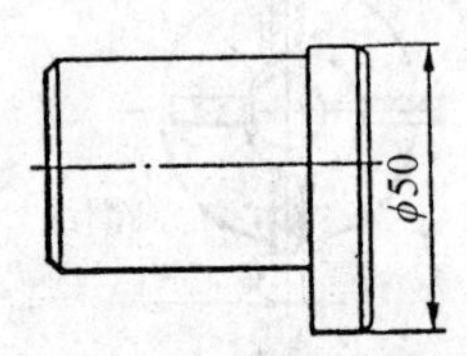

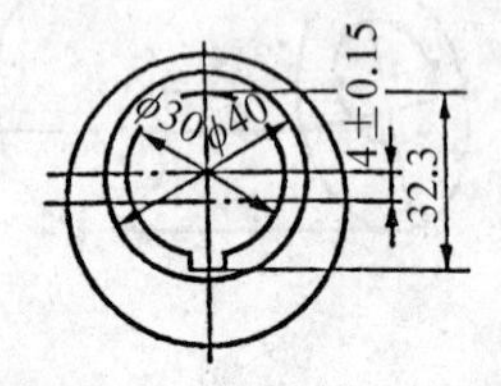

图 8-12　偏心工件

解：$\Delta e = \dfrac{|49.8-50|}{2\sin\dfrac{90^\circ}{2}} = \dfrac{0.2}{2\times 0.7071} = 0.14\ \text{mm}$

即偏心距误差为 0.14 mm，图纸上的偏心距公差为±0.15 mm，0.14＜0.15，合格，即可以车削。

2. 在三爪自定心卡盘上车削

较短的偏心工件可以装夹在三爪自定心卡盘上车削。车削时可用一垫片垫在一个卡爪与工件之间，然后夹紧工件即可。

垫片形状有两种，其计算方法也不同。

(1) 普通垫片　如图 8-13 所示。偏心距较小（$e\leqslant 5\sim 6$ mm）的偏心工件，可以用一般垫片来装夹。垫片厚度可用下面公式计算：

$$x = 1.5e\left(1-\frac{e}{2d}\right)$$

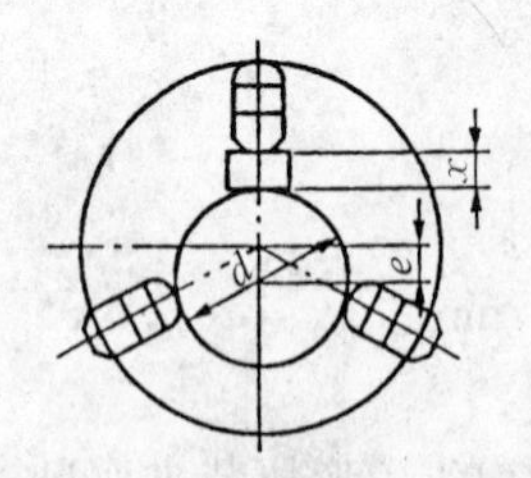

图 8-13　用一般垫片装夹偏心工件

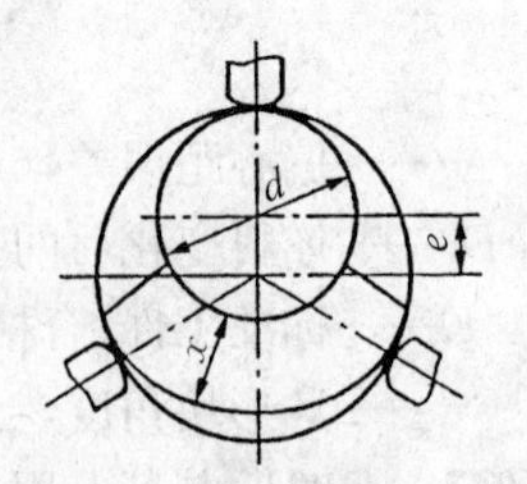

图 8-14　用扇形垫片装夹偏心工件

式中 x——一般垫片厚度,mm;

e——偏心距,mm;

d——被卡爪夹住部分的直径,mm。

【例】 偏心工件的直径 $d=40$ mm,偏心距 $e=4$ mm,求 x。

解: $x=4\times1.5\times\left(1-\dfrac{4}{2\times40}\right)=6\times0.95=5.7$ mm

(2) 扇形垫片　如图 8-14 所示。偏心距较大的偏心工件,可以用扇形垫片来装夹。垫片厚度可用下面公式计算:

$$x=1.5e\left(1+\frac{e}{2d+6e}\right)$$

【例】 有一偏心工件,$d=36$ mm, $e=10$ mm,求垫片厚度 x。

解:因为偏心距较大,所以采用扇形垫片来装夹。

$$x=10\times1.5\times\left(1+\frac{10}{36\times2+10\times6}\right)$$

$$=15\times1.075=16.13\text{ mm}$$

在三爪卡盘上车削偏心工件时,由于卡爪与工件表面接触位置有偏差,加上垫片夹紧后的变形,用上面两个公式计算出来的 x 还不够精确,只适用于一般精度要求不太高的工件。如果工件精度要求较高,那么还需加上一个修正系数,即

$$x_{实}=x+1.5\Delta e$$

式中 $x_{实}$——实际垫片厚度,mm;

x——用前面公式计算出来的值,mm;

Δe——车削后偏心距的误差,mm。

【例】 车削一批(约 300 件)尺寸相同的偏心工件,$d=40$ mm, $e=4$ mm。根据计算,垫片厚度应该是 5.7 mm。第一个工件车削后,经过检验,发现 $e=3.9$ mm,即与要求的偏心距相差 $\Delta e=4-3.9=0.1$ mm。问这时垫片厚度应是多少?

解：$$\Delta e=0.1\ \text{mm}$$

$$x_{实}=5.7+0.1\times 1.5=5.85\ \text{mm}$$

3. 在两顶尖间车削

☞ ***较长的偏心轴可在两顶尖间装夹并车削***，但必须在两端面上各打出中心孔和偏心处中心孔，如图 8－15 所示。安装时先顶住中心孔，车准轴的直径。然后顶住偏心中心孔（如图 8－16 所示），车削偏心轴颈。

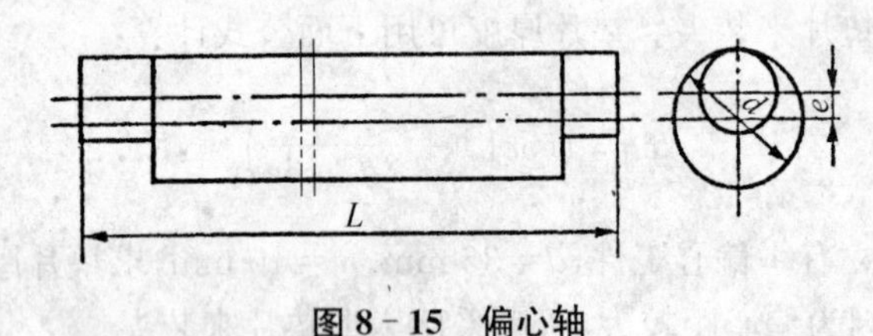

图 8－15　偏心轴

图 8－16　在两顶尖间车偏心

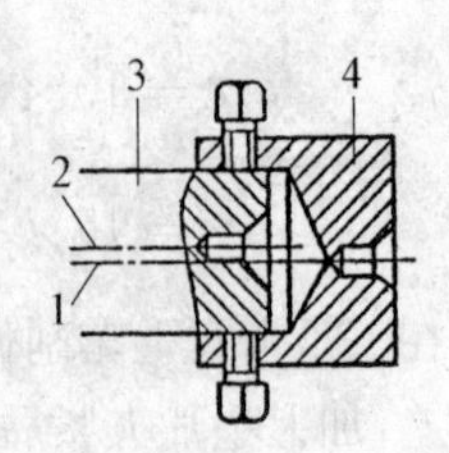

图 8－17　套筒夹具

1—中心线；2—偏心线；
3—工件；4—套筒

如果偏心距较小，在端面上无法打两个中心孔，则可用套筒夹具(图 8－17)。

四、零件表面上的滚花方法

零件上滚花是为了方便使用，外形美观。

工件上的花纹形状由滚花刀滚出。滚花刀可以做成单轮式（见图 8－18a)、双轮式（见图 8－18b)和六轮式（见图 8－18c)三种。单轮式只能滚出一种直纹，双轮式能滚出一种网纹，六轮式可以滚出粗细三种不同的网纹。装在滚花刀中的滚花轮有直纹、右斜纹和左斜纹三种。

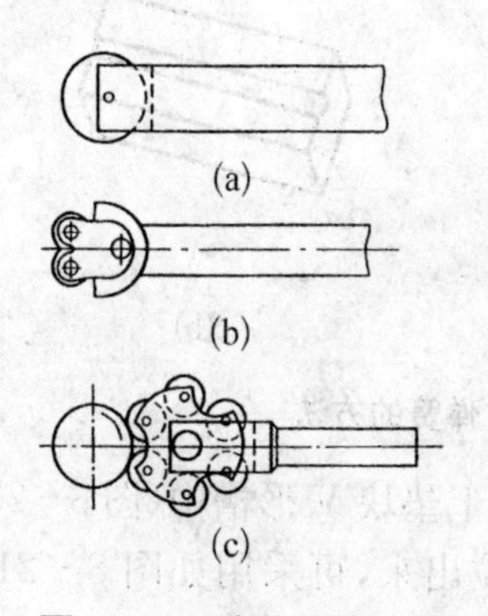

图 8-18 滚花刀的种类

(a) 单轮式;(b) 双轮式;
(c) 六轮式

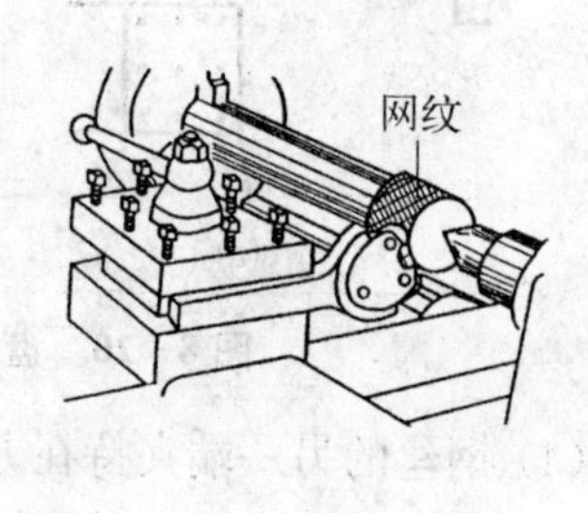

图 8-19 滚花方法

滚花时,先将工件直径车到需要的尺寸,但不必光洁,直径尺寸略微小些,然后把选好的滚花刀装在刀架上(如图 8-19 所示),并使滚轮表面和工件表面平行,高低对准工件中心。接着开动车床使工件转动,进行滚压。*当滚花刀开始接触工件时,应用较大压力*,使工件表面刻出较深的花纹,否则容易把花纹滚乱(俗称破头)。这样来回滚压几次,直到花纹凸出为止。在滚花过程中,必须有充分的滑润油(机油),并经常清除切屑,才能保证滚花的质量。

五、弹簧的盘绕方法

弹簧种类很多,在车床上盘绕的弹簧一般是圆柱弹簧和圆锥弹簧。

盘弹簧时可按下列步骤进行:

(1) 按图纸要求确定钢丝材料和号数(直径)。

(2) 按弹簧节距大小调整车床交换齿轮和进给箱手柄位置。

(3) 在车床两顶尖间安装一根心轴(图 8-20a)。心轴近端部处钻有插钢丝小孔,以便盘绕时钢丝一端插入小孔内。

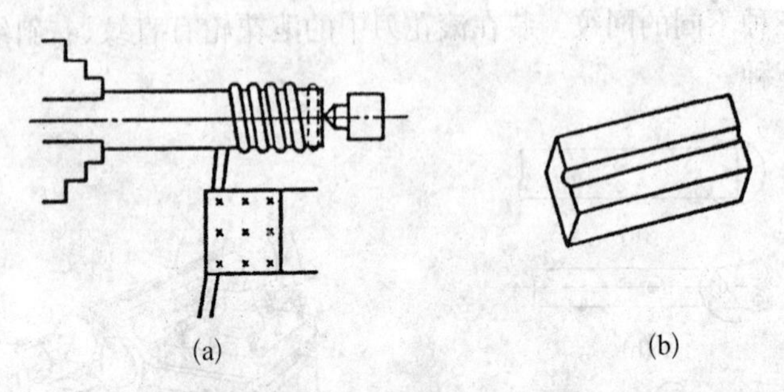

图 8-20 盘绕圆柱弹簧的方法

(4) 钢丝的另一端夹持在方刀架上垫块V形槽中(图 8-20b)，但不能太紧。为了使钢丝顺利地被拉出来,可采用如图 8-21a 所示的导引装置,同时把整捆钢丝套在专用放线架上(图 8-21b)。

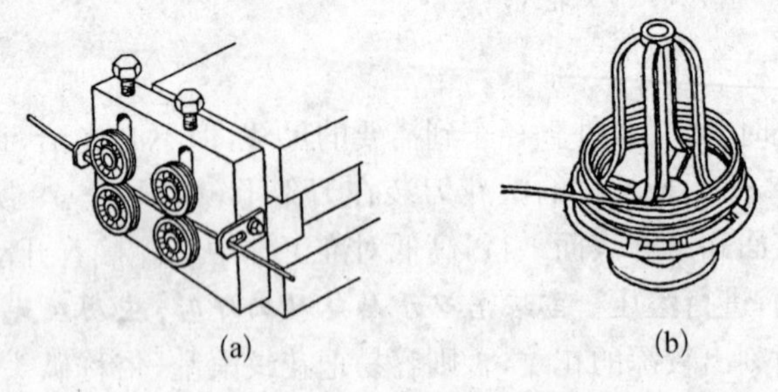

图 8-21 钢丝导引装置

(5) 按下开合螺母,开动车床主轴进行盘绕。

(6) 盘绕到需要长度后停车,用钢丝钳把钢丝切断。但必须防止钢丝被切断后,弹簧突然膨胀而损伤手指。

盘弹簧用心轴直径可用下式估算:

$$D_0 = (0.7 \sim 0.8)D_{内}$$

式中 D_0——心轴直径,mm;

$D_{内}$——弹簧内径,mm。

如果弹簧以内径与其他零件相配,系数选用大些;若以外径与其他零件相配,则系数取小些。

【例】 有一弹簧的内径 $D_{内}=32\ \mathrm{mm}$，使用时，以内径与其他零件相配，问心轴的直径应该多大？

解：取系数为0.8，

$D_0=0.8\times32=25.6\ \mathrm{mm}$

如果是锥形弹簧，则心轴也制成锥形，并在表面车出带有弧形的螺旋槽（图8-22）。

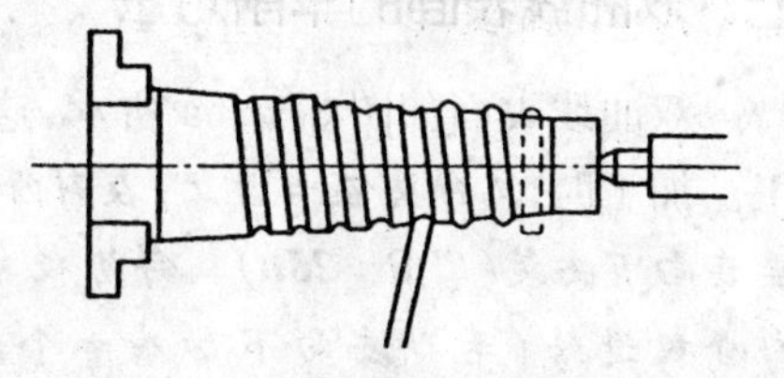

图8-22 盘绕圆锥弹簧的方法

六、椭圆表面的车削方法

在车床上如果工件安装在两个顶尖中间，但固定不动，而车刀装夹在高速旋转的刀盘上，在工件表面上作切削运动，这时有以下两种情况：

一种是刀尖回转轨迹与工件轴线垂直（即刀盘的轴线与工件轴线平行）；另一种是***刀盘回转轴线与工件轴线成一个α角度（图8-23），这时会在工件表面切出一个椭圆来***。

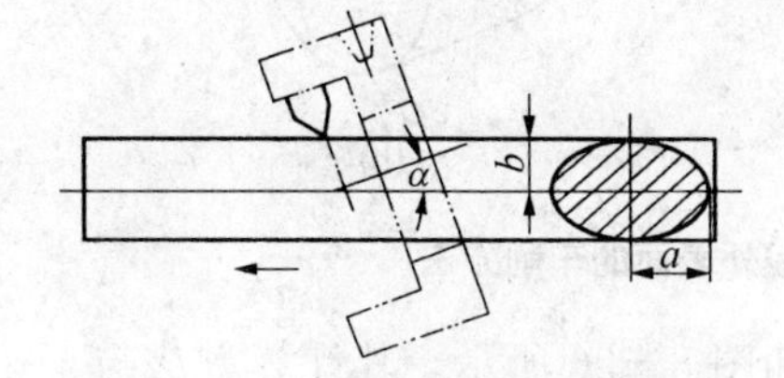

图8-23 椭圆表面的车削方法

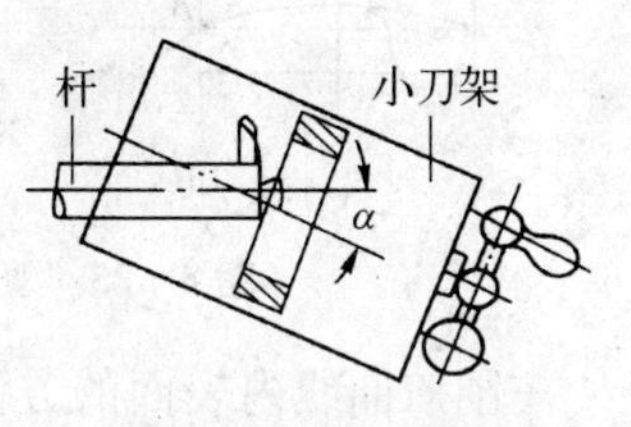

图8-24 椭圆孔的车削方法

车削椭圆孔时，可以把圆环安装在斜滑板上成一个α角度（图8-24），车刀用刀排装在主轴上旋转，然后移动横滑板即可车削。

α可用下面公式计算：

$$\cos\alpha=\frac{d}{D}=\frac{b}{a}$$

【例】 $d=42\ \mathrm{mm}$，$D=50\ \mathrm{mm}$，求α。

解： $\cos\alpha=\frac{42}{50}=0.804$

$$\alpha = 36°30'$$

七、双曲线表面的车削方法

双曲线表面如图 8－25a 所示，这种表面一般可放在车床上加工。加工时，***工件夹在卡盘上，在斜滑板上安装一刀排，但车刀必须垂直向下安装(图 8－25b)。斜滑板转动一个角度 α。车削时手动斜滑板进给(车刀应向下切入一个 h)***，车刀从 B 点向 A 点(图 8－25a)切入深度由浅变深，过中点以后又逐渐由深向浅，从而车出一个双曲线表面。

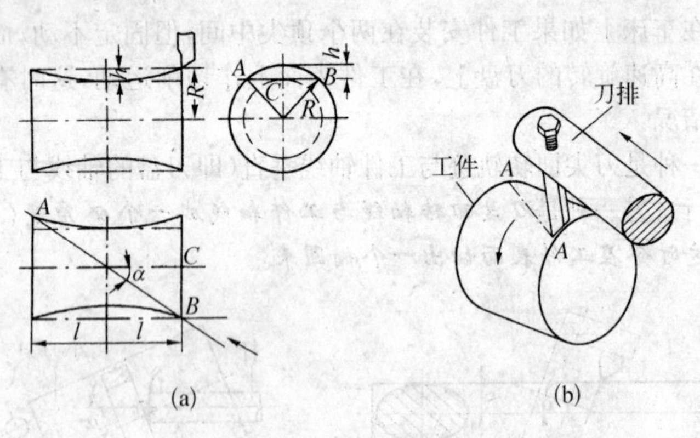

图 8－25　双曲线外表面的车削方法

车削双曲线内表面的方法如图 8－26 所示。其计算方法与车削双曲线外表面相同。

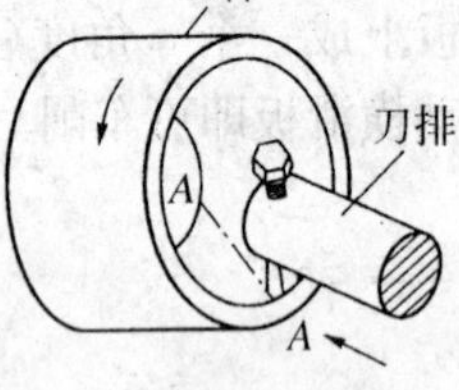

α 可用下面公式计算：

$$\tan \alpha = \frac{\sqrt{2Rh - h^2}}{l}$$

式中　α——斜滑板应转动角度，°；

R——工件喉半径，mm；

h——两个半径的差量，mm；

l——工件长度的一半，mm。

图 8－26　双曲线内表面的车削方法

【例】 已知 $R=50\ \text{mm}$，$h=0.05\ \text{mm}$，$l=40\ \text{mm}$，求 α。

解： $\tan\alpha=\dfrac{\sqrt{2\times50\times0.05-0.05^2}}{40}=0.0558$

$\alpha=3°12'$

八、宜安装在花盘和角铁上的零件的加工方法

形状复杂的零件，无法用卡盘或两顶尖上装夹，这时可用车床上所配备的附件进行装夹。

1. 装夹用常用附件

图 8－27 所示为一套附件，它们的用途如下：

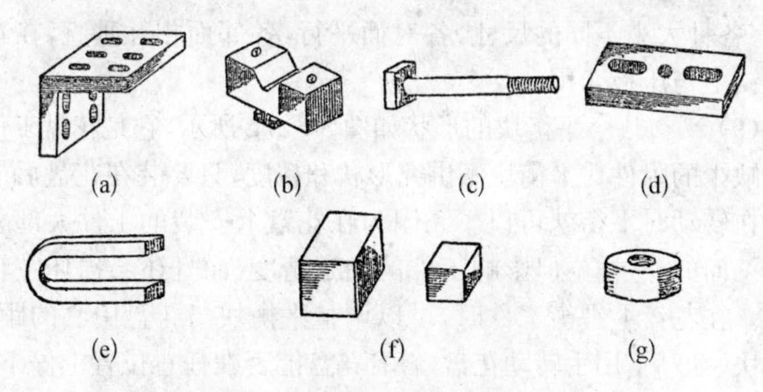

(a)　(b)　(c)　(d)

(e)　(f)　(g)

图 8－27　常见装夹用的附件

(1) 花盘　花盘是一铸铁大圆盘(图 8－27a)，它的形状与四爪单动卡盘相似，但直径较大，它可以直接安装在主轴上。盘面上有很多长短不同的通孔槽(或 T 形槽)，用来安插各种大小不同的螺栓，以紧固工件。花盘的大平面必须与主轴中心线垂直，必要时可以精车一刀。

(2) 角铁　又称弯板。有两个相互垂直的平面。根据工件需要也可做成某一特定的角度。角铁上也有各种大小不同的通孔槽，用来安插各种螺栓。角铁的平面应很平整，装在花盘上它的一个平面必须与主轴中心线平行。

(3) V 形块　V 形块的形状如图 8－27b 所示，它的工作面是

一条V形槽，一般是90°的，也有大于或小于90°的。下部有T形槽(有的没有T形槽)以便嵌入带有T形槽的花盘上。

(4) 方头螺栓　方头螺栓的形状如图8-27c所示，它有长短不同，并可插入花盘或角铁的槽中，但必须与压板和螺母合用。

(5) 螺母　螺母是与螺栓配合起来使用的。螺母的直径和螺距应与螺栓相同，螺母的厚度应按标准来选择，螺母的棱角必须平整。

(6) 平压板　平压板的形状如图8-27d所示，它有长短不同的通孔，用来安插螺栓，螺栓在通孔中可以移动。

(7) 马蹄形压板　马蹄形压板的形状如图8-27e所示，这种压板必须与平压板和螺栓螺母配合起来使用，一般用于压紧大型工件的。

(8) 平垫块　平垫块的形状如图8-27f所示，它是一种标准附具，有各种大小不同的尺寸，各对面平行，各邻面相互垂直，在花盘和角铁上与压板合用。

(9) 平衡块　平衡块的形状如图8-27g所示，它是花盘工作中不可缺少的附件。平衡块不讲究形状和精度，只要装在花盘后能使工件在转动时平衡就可以了。因为在花盘上安装的工件大部分是偏重一面的，这样不但影响工件的加工精度，而且还会损坏主轴与轴承。在花盘上平衡工件时，可以调整平衡块与花盘中心的距离。平衡块装好后，用手转动花盘，看看花盘能否在任意位置上停下来。如果花盘能在任意位置上停下来，就说明工件已被平衡，否则必须重新调整平衡块的位置或增减重量。

2. 安装工件的方法

☞ ***当工件的需加工表面与其准平面(或中心线)垂直时，应采花盘直接装夹法。***

图8-28所示为一缸形体，需加工的内孔与其缸底垂直，因此采用直接安装在花盘上方法装夹。压板、螺栓、平衡块的使用方法已可从图中看出。

图8-29所示为加工泵壳的两个平行孔的装夹方法。为安装方便并保证工件孔与主轴中心一致，下端用V形块定位。加工好一个孔以后将泵壳转过180°，将已加工过的孔套在定位圆柱上用垫

圈、螺母紧固,保证两孔的中心距精度,然后加工另一个孔。

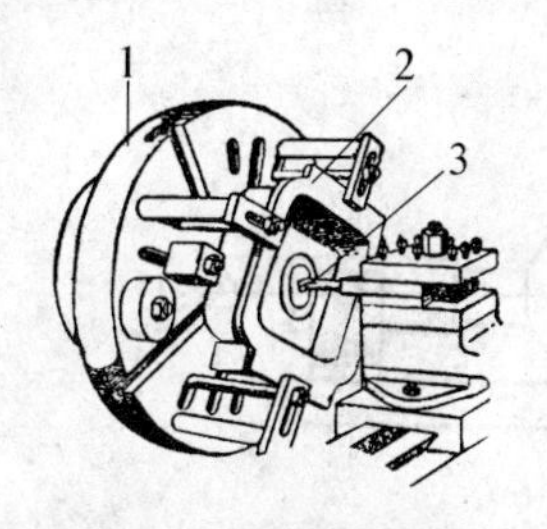

图 8-28 缸形体工件装夹法

1—花盘;2—工件;3—刀具

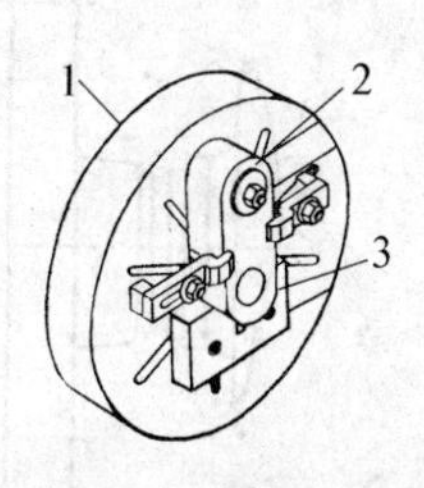

图 8-29 泵壳的装夹方法

1—花盘;2—工件;3—V 形块

图 8-30 所示为加工十字接头中内孔的方法。用两个尺寸相同的 V 形块固定在花盘上,工件放在 V 形块上用压板压紧即可加工。

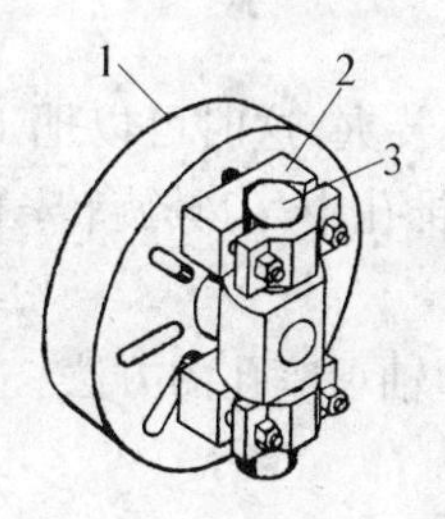

图 8-30 十字接头的装夹方法

1—花盘;2—V 形块;3—工件

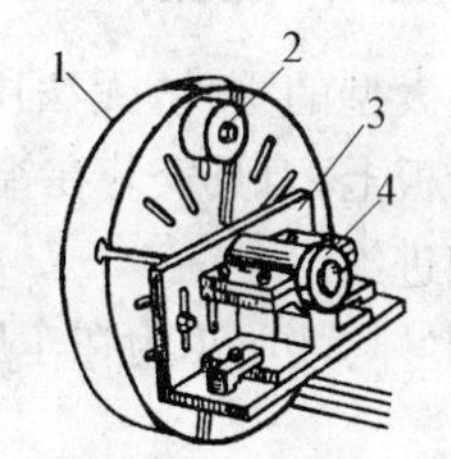

图 8-31 装夹轴承座的方法

1—花盘;2—平衡块;3—角铁;4—工件

当工件的需加工表面与其基准平面(或中心线)平行时,应采用花盘上安装角铁的方法装夹工件。

图 8-31 所示为加工轴承座孔的安装方法。在花盘上装上角铁,工件放在角铁的一个平面上,孔的轴线应与主轴轴线一致(需校正),然后用平压板把工件压紧。

图 8-32 所示为在角铁上加工 U 形连杆内孔的方法。对此可以自行分析。

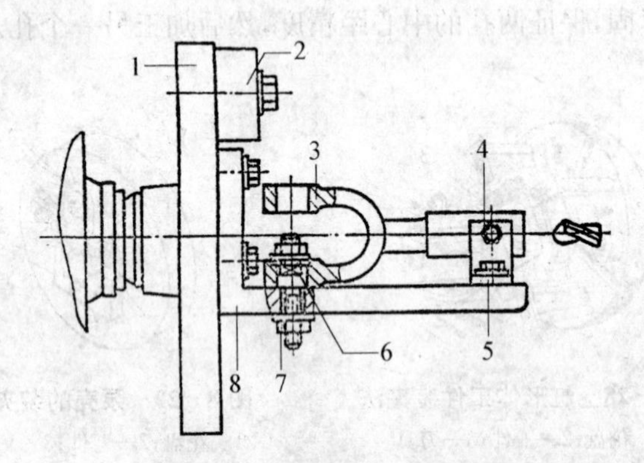

图 8－32　装夹 U 形连杆的方法

1—花盘；2—平衡块；3—工件；4—定位螺钉；
5—V 形块；6—定位心轴；7—螺母；8—角铁

九、大型零件的加工方法

较大型的零件，无法用花盘或角铁装夹，这时可以把工件安装在纵滑板上，刀具安装在镗排上或主轴锥孔中，刀具旋转，工件纵向或横向进给。

图 8－33 所示为在车床上镗削大型轴承座孔的方法。

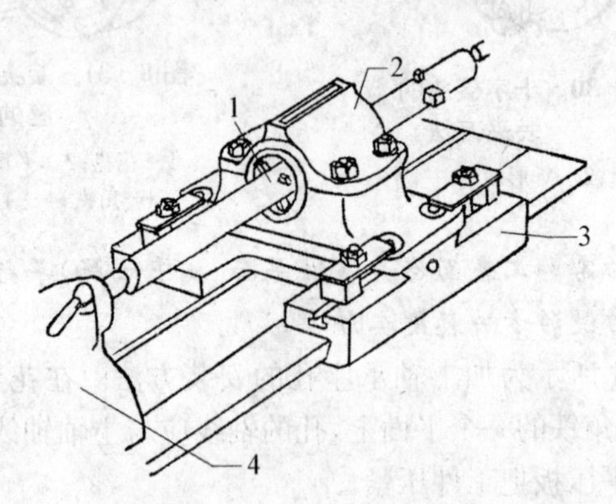

图 8－33　镗削大型轴承座孔的方法

1—镗排；2—工件；3—车床纵滑板；4—车床尾座

图 8-34 所示为在车床上车削大型工件的内孔和端面的方法。

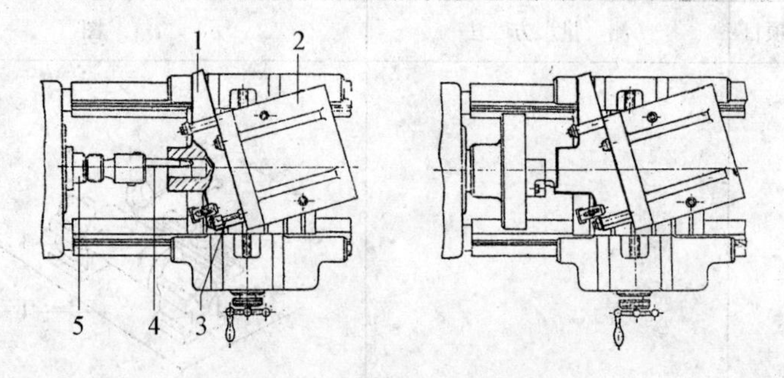

图 8-34 镗削大型工件的内孔和端面

1—工件;2—大型角铁;3—压板和垫块;4—镗刀;5—车床主轴

十、特殊形状零件的测量方法

特殊形状零件的测量方法见表 8-3。

表 8-3 特殊形状零件的测量方法

测量项目	测 量 方 法	示 图
面轮廓度	方法一: 用形状与零件表面相同的样板放在工件表面上,用透光法看其间缝大小是否均匀	
	凹球面工件,可用精确且半径相同的钢球对研,即在钢球表面涂一层薄红丹粉(Pb_3O_4),然后放上工件表面进行对研,看其被擦去的红丹粉是否均匀	

（续　表）

测量项目	测量方法	示图
偏心两轴颈平行度和偏心距	将工件放在两等同的V形块上，千分表沿箭头方向移动，测量其两轴颈的平行度。转动工件一周，试看千分表的读数差是多少。读数差的一半就是偏心距 如果工件是偏心套，则可将工件套在心轴上，工件转动一周中千分表读数差的一半就是偏心距	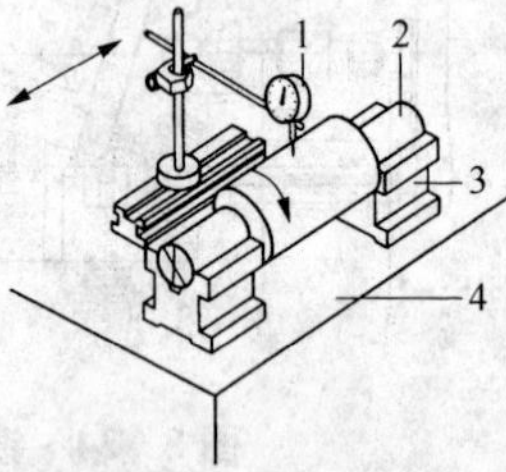 1—指示器；2—被测零件；3—V形块；4—平板 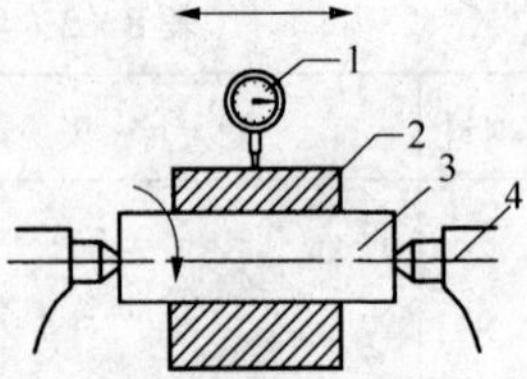 1—指示器；2—被测零件；3—心轴；4—顶尖
花纹	花纹的型式、节距按图纸要求，滚后的花纹清晰不乱，直径扩大应在要求范围内	
弹簧节距、直径	测量弹簧的节距和长度（圈数），外径或内径应在要求尺寸范围之内	

（续 表）

测量项目	测 量 方 法	示 图
垂直度	将心棒插入孔中，端面上放一直角尺，心棒与直角尺之间的 f 就是垂直度误差 右下图所示为检测箱体孔轴线与轴线之间的垂直度误差的方法。检测时基准轴线和被测轴线由心轴模拟。调整基准心轴，使其与平板垂直。 在测量距离为 L_2 的两个位置上测得的数值分别为 M_1 和 M_2，则垂直度误差可用下面的公式计算： $$f=\frac{L_1}{L_2}\mid M_1-M_2\mid$$ 式中 f——垂直度误差(mm)。 【例】 $L_1=50$ mm，$L_2=100$ mm，$M_1=0.04$ mm，$M_2=0.01$ mm，求 f。 解：$f=\frac{50}{100}\lvert 0.04-0.01\rvert$ $=\frac{1}{2}\times 0.03$ $=0.015$ mm	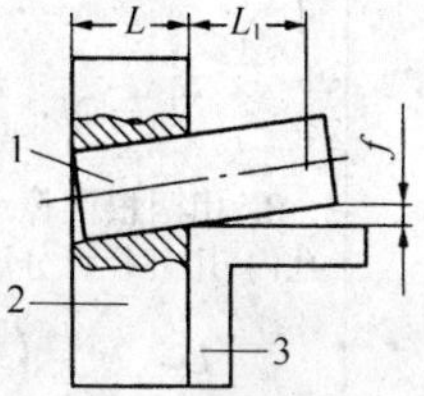 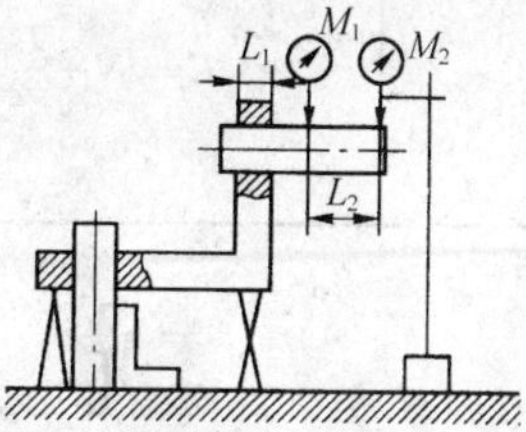
平行度	右图所示为检测箱体孔轴线对平面平行度的方法。检测时将被测零件放置在平板上，被测轴线由心轴模拟。在测量距离为 L_2 的两个位置上测得的读数值分别为 M_1 和 M_2，则其平行度误差可用下面的公式计算： $$f=\frac{L_1}{L_2}\mid M_1-M_2\mid$$ 式中 f——平行度误差(mm)。 【例】 $L_1=70$ mm，$L_2=100$ mm，$M_1=0.05$ mm，$M_2=0.02$ mm，求 f。 解：$f=\frac{70}{100}\lvert 0.05-0.02\rvert$ $=0.7\times 0.03$ $=0.021$ mm	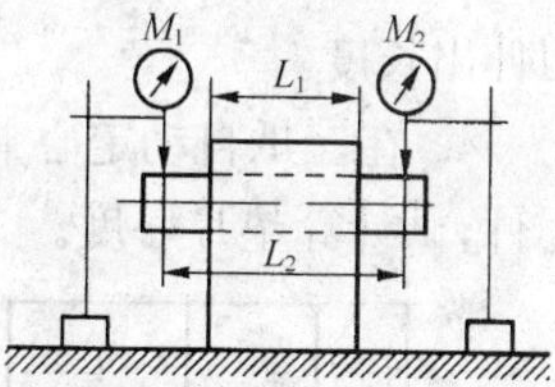

（续　表）

测量项目	测 量 方 法	示　　图
孔距	1. 用游标卡尺刀口部分测量尺寸 N $L=N+\frac{D_1}{2}+\frac{D_2}{2}$ 2. 用两根圆棒无间隙地插入两孔内，用外径百分尺测量尺寸 M $L=M-\left(\frac{D_1}{2}+\frac{D_2}{2}\right)$ 或用内径百分尺测量尺寸 N $L=N+\frac{D_1}{2}+\frac{D_2}{2}$	

…[… 复习思考题 …]…

一、计算题

1. 带柄球面，球的直径为 30 mm，球柄的直径为 16 mm，求 L。

2. 用飞刀切削上题的带柄球面，求两把飞刀之间的距离和刀盘转动角度。

3. 用飞刀切削端面凹球面，球面的 R 为 25 mm，$t=8$ mm，求飞刀伸出长度。

4. 在三爪自动定心卡盘上，车一如题图 8-1 所示的两个偏心零件，试计算垫片厚度。

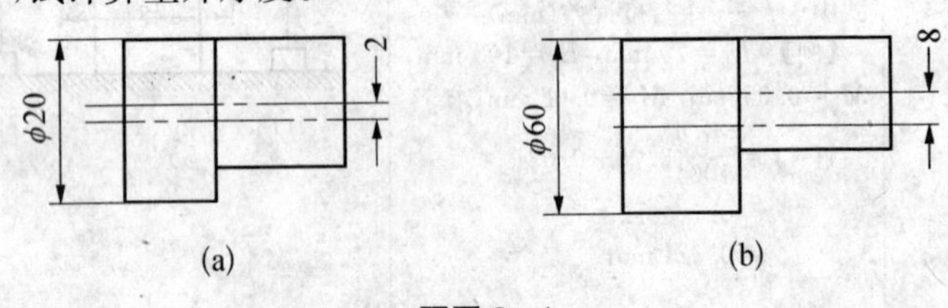

题图 8-1

5. 用如图 8－23 方法车椭圆轴，如果 $a=20$ mm，$b=18$ mm，试计算刀盘倾斜角度。

6. 有一双曲线表面导轮，轮宽($2l$)为 30 mm，$R=40$ mm，$h=0.08$ mm，求斜滑转动角度。

二、问答题

1. 如题图 8－2 所示的料斗式零件，车削时用什么方法装夹(用示意图表示)？

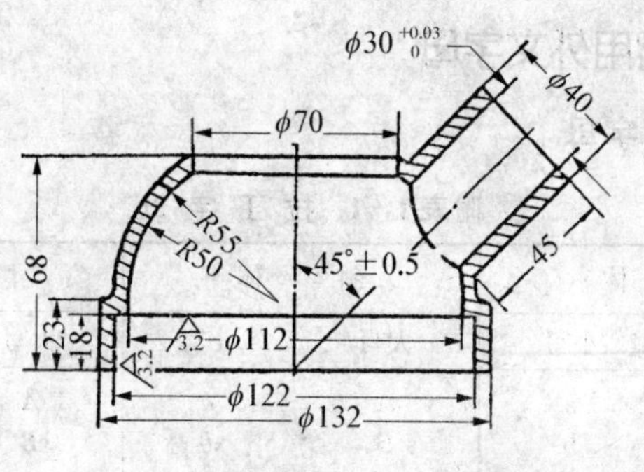

题图 8－2

2. 如题图 8－3 所示的零件，车削时怎样装夹(用示意图表示)？

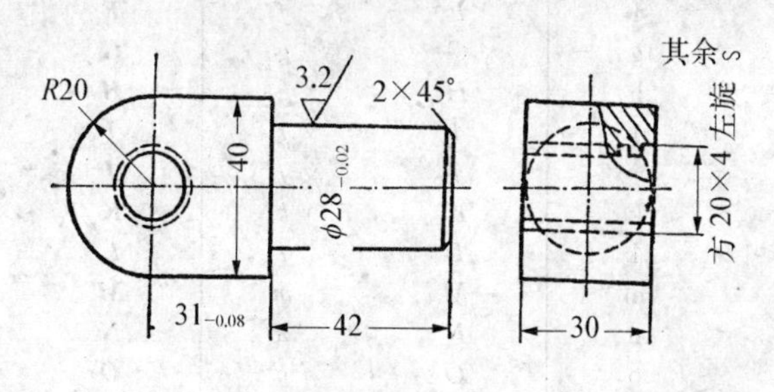

题图 8－3

附　录

附录一　常用外文字母

1. 拉丁字母

附表 1-1　拉 丁 字 母

正体		斜体		黑斜体	
大写	小写	大写	小写	大写	小写
A	a	*A*	*a*	***A***	***a***
B	b	*B*	*b*	***B***	***b***
C	c	*C*	*c*	***C***	***c***
D	d	*D*	*d*	***D***	***d***
E	e	*E*	*e*	***E***	***e***
F	f	*F*	*f*	***F***	***f***
G	g	*G*	*g*	***G***	***g***
H	h	*H*	*h*	***H***	***h***
I	i	*I*	*i*	***I***	***i***
J	j	*J*	*j*	***J***	***j***
K	k	*K*	*k*	***K***	***k***
L	l	*L*	*l*	***L***	***l***
M	m	*M*	*m*	***M***	***m***
N	n	*N*	*n*	***N***	***n***
O	o	*O*	*o*	***O***	***o***
P	p	*P*	*p*	***P***	***p***
Q	q	*Q*	*q*	***Q***	***q***
R	r	*R*	*r*	***R***	***r***
S	s	*S*	*s*	***S***	***s***
T	t	*T*	*t*	***T***	***t***
U	u	*U*	*u*	***U***	***u***
V	v	*V*	*v*	***V***	***v***

（续　表）

正体		斜体		黑斜体	
大写	小写	大写	小写	大写	小写
W	w	W	w	$\boldsymbol{W}$	$\boldsymbol{w}$
X	x	X	x	$\boldsymbol{X}$	$\boldsymbol{x}$
Y	y	Y	y	$\boldsymbol{Y}$	$\boldsymbol{y}$
Z	z	Z	z	$\boldsymbol{Z}$	$\boldsymbol{z}$

2. 希腊字母

附表 1-2　希腊字母

正体		斜体		黑斜体		近似读音
大写	小写	大写	小写	大写	小写	
Α	α	A	α	$\boldsymbol{A}$	$\boldsymbol{\alpha}$	阿尔法
Β	β	B	β	$\boldsymbol{B}$	$\boldsymbol{\beta}$	贝塔
Γ	γ	$\mathit{\Gamma}$	γ	$\boldsymbol{\Gamma}$	$\boldsymbol{\gamma}$	伽马
Δ	δ	$\mathit{\Delta}$	δ	$\boldsymbol{\Delta}$	$\boldsymbol{\delta}$	德耳塔
Ε	ε,ϵ	E	ε	$\boldsymbol{E}$	ε	伊普西隆
Ζ	ζ	Z	ζ	$\boldsymbol{Z}$	$\boldsymbol{\zeta}$	截塔
Η	η	H	η	$\boldsymbol{H}$	$\boldsymbol{\eta}$	艾塔
Θ	θ,ϑ	$\mathit{\Theta}$	θ,ϑ	$\mathit{\Theta}$	$\boldsymbol{\theta},\boldsymbol{\vartheta}$	西塔
Ι	ι	I	ι	$\boldsymbol{I}$	$\boldsymbol{\iota}$	约塔
Κ	κ	K	κ	$\boldsymbol{K}$	$\boldsymbol{\kappa}$	卡帕
Λ	λ	$\mathit{\Lambda}$	λ	$\boldsymbol{\Lambda}$	$\boldsymbol{\lambda}$	拉姆达
Μ	μ	M	μ	$\boldsymbol{M}$	$\boldsymbol{\mu}$	米尤
Ν	ν	N	ν	$\boldsymbol{N}$	$\boldsymbol{\nu}$	纽
Ε	ξ	E	ξ	$\boldsymbol{E}$	$\boldsymbol{\xi}$	克西
Ο	ο	O	o	$\boldsymbol{O}$	$\boldsymbol{o}$	奥密克戎
Π	π	$\mathit{\Pi}$	π	$\mathit{\Pi}$	$\boldsymbol{\pi}$	派
Ρ	ρ	P	ρ	$\boldsymbol{P}$	$\boldsymbol{\rho}$	柔
Σ	σ	$\mathit{\Sigma}$	σ	$\mathit{\Sigma}$	$\boldsymbol{\sigma}$	西格马
Τ	τ	T	τ	$\boldsymbol{T}$	$\boldsymbol{\tau}$	陶
Υ	υ	$\mathit{\Upsilon}$	υ	$\boldsymbol{Y}$	$\boldsymbol{\upsilon}$	宇普西隆
Φ	φ,ϕ	$\mathit{\Phi}$	φ,ϕ	$\boldsymbol{\Phi}$	$\boldsymbol{\varphi},\boldsymbol{\phi}$	斐
Χ	χ	X	χ	$\boldsymbol{X}$	$\boldsymbol{\chi}$	喜
Ψ	ψ	$\mathit{\Psi}$	ψ	$\boldsymbol{\Psi}$	$\boldsymbol{\psi}$	普西
Ω	ω	$\mathit{\Omega}$	ω	$\boldsymbol{\Omega}$	$\boldsymbol{\omega}$	欧米伽

3. 罗马数字

附表 1-3 罗马数字

罗马数字	对应的数字	罗马数字	对应的数字
Ⅰ	1	XL	40
Ⅱ	2	L	50
Ⅲ	3	LX	60
Ⅳ	4	XC	90
Ⅴ	5	C	100
Ⅵ	6	CD	400
Ⅶ	7	D	500
Ⅷ	8	DC	600
Ⅸ	9	CM	900
Ⅹ	10	M	1 000
Ⅺ	11	$\overline{X}$	10 000
ⅩⅩ	20	$\overline{M}$	1 000 000

罗马数字有七种基本符号,Ⅰ—1,Ⅴ—5,Ⅹ—10,L—50,C—100,D—500,M—1 000。两种符号并列时,小数放在大数的左边,表示大数对小数之差;小数放在大数的右边,则表示小数、大数之和。在符号上面加一段横线,表示这个符号代表的数目增值1 000倍。

附录二 常用标准代号

1. 国内代号

附表 2-1 国内标准代号

标准代号	意义	标准代号	意义
GB	国家标准	JT	交通
JB	机械、电工、仪器仪表	JG	建筑工程
NJ	农机	JC	建筑材料
YB	冶金	SB	商业
HG	化工	QB	轻工
SY	石油	FJ	纺织
MT	煤炭	LS	粮食
DZ	地质	LY	林业
SD	水电	SC	水产
SJ	电子工业	WS	医药
YD	邮电	JY	教育
TB	铁道		

2. 各国及国际标准代号

附表 2-2　各国及国际标准代号

国　别	标准代号	国　别	标准代号
中　国	GB	比利时	NBN
美　国	ANSI	丹　麦	DS
英　国	BS	西班牙	UNE
日　本	JIS	葡萄牙	NP
德　国	DIN(VDE)	加拿大	CSA
法　国	NF	罗马尼亚	STAS
瑞　士	VSN	土耳其	TS
荷　兰	NEN	希　腊	ENO
瑞　典	SIS	阿尔巴尼亚	STASH
挪　威	NS	朝　鲜	KPS
芬　兰	SFS	韩　国	KS
印　度	IS	意大利	UNI
俄罗斯	ГОСТ, ОСТ	奥地利	CNORM
捷　克	ČSN	澳大利亚	AS
匈牙利	MSZ	墨西哥	DGN
波　兰	PN	国际标准化组织	ISO

附录三　尺寸公差、形位公差与表面粗糙度

1. 公差的有关术语及定义

附表 3-1　公差的有关术语及定义

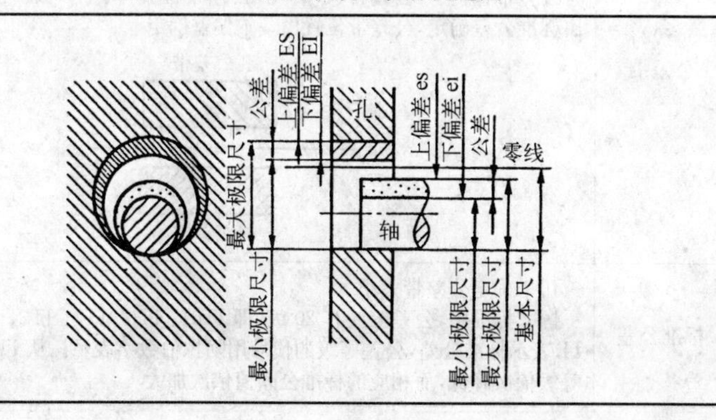

（续 表）

术　语	定　义
基本尺寸	设计时给定的尺寸
实际尺寸	通过测量所得的尺寸
极限尺寸	允许尺寸变化的两个界限值。它有大小两个，即最大极限尺寸和最小极限尺寸
尺寸偏差	某一尺寸减其基本尺寸所得的代数差。某一尺寸可以是最大极限尺寸，也可以是最小极限尺寸，因此尺寸偏差就有 上偏差＝最大极限尺寸－基本尺寸 下偏差＝最小极限尺寸－基本尺寸 尺寸偏差可以是正，可以是负，也可以是零
尺寸公差	允许尺寸的变动量。它是 尺寸公差＝最大极限尺寸－最小极限尺寸＝上偏差－下偏差 【例】 基本尺寸为 ϕ50 mm，最大极限尺寸为 ϕ50.008 mm，最小极限尺寸为 ϕ49.992 mm，试计算偏差和公差。 解：上偏差＝最大极限尺寸－基本尺寸＝50.008－50＝0.008 mm 下偏差＝最小极限尺寸－基本尺寸＝49.992－50＝－0.008 mm 公差＝最大极限尺寸－最小极限尺寸＝50.008－49.992 ＝0.016 mm 公差＝上偏差－下偏差＝0.008－(－0.008)＝0.016 mm
零线与公差带	在公差与配合图解中，确定偏差的一条基准线，即零偏差线，简称零线 通常零线表示基本尺寸，正偏差位于零线的上方，负偏差位于零线的下方 代表上、下偏差的两条直线所限定的一个区域称为公差带 公差带包括了“公差带大小”与“公差带位置”两个参数。公差带大小由标准公差确定，公差带位置由基本偏差确定 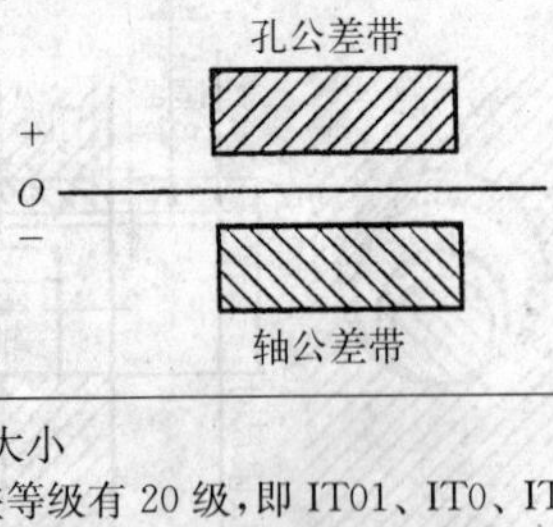 孔公差带 + O − 轴公差带
标准公差	用来确定公差带大小 国家标准中，公差等级有 20 级，即 IT01、IT0、IT1、IT2、……、IT18。IT 表示标准公差，公差等级的代号用阿拉伯数字表示。从 IT01 至 IT18 等级依次降低，而相应的标准公差值依次加大

（续　表）

术　语	定　　义
基本偏差	用来确定公差带相对于零线位置的上偏差或下偏差，指靠近零线或在零线的那个偏差。当公差带位于零线上方时，其基本偏差为下偏差，位于零线下方时，其基本偏差为上偏差 国家标准规定共有 28 个基本偏差，用拉丁字母表示，大写代表孔，小写代表轴，即 孔的基本偏差代号为：A、B、C、CD、D、E、EF、F、FG、G、H、J、JS、K、M、N、P、R、S、T、U、V、X、Y、Z、ZA、ZB、ZC 轴的基本偏差代号为：a、b、c、cd、d、e、ef、f、fg、g、h、j、js、k、m、n、p、r、s、t、u、v、x、y、z、za、zb、zc

根据标准公差等级、基本偏差和基本尺寸可以在附表 3－2～附表 3－4 中查得上、下偏差的值和正负符号。

【例】 试述 ϕ40H8 和 ϕ60f7 的含义，并确定其上、下偏差。

解：

ϕ40　H　8

8——公差等级代号

H——孔的基本偏差代号

40——基本尺寸

在附表 3－3 中，基本尺寸大于 30～40 一行与 H、8 一行相交处得 $^{+39}_{\ 0}$，即

$$\phi 40^{+0.039}_{\ 0} \text{ mm}$$

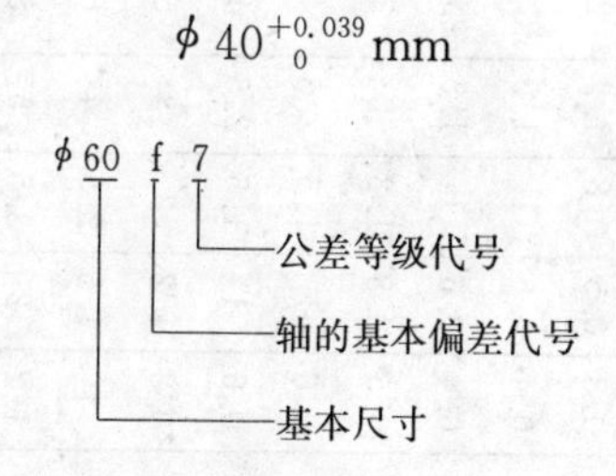

在附表 3－4 中，基本尺寸大于 50～65 一行与 f、7 一行相交处得 $^{-30}_{-60}$，即

$$\phi 60^{-0.030}_{-0.060} \text{ mm}$$

附表 3-2 尺寸≤500 mm 的标准公差数值

基本尺寸	公差等级																			
	(μm)													(mm)						
	IT01	IT0	IT1	IT2	IT3	IT4	IT5	IT6	IT7	IT8	IT9	IT10	IT11	IT12	IT13	IT14	IT15	IT16	IT17	IT18
≤3	0.3	0.5	0.8	1.2	2	3	4	6	10	14	25	40	60	0.10	0.14	0.25	0.40	0.60	1.0	1.4
>3~6	0.4	0.6	1	1.5	2.5	4	5	8	12	18	30	48	75	0.12	0.18	0.30	0.48	0.75	1.2	1.8
>6~10	0.4	0.6	1	1.5	2.5	4	6	9	15	22	36	58	90	0.15	0.22	0.36	0.58	0.90	1.5	2.2
>10~18	0.5	0.8	1.2	2	3	5	8	11	18	27	43	70	110	0.18	0.27	0.43	0.70	1.10	1.8	2.7
>18~30	0.6	1	1.5	2.5	4	6	9	13	21	33	52	84	130	0.21	0.33	0.52	0.84	1.30	2.1	3.3
>30~50	0.6	1	1.5	2.5	4	7	11	16	25	39	62	100	160	0.25	0.39	0.62	1.00	1.60	2.5	3.9
>50~80	0.8	1.2	2	3	5	8	13	19	30	46	74	120	190	0.30	0.46	0.74	1.20	1.90	3.0	4.6
>80~120	1	1.5	2.5	4	6	10	15	22	35	54	87	140	220	0.35	0.54	0.87	1.40	2.20	3.5	5.4
>120~180	1.2	2	3.5	5	8	12	18	25	40	63	100	160	250	0.40	0.63	1.00	1.60	2.50	4.0	6.3
>180~250	2	3	4.5	7	10	14	20	29	46	72	115	185	290	0.46	0.72	1.15	1.85	2.90	4.6	7.2
>250~315	2.5	4	6	8	12	16	23	32	52	81	130	210	320	0.52	0.81	1.30	2.10	3.20	5.2	8.1
>315~400	3	5	7	9	13	18	25	36	57	89	140	230	360	0.57	0.89	1.40	2.30	3.60	5.7	8.9
>400~500	4	6	8	10	15	20	27	40	63	97	155	250	400	0.63	0.97	1.55	2.50	4.00	6.3	9.7

注 1 mm 以下无 IT14~IT18。

附表 3-3　尺寸≤80 mm 优先用途孔的偏差　(μm)

基本尺寸(mm)		偏差和公差等级												
		C	D	F	G	H				K	N	P	S	U
大于	至	11	9	8	7	7	8	9	11	7	7	7	7	7
	3	+120 +60	+45 +20	+20 +6	+12 +2	+10 0	+14 0	+25 0	+60 0	0 −10	−4 −14	−6 −16	−14 −24	−18 −28
3	6	+145 +70	+60 +30	+28 +10	+16 +4	+12 0	+18 0	+30 0	+75 0	+3 −9	−4 −16	−8 −20	−15 −27	−29 −31
6	10	+170 +80	+76 +40	+35 +13	+20 +5	+15 0	+22 0	+36 0	+90 0	+5 −10	−4 −19	−9 −24	−17 −32	−22 −37
10 14	14 18	+205 +95	+93 +50	+43 +16	+24 +6	+18 0	+27 0	+43 0	+110 0	+6 −12	−5 −23	−11 −29	−21 −39	−26 −44
18	24	+240 +110	+117 +65	+53 +20	+28 +7	+21 0	+33 0	+52 0	+130 0	+6 −15	−7 −28	−14 −35	−27 −48	−33 −54
24	30													−40 −61
30	40	+280 +120	+142 +80	+64 +25	+34 +9	+25 0	+39 0	+62 0	+160 0	+7 −18	−8 −33	−17 −42	−34 −59	−51 −76
40	50	+290 +130												−61 −86
50	65	+330 +140	+174 +100	+76 +30	+40 +10	+30 0	+46 0	+74 0	+190 0	+9 −21	−9 −39	−21 −51	−42 −72	−76 −106
65	80	+340 +150											−48 −78	−91 −121

附表 3-4 尺寸≤80 mm 优先用途轴的偏差

(μm)

基本尺寸 (mm)		偏差和公差等级												
		c	d	f	g	h				k	n	p	s	u
大于	至	11	9	7	6	6	7	9	11	6	6	6	6	6
—	3	−60 −120	−20 −45	−6 −16	−2 −8	0 −6	0 −10	0 −25	0 −60	+6 0	+10 +4	+12 +6	+20 +14	+24 +18
3	6	−70 −145	−30 −60	−10 −22	−4 −12	0 −8	0 −12	0 −30	0 −75	+9 +1	+16 −8	+20 +12	+27 +19	+31 +23
6	10	−80 −170	−40 −76	−13 −28	−5 −14	0 −9	0 −15	0 −36	0 −90	+10 +1	+19 +10	+24 +15	+32 +23	+37 +28
10 14	14 18	−95 −205	−50 −93	−61 −34	−6 −17	0 −11	0 −18	0 −43	0 −110	+12 +1	+23 +12	+29 +18	+39 +28	+44 +33
18	24	−110 −240	−65 −117	−20 −41	−7 −20	0 −13	0 −21	0 −52	0 −130	+15 +2	+28 +15	+35 +22	+48 +35	+54 +41
24	30													+61 +48
30	40	−120 −280	−80 −142	−25 −50	−9 −25	0 −16	0 −25	0 −62	0 −160	+18 +2	+33 +17	+42 +26	+59 +43	+76 +60
40	50	−130 −290												+86 +70
50	65	−140 −330	−100 −174	−30 −60	−10 −29	0 −19	0 −30	0 −74	0 −190	+21 +2	+39 +20	+51 +32	+72 +53	+106 +78
65	80	−150 −340											+78 +59	+121 +102

2. 配合种类及基准制

附表 3－5 配合种类及基准制

类别		定义及计算
配合种类	间隙配合	具有间隙(包括最小间隙等于零)的配合。由于孔和轴的实际尺寸在极限尺寸范围内变动,因此配合中的间隙也随之变化,这样就有最大间隙和最小间隙之分 最大间隙＝孔的最大极限尺寸－轴的最小极限尺寸 最小间隙＝孔的最小极限尺寸－轴的最大极限尺寸 【例】 孔 $\phi 40^{+0.025}_{0}$ mm 轴 $\phi 40^{-0.025}_{-0.041}$ mm,求间隙。 解:最大间隙＝40.025－39.959＝0.066 mm 最小间隙＝40－39.975＝0.025 mm
	过盈配合	具有过盈(包括最小过盈等于零)的配合 最大过盈＝轴的最大极限尺寸－孔的最小极限尺寸 最小过盈＝轴的最小极限尺寸－孔的最大极限尺寸 【例】 孔 $\phi 65^{+0.117}_{+0.087}$ mm 轴 $\phi 65^{+0.046}_{0}$ mm,求过盈。 解:最大过盈＝65.117－65＝0.117 mm 最小过盈＝65.087－65.046＝0.041 mm

(续 表)

类别		定 义 及 计 算
配合种类	过渡配合	可能具有间隙,也可能具有过盈的配合 最大间隙=孔的最大极限尺寸−轴的最小极限尺寸 最大过盈=轴的最大极限尺寸−孔的最小极限尺寸 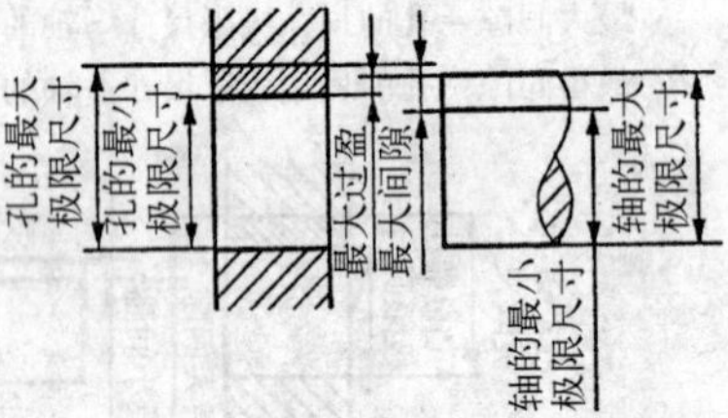 【例】 孔 $\phi45^{+0.025}_{0}$ mm 轴 $\phi45=^{+0.018}_{+0.002}$ mm,求间隙或过盈。 解:最大间隙=45.025−45.002=0.023 mm 最大过盈=45.018−45=0.018 mm
基准制	基孔制	基本偏差为一定的孔,与不同基本偏差的轴形成各种不同的配合的一种制度 基孔制配合中的孔称为基准孔,其基本偏差代号为 H,它的下偏差均为零 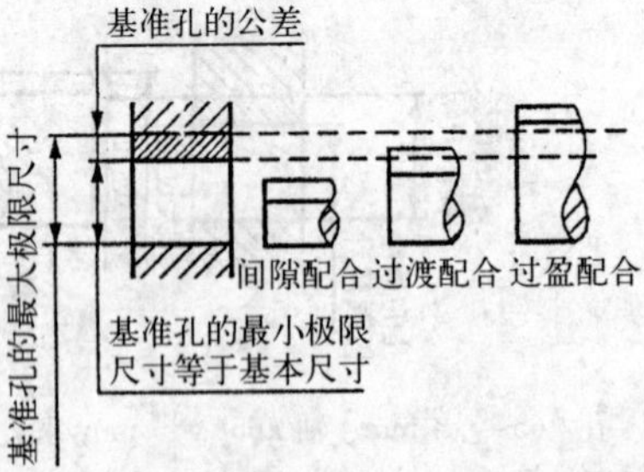

（续 表）

类别		定 义 及 计 算
基准制	基轴制	基本偏差为一定的轴，与不同基本偏差的孔形成各种不同的配合的一种制度 基轴制配合中的轴称为基准轴，其基本偏差代号为h，它的上偏差均为零 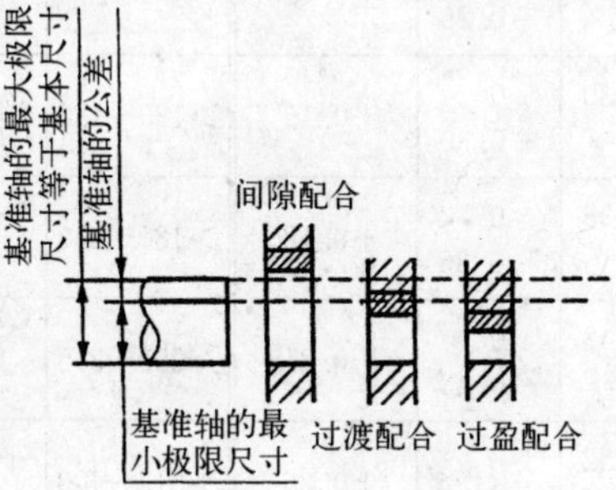 基准轴的最大极限尺寸等于基本尺寸 基准轴的公差 间隙配合 基准轴的最小极限尺寸 过渡配合 过盈配合

【例】 $\phi 25\frac{H8}{f7}$

解：$\phi 25\frac{H8}{f7}$ —— H8：孔公差代号（基准孔）；f7：轴公差代号

查表得

孔 $\phi 25^{+0.033}_{0}$ mm

轴 $\phi 25^{-0.020}_{-0.041}$ mm

【例】 $\phi 40\frac{F8}{h7}$

查表得

孔 $\phi 40^{+0.064}_{+0.025}$ mm

轴 $\phi 40^{0}_{-0.025}$ mm

3. 未注公差尺寸的上、下偏差值

附表 3-6 未注公差尺寸的上、下偏差值(IT14)

基本尺寸(mm)	偏差 (mm)			基本尺寸(mm)	偏差 (mm)		
	H14	h14	JS14(js14)		H14	h14	JS14(js14)
～3	+0.25 0	0 −0.25	±0.125	>80～120	+0.87 0	0 −0.87	±0.435
>3～6	+0.30 0	0 −0.30	±0.15	>120～180	+1.00 0	0 −1.00	±0.50
>6～10	+0.36 0	0 −0.36	±0.18	>180～250	+1.15 0	0 −1.15	±0.575
>10～18	+0.43 0	0 −0.43	±0.215	>250～315	+1.30 0	0 −1.30	±0.65
>18～30	+0.52 0	0 −0.52	±0.26	>315～400	+1.40 0	0 −1.40	±0.70
>30～50	+0.62 0	0 −0.62	±0.31	>400～500	+1.55 0	0 −1.55	±0.775
>50～80	+0.74 0	0 −0.74	±0.37	>500～630	+1.75 0	0 −1.75	±0.875

注 对于一般机械零件切削加工部分的未注公差尺寸，通常采用公差等级中的14级加工，即孔采用H14、轴采用h14、长度采用JS14或js14加工。

4. 形状和位置公差

经加工后的零件，除了尺寸精度以外，还应注意零件的形状和位置精度。

国家标准形位公差共有14个项目，其中形状公差6项，位置公差8项，它们的名称和符号见附表3-7。各项含义如下：

(1) 直线度：加工后实际形状不直的程度。

(2) 平面度：平面加工后实际形状不平的程度。

(3) 圆度：圆柱体任一截面上的圆和过球心的圆加工后实际形状不圆的程度。

(4) 圆柱度：加工后的圆柱体横截面(径向)不圆，纵截面(轴向)上下两条母线不平行的程序。

附表 3－7　形位公差的项目及符号

分类	项目	符号	分类		项目	符号
形状公差	直线度	—	位置公差	定向	平行度	//
	平面度	▱			垂直度	⊥
	圆度	○			倾斜度	∠
	圆柱度	⌭		定位	同轴度	◎
	线轮廓度	⌒			对称度	⌯
	面轮廓度	⌓			位置度	⌖
				跳动	圆跳动	↗
					全跳动	⌰

(5) 线轮廓度：加工后零件的轮廓曲线与理想的轮廓曲线不符的程度。

(6) 面轮廓度：加工后零件的轮廓曲面与理想的轮廓曲面不符的程度。

(7) 平行度：加工后零件上的面、线或轴线相对于该零件上作为基准的面、线或轴线不平行的程度。

(8) 垂直度：加工后零件上的面、线或轴线相对于该零件上作为基准的面、线或轴线不垂直的程度。

(9) 倾斜度：加工后零件上与基准面或基准线成一定角度的面或线与理想角度偏离的程度。

(10) 同轴度：加工后零件上的轴线相对于该零件上作为基准的轴线偏离的程度。

(11) 对称度：加工后零件上的中心平面、中心线、轴线相对于作为基准面的中心平面、中心线、轴线偏离或倾斜的程度。

(12) 位置度：加工后零件上的点、线、面偏离理想位置的程度。

(13) 圆跳动：被测圆柱形(或圆锥形)表面绕其基准轴线回转一周，由位置固定的指示计(如百分表)在径向、端面或斜面上所测得的读数差。

(14) 全跳动：被测圆柱形表面绕其基轴线作连续转动，指示器沿被测表面作直线移动，在整个被测表面上的读数差。也就是说，不但被测表面转动，指示器在被测表面全长上也应移动。

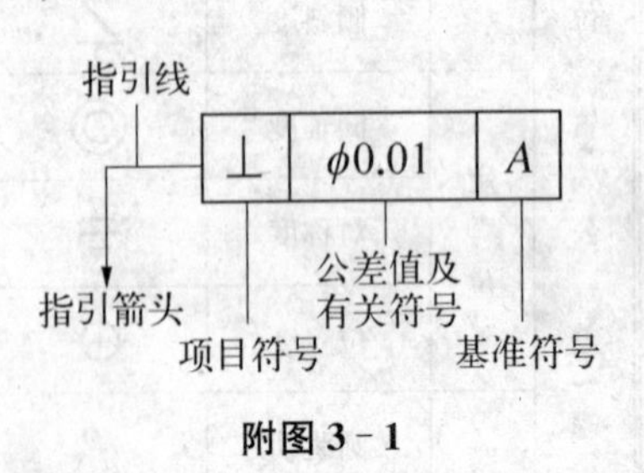

附图 3-1

形状和位置公差的读法如下：

在图样上，形位公差代号用框格和带箭头的指示线表示(附图 3-1)。框格内分成两格或多格，从左到右各格的内容如下：

第一格——形位公差的项目符号；

第二格——形位公差的数值和与公差数值有关的附加要求符号(附表 3-8)。

附表 3-8　形位公差附加要求符号

符　号	含　义	标注示例
(+)	只许中间向材料凸起	— | 0.01(+)
(−)	只许中间向材料凹下	▱ | 0.08(−)
(▷)	只许按符号的(小端)方向逐渐减小	// | 0.05(▷) | A
(◁)		// | 0.05(◁) | A
Ⓜ	形位公差数值与尺寸公差相关	— | ϕ0.01 Ⓜ
Ⓟ	延伸公差	⌖ | ϕ0.04 Ⓟ | A

第三格及以后各格——基准符号。看到这一格就知道是位置公差，因为形状公差没有基准要求。因此，形状公差只有两格，位置公差有三格或多格。

至于基准在哪里，只要去找相同字母的“灯笼”。在图样上，基准是用代号来表示的，它由基准符号、连线、圆圈和字母四个部分组成(附图 3－2)。

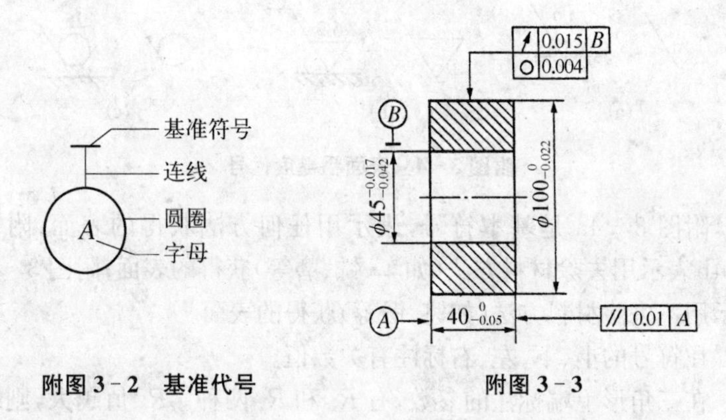

附图 3－2　基准代号　　　　附图 3－3

指引线的指向是零件上的被测表面，它可以从框格两边引出，但要与框格线垂直。

现举例说明如何识读形位公差。附图 3－3 是一套零件图，图上所标注的形位公差含义如下：

附图 3－3 是一套类零件，其上面所标注的形状和位置公差含义如下：

(1) | ↗ | 0.015 | B | 以表面 B 轴心线为基准，箭头所指的表面(外圆)的径向跳动不超过 0.015 mm。

(2) | ○ | 0.004 | 箭头所指的外圆表面圆度误差不超过 0.004 mm。

(3) | // | 0.01 | A | 以端面 A 为基准，箭头所指的端面与 A 端面的平行度误差不超过 0.01 mm。

5. 表面粗糙度

在机械加工过程中，由于刀具与零件表面的摩擦，切削过程中切屑分离时零件表面的塑性变形以及机床和刀具振动等原因，使被加工零件的表面产生微小的峰谷。这些微小峰谷的高低程度和间距状况称为表面粗糙度。

表面粗糙度在图样上的符号如附图 3－4 所示。

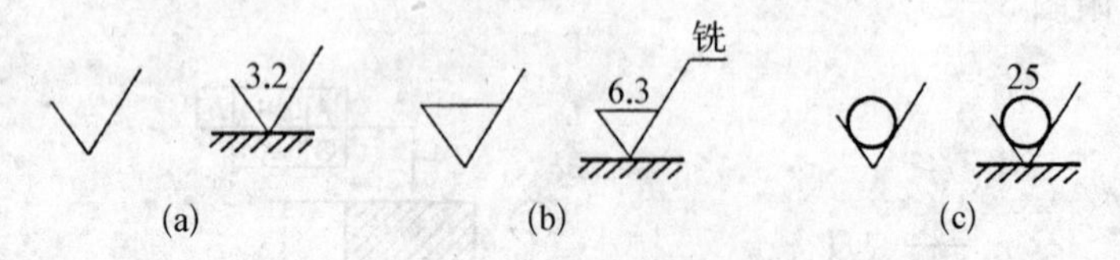

附图 3－4　表面粗糙度代号

附图 3－4a 是基本符号，表示用任何方法获得的表面；附图 3－4b表示用去除材料方法(如车、铣、磨等)获得的表面；附图 3－4c 表示用不去除材料方法(如铸、锻等)获得的表面。

在符号的上、下、左、右标注有关数值。

在三角形上端标注的参数，有 R_a 和 R_z 两种。R_a 值越大，则表面越粗糙。采用 R_a 时，在数值左面可不写 R_a；采用 R_z 时，必须在数值左面写出 R_z。某些零件表面不允许出现较深的加工痕迹，以及小零件的表面，采用 R_z。在常用的参数值范围内推荐优先选用 R_a。

表面粗糙度的表示方法见第 4、第 5 章加工实例图。

我国过去用表面光洁度表示零件表面的光洁程度，现在采用表面粗糙度，两者的换算见附表 3－9。

附表 3－9　表面光洁度与表面粗糙度 R_a、R_z 数值换算表

(μm)

表面光洁度		▽1	▽2	▽3	▽4	▽5	▽6	▽7
表面粗糙度	R_a	50	25	12.5	6.3	3.2	1.60	0.80
	R_z	200	100	50	25	12.5	6.3	6.3
表面光洁度		▽8	▽9	▽10	▽11	▽12	▽13	▽14
表面粗糙度	R_a	0.40	0.20	0.100	0.050	0.025	0.012	—
	R_z	3.2	1.60	0.80	0.40	0.20	0.100	0.050

附录四　常用热处理的过程和目的

附表 4-1　常用热处理的过程和目的

名称		热处理过程	目的
退火		将钢件加热到一定温度，保温一定时间，然后缓慢冷却到室温	(1) 降低钢的硬度，提高塑性，以利于切削加工及冷变形加工； (2) 细化晶粒，均匀钢的组织，改善钢的性能及为以后的热处理作准备； (3) 消除钢中的内应力，防止零件加工后变形及开裂
退火类别	完全退火	将钢件加热到临界温度(不同钢材临界温度也不同，一般是 710～750℃，个别合金钢的临界温度可达 800～900℃)以上 30～50℃，保温一定时间，然后随炉缓慢冷却(或埋在沙中冷却)	细化晶粒，均匀组织，降低硬度，充分消除内应力。 完全退火适用于含碳量在 0.8%以下的锻件或铸钢件
	球化退火	将钢件加热到临界温度以上 20～30℃，经过保温以后，缓慢冷却至 500℃以下再出炉空冷	降低钢的硬度，改善切削性能，并为以后淬火作好准备，以减少淬火后变形和开裂。 球化退火适用于含碳量大于 0.8%的碳素钢和合金工具钢
	去应力	将钢件加热到 500～650℃，保温一定时间，然后缓慢冷却(一般采用随炉冷却)	消除钢件焊接和冷校直时产生的内应力，消除精密零件切削加工时产生的内应力，以防止以后加工和使用过程中发生变形。 去应力退火适用于各种铸件、锻件、焊接件和冷挤压件等
正火		将钢件加热到临界温度以上 40～60℃，保温一定时间，然后在空气中冷却	(1) 改善组织结构和切削加工性能； (2) 对力学性能要求不高的零件，常用正火作为最终热处理； (3) 消除内应力

（续　表）

<table>
<tr><th colspan="2">名称</th><th>热处理过程</th><th>目的</th></tr>
<tr><td colspan="2">淬火</td><td>将钢件加热到淬火温度，保温一段时间，然后在水、盐水或油（个别材料在空气中）中急速冷却</td><td rowspan="5">(1) 使钢件获得较高的硬度和耐磨性；
(2) 使钢件在回火以后得到某种特殊性能，如较高的强度、弹性和韧性等</td></tr>
<tr><td rowspan="4">淬火类别</td><td>单液淬火</td><td>将钢件加热到淬火温度，经过保温以后，在一种淬火剂中冷却。
单液淬火只适用于形状比较简单，技术要求不太高的碳素钢及合金钢件。淬火时，对于直径或厚度大于5～8 mm的碳素钢件，选用盐水或水冷却；合金钢件选用油冷却</td></tr>
<tr><td>双液淬火</td><td>将钢件加热到淬火温度，经过保温以后，先在水中快速冷却至300～400℃，然后移入油中冷却</td></tr>
<tr><td>火焰表面淬火</td><td>用乙炔和氧气混合燃烧的火焰喷射到零件表面，使零件迅速加热到淬火温度，然后立即用水向零件表面喷射。
火焰表面淬火适用于单件或小批生产、表面要求硬而耐磨，并能承受冲击载荷的大型中碳钢和中碳合金钢件，如曲轴、齿轮和导轨等</td></tr>
<tr><td>表面感应淬火</td><td>将钢件放在感应器中，感应器在一定频率的交流电的作用下产生磁场，钢件在磁场作用下产生感应电流，使钢件表面迅速加热（2～10 min）到淬火温度，这时立即将水喷射到钢件表面。
经表面感应淬火的零件，表面硬而耐磨，而心部保持着较好的强度和韧性。
表面感应淬火适用于中碳钢和中等含碳量的合金钢件</td></tr>
</table>

（续　表）

名称		热处理过程	目　　的
回火		将淬火后的钢件加热到临界温度以下，保温一段时间，然后在空气或油中冷却。 回火是紧接着淬火以后进行的，也是热处理的最后一道工序	(1) 获得所需的力学性能。在通常情况下，零件淬火后的强度和硬度有很大提高，但塑性和韧性却有明显降低，而零件的实际工作条件要求有良好的强度和韧性。选择适当的回火温度进行回火后，可以获得所需的力学性能； (2) 稳定组织，稳定尺寸； (3) 消除内应力
回火类别	低温回火	将淬硬的钢件加热到150～250℃，并在这个温度保温一定时间，然后在空气中冷却。 低温回火多用于切削刀具、量具、模具、滚动轴承和渗碳零件等	消除钢件因淬火而产生的内应力
	中温回火	将淬火的钢件加热到350～450℃，经保温一段时间冷却下来。 一般用于各类弹簧及热冲模等零件	使钢件获得较高的弹性、一定的韧性和硬度
	高温回火	将淬火后的钢件加热到500～650℃，经过保温以后冷却。 主要用于要求高强度、高韧性的重要结构零件，如主轴、曲轴、凸轮、齿轮和连杆等	使钢件获得较好的综合力学性能，即较高的强度和韧性及足够的硬度，消除钢件因淬火而产生的内应力
调质		将淬火后的钢件进行高温(500～600℃)回火。 多用于重要的结构零件，如轴类、齿轮、连杆等。 调质一般是在粗加工之后进行的	细化晶粒，使钢件获得较高韧性和足够的强度，使其具有良好的综合力学性能
时效处理	人工时效	将经过淬火的钢件加热到100～160℃，经过长时间的保温，随后冷却	消除内应力，减少零件变形，稳定尺寸，对精度要求较高的零件更为重要
	自然时效	将铸件放在露天；钢件(如长轴、丝杠等)放在海水中或长期悬吊或轻轻敲打。 要经自然时效的零件，最好先进行粗加工	

（续　表）

名称		热处理过程	目的
化学热处理		将钢件放到含有某些活性原子（如碳、氮、铬等）的化学介质中，通过加热、保温、冷却等方法，使介质中的某些原子渗入到钢件的表层，从而达到改变钢件表层的化学成分，使钢件表层具有某种特殊的性能	
化学热处理类别	钢的渗碳	将碳原子渗入钢件表层。 常用于耐磨并受冲击的零件，如凸轮、齿轮、轴、活塞销等	使表面具有高的硬度（HRC60～65）和耐磨性，而中心仍保持高的韧性
	钢的渗氮	将氮原子渗入钢件表层。 常用于重要的螺栓、螺母、销钉等零件	提高钢件表层的硬度、耐磨性、耐蚀性
	钢的氰化	将碳和氮原子同时渗入到钢件表层。 适用于低碳钢、中碳钢或合金钢零件，也可用于高速钢刀具	提高钢件表层的硬度和耐磨性
发黑		将金属零件放在很浓的碳和氧化剂溶液中加热氧化，使金属零件表面生成一层带有磁性的四氧化三铁薄膜。 常用于低碳钢、低碳合金工具钢。 由于材料和其他因素的影响，发黑层的薄膜颜色有蓝黑色、黑色、红棕色、棕褐色等，其厚度为 0.6～0.8 μm	防锈、增加金属表面美观和光泽，消除淬火过程中的应力

附录五　三角函数表

附表 5-1　三角函数表

角度	正弦 sin	余弦 cos	正切 tan	余切 cot	角度	角度	正弦 sin	余弦 cos	正切 tan	余切 cot	角度
0°00′	0.000	1.000	0.000	—	60′	2°00′	0.035	0.999	0.035	28.636	60′
05′	0.001	1.000	0.001	687.549	55′	05′	0.036	0.999	0.036	27.490	55′
10′	0.003	1.000	0.003	343.774	50′	10′	0.038	0.999	0.038	26.432	50′
15′	0.004	1.000	0.004	229.182	45′	15′	0.039	0.999	0.039	25.452	45′
20′	0.006	1.000	0.006	171.885	40′	20′	0.041	0.999	0.041	24.542	40′
25′	0.007	1.000	0.007	137.507	35′	25′	0.042	0.999	0.042	23.694	35′
30′	0.009	1.000	0.009	114.589	30′	30′	0.044	0.999	0.044	22.904	30′
35′	0.010	1.000	0.010	98.218	25′	35′	0.045	0.999	0.045	22.164	25′
40′	0.012	1.000	0.012	85.940	20′	40′	0.047	0.999	0.047	21.470	20′
45′	0.013	1.000	0.013	76.390	15′	45′	0.048	0.999	0.048	20.819	15′
50′	0.015	1.000	0.015	68.750	10′	50′	0.049	0.999	0.049	20.205	10′
55′	0.016	1.000	0.016	62.499	05′	55′	0.051	0.999	0.051	19.627	05′
60′	0.017	1.000	0.017	57.290	89°00′	60′	0.052	0.999	0.052	19.081	87°00′
1°00′	0.017	1.000	0.017	57.290	60′	3°00′	0.052	0.999	0.052	19.081	60′
05′	0.019	1.000	0.019	52.882	55′	05′	0.054	0.999	0.054	18.564	55′
10′	0.020	1.000	0.020	49.104	50′	10′	0.055	0.998	0.055	18.075	50′
15′	0.022	1.000	0.022	45.829	45′	15′	0.057	0.998	0.057	17.610	45′
20′	0.023	1.000	0.023	42.964	40′	20′	0.058	0.998	0.058	17.169	40′
25′	0.025	1.000	0.025	40.436	35′	25′	0.060	0.998	0.060	16.750	35′
30′	0.026	1.000	0.026	38.188	30′	30′	0.061	0.998	0.061	16.350	30′
35′	0.028	1.000	0.028	36.177	25′	35′	0.063	0.998	0.063	15.969	25′
40′	0.029	1.000	0.029	34.368	20′	40′	0.064	0.998	0.064	15.605	20′
45′	0.031	1.000	0.031	32.730	15′	45′	0.065	0.998	0.066	15.257	15′
50′	0.032	0.999	0.032	31.241	10′	50′	0.067	0.998	0.067	14.924	10′
55′	0.033	0.999	0.033	29.882	05′	55′	0.068	0.998	0.068	14.606	05′
60′	0.035	0.999	0.035	28.636	88°00′	60′	0.070	0.998	0.070	14.301	86°00′

（续　表）

角度	正弦 sin	余弦 cos	正切 tan	余切 cot	角度	角度	正弦 sin	余弦 cos	正切 tan	余切 cot	角度
4°00′	0.070	0.998	0.070	14.301	60′	7°00′	0.122	0.993	0.123	8.144	60′
05′	0.071	0.997	0.071	14.008	55′	05′	0.123	0.992	0.124	8.048	55′
10′	0.073	0.997	0.073	13.727	50′	10′	0.125	0.992	0.126	7.953	50′
15′	0.074	0.997	0.074	13.457	45′	15′	0.126	0.992	0.127	7.861	45′
20′	0.076	0.997	0.076	13.197	40′	20′	0.128	0.992	0.129	7.770	40′
25′	0.077	0.997	0.077	12.947	35′	25′	0.129	0.992	0.130	7.682	35′
30′	0.078	0.997	0.079	12.706	30′	30′	0.131	0.991	0.132	7.596	30′
35′	0.080	0.997	0.080	12.474	25′	35′	0.132	0.991	0.133	7.511	25′
40′	0.081	0.997	0.082	12.250	20′	40′	0.133	0.991	0.135	7.429	20′
45′	0.083	0.997	0.083	12.035	15′	45′	0.135	0.991	0.136	7.348	15′
50′	0.084	0.996	0.085	11.826	10′	50′	0.136	0.991	0.138	7.269	10′
55′	0.086	0.996	0.086	11.625	05′	55′	0.138	0.990	0.139	7.191	05′
60′	0.087	0.996	0.087	11.430	85°00′	60′	0.139	0.990	0.141	7.115	82°00′
5°00′	0.087	0.996	0.087	11.430	60′	8°00′	0.139	0.990	0.141	7.115	60′
05′	0.089	0.996	0.089	11.242	55′	05′	0.141	0.990	0.142	7.041	55′
10′	0.090	0.996	0.090	11.059	50′	10′	0.142	0.990	0.144	6.968	50′
15′	0.092	0.996	0.092	10.883	45′	15′	0.143	0.990	0.145	6.897	45′
20′	0.093	0.996	0.093	10.712	40′	20′	0.145	0.989	0.146	6.827	40′
25′	0.094	0.996	0.095	10.546	35′	25′	0.146	0.989	0.148	6.758	35′
30′	0.096	0.995	0.096	10.385	30′	30′	0.148	0.989	0.149	6.691	30′
35′	0.097	0.995	0.098	10.229	25′	35′	0.149	0.989	0.151	6.625	25′
40′	0.099	0.995	0.099	10.078	20′	40′	0.151	0.989	0.152	6.561	20′
45′	0.100	0.995	0.101	9.931	15′	45′	0.152	0.988	0.154	6.497	15′
50′	0.102	0.995	0.102	9.788	10′	50′	0.154	0.988	0.155	6.435	10′
55′	0.103	0.995	0.104	9.649	05′	55′	0.155	0.988	0.157	6.374	05′
60′	0.105	0.995	0.105	9.514	84°00′	60′	0.156	0.988	0.158	6.314	81°00′
6°00′	0.105	0.995	0.105	9.514	60′	9°00′	0.156	0.988	0.158	6.314	60′
05′	0.106	0.994	0.107	9.383	55′	05′	0.158	0.987	0.160	6.255	55′
10′	0.107	0.994	0.108	9.255	50′	10′	0.159	0.987	0.161	6.197	50′
15′	0.109	0.994	0.110	9.131	45′	15′	0.161	0.987	0.163	6.140	45′
20′	0.110	0.994	0.111	9.010	40′	20′	0.162	0.987	0.164	6.084	40′
25′	0.112	0.994	0.112	8.892	35′	25′	0.164	0.987	0.166	6.030	35′
30′	0.113	0.994	0.114	8.777	30′	30′	0.165	0.986	0.167	5.976	30′
35′	0.115	0.993	0.115	8.665	25′	35′	0.166	0.986	0.169	5.923	25′
40′	0.116	0.993	0.117	8.556	20′	40′	0.168	0.986	0.170	5.871	20′
45′	0.118	0.993	0.118	8.449	15′	45′	0.169	0.986	0.172	5.820	15′
50′	0.119	0.993	0.120	8.345	10′	50′	0.171	0.985	0.173	5.769	10′
55′	0.120	0.993	0.121	8.243	05′	55′	0.172	0.985	0.175	5.720	05′
60′	0.122	0.993	0.123	8.144	83°00′	60′	0.174	0.985	0.176	5.671	80°00′

（续　表）

角度	正弦 sin	余弦 cos	正切 tan	余切 cot	角度	角度	正弦 sin	余弦 cos	正切 tan	余切 cot	角度
10°00′	0.174	0.985	0.176	5.671	60′	13°00′	0.225	0.974	0.231	4.332	60′
05′	0.175	0.985	0.178	5.623	55′	05′	0.226	0.974	0.232	4.303	55′
10′	0.177	0.984	0.179	5.576	50′	10′	0.228	0.974	0.234	4.275	50′
15′	0.178	0.984	0.181	5.530	45′	15′	0.229	0.973	0.235	4.247	45′
20′	0.179	0.984	0.182	5.485	40′	20′	0.231	0.973	0.237	4.219	40′
25′	0.181	0.984	0.184	5.440	35′	25′	0.232	0.973	0.239	4.192	35′
30′	0.182	0.983	0.185	5.396	30′	30′	0.233	0.972	0.240	4.165	30′
35′	0.184	0.983	0.187	5.352	25′	35′	0.235	0.972	0.242	4.139	25′
40′	0.185	0.983	0.188	5.309	20′	40′	0.236	0.972	0.243	4.113	20′
45′	0.187	0.982	0.190	5.267	15′	45′	0.238	0.971	0.245	4.087	15′
50′	0.188	0.982	0.191	5.226	10′	50′	0.239	0.971	0.246	4.061	10′
55′	0.189	0.982	0.193	5.185	05′	55′	0.241	0.971	0.248	4.036	05′
60′	0.191	0.982	0.194	5.145	79°00′	60′	0.242	0.970	0.249	4.011	76°00′
11°00′	0.191	0.982	0.194	5.145	60′	14°00′	0.242	0.970	0.249	4.011	60′
05′	0.192	0.981	0.196	5.105	55′	05′	0.243	0.970	0.251	3.986	55′
10′	0.194	0.981	0.197	5.006	50′	10′	0.245	0.970	0.252	3.962	50′
15′	0.195	0.981	0.199	5.027	45′	15′	0.246	0.969	0.254	3.938	45′
20′	0.197	0.981	0.200	4.989	40′	20′	0.248	0.969	0.256	3.914	40′
25′	0.198	0.980	0.202	4.952	35′	25′	0.249	0.969	0.257	3.890	35′
30′	0.199	0.980	0.203	4.915	30′	30′	0.250	0.968	0.259	3.867	30′
35′	0.201	0.980	0.205	4.879	25′	35′	0.252	0.968	0.260	3.844	25′
40′	0.202	0.979	0.206	4.843	20′	40′	0.253	0.967	0.262	3.821	20′
45′	0.204	0.979	0.208	4.808	15′	45′	0.255	0.967	0.263	3.798	15′
50′	0.205	0.979	0.210	4.773	10′	50′	0.256	0.967	0.265	3.775	10′
55′	0.206	0.978	0.211	4.739	05′	55′	0.257	0.966	0.266	3.754	05′
60′	0.208	0.978	0.213	4.705	78°00′	60′	0.259	0.966	0.268	3.732	75°00′
12°00′	0.208	0.978	0.213	4.705	60′	15°00′	0.259	0.966	0.268	3.732	60′
05′	0.209	0.978	0.214	4.671	55′	05′	0.260	0.966	0.270	3.710	55′
10′	0.211	0.978	0.216	4.638	50′	10′	0.262	0.965	0.271	3.689	50′
15′	0.212	0.977	0.217	4.606	45′	15′	0.263	0.965	0.273	3.668	45′
20′	0.214	0.977	0.219	4.574	40′	20′	0.264	0.964	0.274	3.647	40′
25′	0.215	0.977	0.220	4.542	35′	25′	0.266	0.964	0.276	3.626	35′
30′	0.216	0.976	0.222	4.511	30′	30′	0.267	0.964	0.277	3.606	30′
35′	0.218	0.976	0.223	4.480	25′	35′	0.269	0.963	0.279	3.586	25′
40′	0.219	0.976	0.225	4.449	20′	40′	0.270	0.963	0.280	3.566	20′
45′	0.221	0.975	0.226	4.419	15′	45′	0.271	0.962	0.282	3.546	15′
50′	0.222	0.975	0.228	4.390	10′	50′	0.273	0.962	0.284	3.526	10′
55′	0.224	0.975	0.229	4.360	05′	55′	0.274	0.962	0.285	3.507	05′
60′	0.225	0.974	0.231	4.332	77°00′	60′	0.276	0.961	0.287	3.487	74°00′

（续 表）

角度	正弦 sin	余弦 cos	正切 tan	余切 cot	角度	角度	正弦 sin	余弦 cos	正切 tan	余切 cot	角度
16°00′	0.276	0.961	0.287	3.487	60′	19°00′	0.326	0.946	0.344	2.904	60′
05′	0.277	0.961	0.288	3.468	55′	05′	0.327	0.945	0.346	2.891	55′
10′	0.278	0.960	0.290	3.450	50′	10′	0.328	0.945	0.348	2.877	50′
15′	0.280	0.960	0.291	3.431	45′	15′	0.330	0.944	0.349	2.864	45′
20′	0.281	0.960	0.293	3.412	40′	20′	0.331	0.944	0.351	2.850	40′
25′	0.283	0.959	0.295	3.394	35′	25′	0.332	0.943	0.352	2.837	35′
30′	0.284	0.959	0.296	3.376	30′	30′	0.334	0.943	0.354	2.824	30′
35′	0.285	0.958	0.298	3.358	25′	35′	0.335	0.942	0.356	2.811	25′
40′	0.287	0.958	0.299	3.340	20′	40′	0.337	0.942	0.357	2.798	20′
45′	0.288	0.958	0.301	3.323	15′	45′	0.338	0.941	0.359	2.785	15′
50′	0.290	0.957	0.303	3.305	10′	50′	0.339	0.941	0.361	2.773	10′
55′	0.291	0.957	0.304	3.288	05′	55′	0.341	0.940	0.362	2.760	05′
60′	0.292	0.956	0.306	3.271	73°00′	60′	0.342	0.940	0.364	2.748	70°00′
17°00′	0.292	0.956	0.306	3.271	60′	20°00′	0.342	0.940	0.364	2.748	60′
05′	0.294	0.956	0.307	3.254	55′	05′	0.343	0.939	0.366	2.735	55′
10′	0.295	0.955	0.309	3.237	50′	10′	0.345	0.939	0.367	2.723	50′
15′	0.297	0.955	0.311	3.221	45′	15′	0.346	0.938	0.369	2.711	45′
20′	0.298	0.955	0.312	3.204	40′	20′	0.347	0.938	0.371	2.699	40′
25′	0.299	0.954	0.314	3.188	35′	25′	0.349	0.937	0.372	2.687	35′
30′	0.301	0.954	0.315	3.172	30′	30′	0.350	0.937	0.374	2.675	30′
35′	0.302	0.953	0.317	3.156	25′	35′	0.352	0.936	0.376	2.663	25′
40′	0.303	0.953	0.319	3.140	20′	40′	0.353	0.936	0.377	2.651	20′
45′	0.305	0.952	0.320	3.124	15′	45′	0.354	0.935	0.379	2.639	15′
50′	0.306	0.952	0.322	3.108	10′	50′	0.356	0.935	0.381	2.628	10′
55′	0.308	0.952	0.323	3.099	05′	55′	0.357	0.934	0.382	2.616	05′
60′	0.309	0.951	0.325	3.078	72°00′	60′	0.358	0.934	0.384	2.605	69°00′
18°00′	0.309	0.951	0.325	3.078	60′	21°00′	0.358	0.934	0.384	2.605	60′
05′	0.310	0.951	0.327	3.063	55′	05′	0.360	0.933	0.386	2.594	55′
10′	0.312	0.950	0.328	3.048	50′	10′	0.361	0.933	0.387	2.583	50′
15′	0.313	0.950	0.330	3.033	45′	15′	0.362	0.932	0.389	2.572	45′
20′	0.315	0.949	0.331	3.018	40′	20′	0.364	0.931	0.391	2.561	40′
25′	0.316	0.949	0.333	3.003	35′	25′	0.365	0.931	0.392	2.550	35′
30′	0.317	0.948	0.335	2.989	30′	30′	0.367	0.930	0.394	2.539	30′
35′	0.319	0.948	0.336	2.974	25′	35′	0.368	0.930	0.396	2.528	25′
40′	0.320	0.947	0.338	2.960	20′	40′	0.369	0.929	0.397	2.517	20′
45′	0.321	0.947	0.339	2.946	15′	45′	0.371	0.929	0.399	2.507	15′
50′	0.323	0.946	0.341	2.932	10′	50′	0.372	0.928	0.401	2.496	10′
55′	0.324	0.946	0.343	2.918	05′	55′	0.373	0.928	0.402	2.486	05′
60′	0.326	0.946	0.344	2.904	71°00′	60′	0.375	0.927	0.404	2.475	68°00′

（续　表）

角度	正弦 sin	余弦 cos	正切 tan	余切 cot	角度	角度	正弦 sin	余弦 cos	正切 tan	余切 cot	角度
22°00′	0.375	0.927	0.404	2.475	60′	25°00′	0.423	0.906	0.466	2.145	60′
05′	0.376	0.927	0.406	2.465	55′	05′	0.424	0.906	0.468	2.136	55′
10′	0.377	0.926	0.407	2.455	50′	10′	0.425	0.905	0.470	2.128	50′
15′	0.379	0.926	0.409	2.444	45′	15′	0.427	0.904	0.472	2.120	45′
20′	0.380	0.925	0.411	2.434	40′	20′	0.428	0.904	0.473	2.112	40′
25′	0.381	0.924	0.413	2.424	35′	25′	0.429	0.903	0.475	2.104	35′
30′	0.383	0.924	0.414	2.414	30′	30′	0.431	0.903	0.477	2.097	30′
35′	0.384	0.923	0.416	2.404	25′	35′	0.432	0.902	0.479	2.089	25′
40′	0.385	0.923	0.418	2.395	20′	40′	0.433	0.901	0.481	2.081	20′
45′	0.387	0.922	0.419	2.385	15′	45′	0.434	0.901	0.482	2.073	15′
50′	0.388	0.922	0.421	2.375	10′	50′	0.436	0.900	0.484	2.066	10′
55′	0.389	0.921	0.423	2.365	05′	55′	0.437	0.899	0.486	2.058	05′
60′	0.391	0.921	0.424	2.356	67°00′	60′	0.438	0.899	0.488	2.050	64°00′
23°00′	0.391	0.921	0.424	2.356	60′	26°00′	0.438	0.899	0.488	2.050	60′
05′	0.392	0.920	0.426	2.346	55′	05′	0.440	0.898	0.490	2.043	55′
10′	0.393	0.919	0.428	2.337	50′	10′	0.441	0.898	0.491	2.035	50′
15′	0.395	0.919	0.430	2.328	45′	15′	0.442	0.897	0.493	2.028	45′
20′	0.396	0.918	0.431	2.318	40′	20′	0.444	0.896	0.495	2.020	40′
25′	0.397	0.918	0.433	2.309	35′	25′	0.445	0.896	0.497	2.013	35′
30′	0.399	0.917	0.435	2.300	30′	30′	0.446	0.895	0.499	2.006	30′
35′	0.400	0.916	0.437	2.291	25′	35′	0.448	0.894	0.500	1.998	25′
40′	0.401	0.916	0.438	2.282	20′	40′	0.449	0.894	0.502	1.991	20′
45′	0.403	0.915	0.440	2.273	15′	45′	0.450	0.893	0.504	1.984	15′
50′	0.404	0.915	0.442	2.264	10′	50′	0.451	0.892	0.506	1.977	10′
55′	0.405	0.914	0.443	2.255	05′	55′	0.453	0.892	0.508	1.970	05′
60′	0.407	0.914	0.445	2.246	66°00′	60′	0.454	0.891	0.510	1.963	63°00′
24°00′	0.407	0.914	0.445	2.246	60′	27°00′	0.454	0.891	0.510	1.963	60′
05′	0.408	0.913	0.447	2.237	55′	05′	0.455	0.890	0.511	1.956	55′
10′	0.409	0.912	0.449	2.229	50′	10′	0.457	0.890	0.513	1.949	50′
15′	0.411	0.912	0.450	2.220	45′	15′	0.458	0.889	0.515	1.942	45′
20′	0.412	0.911	0.452	2.211	40′	20′	0.459	0.888	0.517	1.935	40′
25′	0.413	0.911	0.454	2.203	35′	25′	0.460	0.888	0.519	1.928	35′
30′	0.415	0.910	0.456	2.194	30′	30′	0.462	0.887	0.521	1.921	30′
35′	0.416	0.909	0.457	2.186	25′	35′	0.463	0.886	0.522	1.914	25′
40′	0.417	0.909	0.459	2.178	20′	40′	0.464	0.886	0.524	1.907	20′
45′	0.419	0.908	0.461	2.169	15′	45′	0.466	0.885	0.526	1.901	15′
50′	0.420	0.908	0.463	2.161	10′	50′	0.467	0.884	0.528	1.894	10′
55′	0.421	0.907	0.465	2.153	05′	55′	0.468	0.884	0.530	1.887	05′
60′	0.423	0.906	0.466	2.145	65°00′	60′	0.469	0.883	0.532	1.881	62°00′

（续　表）

角度	正弦 sin	余弦 cos	正切 tan	余切 cot	角度	角度	正弦 sin	余弦 cos	正切 tan	余切 cot	角度
28°00′	0.469	0.883	0.532	1.881	60′	31°00′	0.515	0.857	0.601	1.664	60′
05′	0.471	0.882	0.534	1.874	55′	05′	0.516	0.856	0.603	1.659	55′
10′	0.472	0.882	0.535	1.868	50′	10′	0.518	0.856	0.605	1.653	50′
15′	0.473	0.881	0.537	1.861	45′	15′	0.519	0.855	0.607	1.618	45′
20′	0.475	0.880	0.539	1.855	40′	20′	0.520	0.854	0.609	1.643	40′
25′	0.476	0.880	0.541	1.848	35′	25′	0.521	0.853	0.611	1.637	35′
30′	0.477	0.879	0.543	1.842	30′	30′	0.523	0.853	0.613	1.632	30′
35′	0.478	0.878	0.545	1.835	25′	35′	0.524	0.852	0.615	1.627	25′
40′	0.480	0.877	0.547	1.829	20′	40′	0.525	0.851	0.617	1.621	20′
45′	0.481	0.877	0.549	1.823	15′	45′	0.526	0.850	0.619	1.616	15′
50′	0.482	0.876	0.551	1.817	10′	50′	0.527	0.850	0.621	1.611	10′
55′	0.484	0.875	0.552	1.810	05′	55′	0.529	0.849	0.623	1.606	05′
60′	0.485	0.875	0.554	1.804	61°00′	60′	0.530	0.848	0.625	1.600	58°00′
29°00′	0.485	0.875	0.554	1.804	60′	32°00′	0.530	0.848	0.625	1.600	60′
05′	0.486	0.874	0.556	1.798	55′	05′	0.531	0.847	0.627	1.595	55′
10′	0.487	0.873	0.558	1.792	50′	10′	0.532	0.847	0.629	1.590	50′
15′	0.489	0.873	0.560	1.786	45′	15′	0.534	0.846	0.631	1.585	45′
20′	0.490	0.872	0.562	1.780	40′	20′	0.535	0.845	0.633	1.580	40′
25′	0.491	0.871	0.564	1.774	35′	25′	0.536	0.844	0.635	1.575	35′
30′	0.492	0.870	0.566	1.768	30′	30′	0.537	0.843	0.637	1.570	30′
35′	0.494	0.870	0.568	1.762	25′	35′	0.539	0.843	0.639	1.565	25′
40′	0.495	0.869	0.570	1.756	20′	40′	0.540	0.842	0.641	1.560	20′
45′	0.496	0.868	0.572	1.750	15′	45′	0.541	0.841	0.643	1.555	15′
50′	0.497	0.867	0.573	1.744	10′	50′	0.542	0.840	0.645	1.550	10′
55′	0.499	0.867	0.575	1.738	05′	55′	0.543	0.839	0.647	1.545	05′
60′	0.500	0.866	0.577	1.732	60°00′	60′	0.545	0.839	0.649	1.540	57°00′
30°00′	0.500	0.866	0.577	1.732	60′	33°00′	0.545	0.839	0.649	1.540	60′
05′	0.501	0.865	0.579	1.726	55′	05′	0.546	0.838	0.651	1.535	55′
10′	0.503	0.865	0.581	1.721	50′	10′	0.547	0.837	0.654	1.530	50′
15′	0.504	0.864	0.583	1.715	45′	15′	0.548	0.836	0.656	1.525	45′
20′	0.505	0.863	0.585	1.709	40′	20′	0.550	0.835	0.658	1.520	40′
25′	0.506	0.862	0.587	1.703	35′	25′	0.551	0.835	0.660	1.516	35′
30′	0.508	0.862	0.589	1.698	30′	30′	0.552	0.834	0.662	1.511	30′
35′	0.509	0.861	0.591	1.692	25′	35′	0.553	0.833	0.664	1.506	25′
40′	0.510	0.860	0.593	1.686	20′	40′	0.554	0.832	0.666	1.501	20′
45′	0.511	0.859	0.595	1.681	15′	45′	0.556	0.831	0.668	1.497	15′
50′	0.513	0.859	0.597	1.675	10′	50′	0.557	0.831	0.670	1.492	10′
55′	0.514	0.858	0.599	1.670	05′	55′	0.558	0.830	0.672	1.487	05′
60′	0.515	0.857	0.601	1.664	59°00′	60′	0.559	0.829	0.675	1.483	56°00′

（续 表）

角度	正弦 sin	余弦 cos	正切 tan	余切 cot	角度	角度	正弦 sin	余弦 cos	正切 tan	余切 cot	角度
34°00′	0.559	0.829	0.675	1.483	60′	37°00′	0.602	0.799	0.754	1.327	60′
05′	0.560	0.828	0.677	1.478	55′	05′	0.603	0.798	0.756	1.323	55′
10′	0.562	0.827	0.679	1.473	50′	10′	0.604	0.797	0.758	1.319	50′
15′	0.563	0.827	0.681	1.469	45′	15′	0.605	0.796	0.760	1.315	45′
20′	0.564	0.826	0.683	1.464	40′	20′	0.606	0.795	0.763	1.311	40′
25′	0.565	0.825	0.685	1.460	35′	25′	0.608	0.794	0.765	1.307	35′
30′	0.566	0.824	0.687	1.455	30′	30′	0.609	0.793	0.767	1.303	30′
35′	0.568	0.823	0.689	1.451	25′	35′	0.610	0.792	0.770	1.299	25′
40′	0.569	0.822	0.692	1.446	20′	40′	0.611	0.792	0.772	1.295	20′
45′	0.570	0.822	0.694	1.442	15′	45′	0.612	0.791	0.774	1.292	15′
50′	0.571	0.821	0.696	1.437	10′	50′	0.613	0.790	0.777	1.288	10′
55′	0.572	0.820	0.698	1.433	05′	55′	0.615	0.789	0.779	1.284	05′
60′	0.574	0.819	0.700	1.428	55°00′	60′	0.616	0.788	0.781	1.280	52°00′
35°00′	0.574	0.819	0.700	1.428	60′	38°00′	0.616	0.788	0.781	1.280	60′
05′	0.575	0.818	0.702	1.424	55′	05′	0.617	0.787	0.784	1.276	55′
10′	0.576	0.817	0.705	1.419	50′	10′	0.618	0.786	0.786	1.272	50′
15′	0.577	0.817	0.707	1.415	45′	15′	0.619	0.785	0.788	1.269	45′
20′	0.578	0.816	0.709	1.411	40′	20′	0.620	0.784	0.791	1.265	40′
25′	0.580	0.815	0.711	1.406	35′	25′	0.621	0.784	0.793	1.261	35′
30′	0.581	0.814	0.713	1.402	30′	30′	0.623	0.783	0.795	1.257	30′
35′	0.582	0.813	0.715	1.398	25′	35′	0.624	0.782	0.798	1.253	25′
40′	0.583	0.812	0.718	1.393	20′	40′	0.625	0.781	0.800	1.250	20′
45′	0.584	0.812	0.720	1.389	15′	45′	0.626	0.780	0.803	1.246	15′
50′	0.585	0.811	0.722	1.385	10′	50′	0.627	0.779	0.805	1.242	10′
55′	0.587	0.810	0.724	1.381	05′	55′	0.628	0.778	0.807	1.239	05′
60′	0.588	0.809	0.727	1.376	54°00′	60′	0.629	0.777	0.810	1.235	51°00′
36°00′	0.588	0.809	0.727	1.376	60′	39°90′	0.629	0.777	0.810	1.235	60′
05′	0.589	0.808	0.729	1.372	55′	05′	0.630	0.776	0.812	1.231	55′
10′	0.590	0.807	0.731	1.368	50′	10′	0.632	0.775	0.815	1.228	50′
15′	0.591	0.806	0.733	1.364	45′	15′	0.633	0.774	0.817	1.224	45′
20′	0.592	0.806	0.735	1.360	40′	20′	0.634	0.773	0.819	1.220	40′
25′	0.594	0.805	0.738	1.356	35′	25′	0.635	0.773	0.822	1.217	35′
30′	0.595	0.804	0.740	1.351	30′	30′	0.636	0.772	0.824	1.213	30′
35′	0.596	0.803	0.742	1.347	25′	35′	0.637	0.771	0.827	1.210	25′
40′	0.597	0.802	0.744	1.343	20′	40′	0.638	0.770	0.829	1.206	20′
45′	0.598	0.801	0.747	1.339	15′	45′	0.640	0.769	0.832	1.202	15′
50′	0.599	0.800	0.749	1.335	10′	50′	0.641	0.768	0.834	1.199	10′
55′	0.601	0.800	0.751	1.331	05′	55′	0.642	0.767	0.837	1.195	05′
60′	0.602	0.799	0.754	1.327	53°00′	60′	0.643	0.766	0.839	1.192	50°00′

(续　表)

角度	正弦 sin	余弦 cos	正切 tan	余切 cot	角度
40°00′	0.643	0.766	0.839	1.192	60′
05′	0.644	0.765	0.842	1.188	55′
10′	0.645	0.764	0.844	1.185	50′
15′	0.646	0.763	0.847	1.181	45′
20′	0.647	0.762	0.849	1.178	40′
25′	0.648	0.761	0.852	1.174	35′
30′	0.649	0.760	0.854	1.171	30′
35′	0.651	0.759	0.857	1.167	25′
40′	0.652	0.759	0.859	1.164	20′
45′	0.653	0.758	0.862	1.161	15′
50′	0.654	0.757	0.864	1.157	10′
55′	0.655	0.756	0.867	1.154	05′
60′	0.656	0.755	0.869	1.150	49°00′
41°00′	0.656	0.755	0.869	1.150	60′
05′	0.657	0.754	0.872	1.147	55′
10′	0.658	0.753	0.874	1.144	50′
15′	0.659	0.752	0.877	1.140	45′
20′	0.660	0.751	0.880	1.137	40′
25′	0.662	0.750	0.882	1.134	35′
30′	0.663	0.749	0.885	1.130	30′
35′	0.664	0.748	0.887	1.127	25′
40′	0.665	0.747	0.890	1.124	20′
45′	0.666	0.746	0.893	1.120	15′
50′	0.667	0.745	0.895	1.117	10′
55′	0.668	0.744	0.898	1.114	05′
60′					48°00′
42°00′	0.669	0.743	0.900	1.111	60′
05′	0.670	0.742	0.903	1.107	55′
10′	0.671	0.741	0.906	1.104	50′
15′	0.672	0.740	0.908	1.101	45′
20′	0.673	0.739	0.911	1.098	40′
25′	0.675	0.738	0.914	1.095	35′
30′	0.676	0.737	0.916	1.091	30′
35′	0.677	0.736	0.919	1.088	25′
40′	0.678	0.735	0.922	1.085	20′
45′	0.679	0.734	0.924	1.082	15′
50′	0.680	0.733	0.927	1.079	10′
55′	0.681	0.732	0.930	1.076	05′
60′	0.682	0.731	0.933	1.072	47°00′

角度	正弦 sin	余弦 cos	正切 tan	余切 cot	角度
43°00′	0.682	0.731	0.933	1.072	60′
05′	0.683	0.730	0.935	1.069	55′
10′	0.684	0.729	0.938	1.066	50′
15′	0.685	0.728	0.941	1.063	45′
20′	0.686	0.727	0.943	1.060	40′
25′	0.687	0.726	0.946	1.057	35′
30′	0.688	0.725	0.949	1.054	30′
35′	0.689	0.724	0.952	1.051	25′
40′	0.690	0.723	0.955	1.048	20′
45′	0.692	0.722	0.957	1.045	15′
50′	0.693	0.721	0.960	1.042	10′
55′	0.694	0.720	0.963	1.039	05′
60′	0.695	0.719	0.966	1.036	46°00′
44°00′	0.695	0.719	0.966	1.036	60′
05′	0.696	0.718	0.969	1.033	55′
10′	0.697	0.717	0.971	1.030	50′
15′	0.698	0.716	0.974	1.027	45′
20′	0.699	0.715	0.977	1.024	40′
25′	0.700	0.714	0.980	1.021	35′
30′	0.701	0.713	0.983	1.018	30′
35′	0.702	0.712	0.986	1.015	25′
40′	0.703	0.711	0.988	1.012	20′
45′	0.704	0.710	0.991	1.009	15′
50′	0.705	0.709	0.994	1.006	10′
55′	0.706	0.708	0.997	1.003	05′
60′	0.707	0.707	1.000	1.000	45°00′

$$\sin A = \frac{a}{c} = \cos B$$

$$\cos A = \frac{b}{c} = \sin B$$

$$\tan A = \frac{a}{b} = \cot B$$

$$\cot A = \frac{b}{a} = \tan B$$

答案（参考）

第一章　车床及其使用

一、选择题

1.（2）；（3）；（1）　**2.**（2）　**3.**（2）；（3）；（1）　**4.**（2）　**5.**（2）　**6.**（3）　**7.**（2）；（4）；（3）；（1）　**8.**（3）　**9.**（3）；（1）；（2）

二、计算题

324 r/min

三、问答题

1. 宝塔轮车床没有主轴箱、进给箱、光杠和操纵杆，主轴在一组宝塔带轮中。现代车床就有上述几个部分　**2.** 应用丝杠传动　**3.** 手柄 1 操纵闸瓦手柄；手柄 2 操纵自动纵横进给；手柄 3 操纵起落蜗杆；手柄 4 操纵滑移齿轮　**4.** 手柄 2 向右拉，通过杆 1 和拨叉 3 使滑移齿轮 4 向右移动　**5.** 13 页　**6.** 13 页　**7.** 15 页

第二章　工具、夹具和量具

一、选择题

1.（1）；（3）　**2.**（3）；（2）　**3.**（2）；（3）　**4.**（5）；（1）；（2）、（3）；（1）；（3）　**5.**（1）；（3）；（2）；（2）　**6.**（2）、（4）、（5）、（6）、（8）　**7.**（2）　**8.**（1）、（2）、（3）；（2）　**9.**（3）　**10.**（4）、（1）、（2）；（1）、（2）　**11.**（2）、（3）；（2）　**12.**（2）；（1）　**13.**（2）　**14.**（4）；（1）、（3）　**15.**（2）；（3）　**16.**（1）；（4）

二、计算题

1. 1 英寸 = 25.4 mm。$\frac{9}{16}$（in）= 14.29 mm；$\frac{13}{32}$（in）= 10.32 mm；$1\frac{1}{64}$(in)=25.8 mm　**2.** 1 mm=0.039 37(in)；5 mm=0.196 0(in)；16 mm=

0.63(in)；35 mm=1.378(in)

三、问答题

1. 见答图 2-1 **2.** 见答图 2-2 **3.** 见答图 2-3 **4.** 见答图 2-4 **5.** 见答图 2-5 **6.** 测量轴的径向圆跳动、轴向圆跳动、端面跳动、圆度、平行度、孔径等 **7.** 测量零件的角度、求圆心、量高度等 **8.** 35 页 **9.** 14、15 页

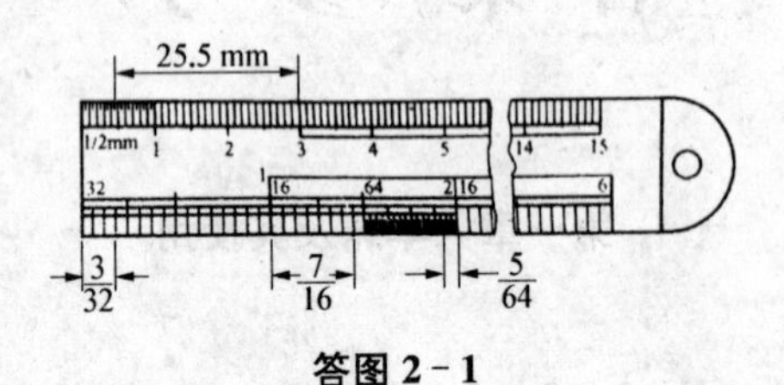

答图 2-1

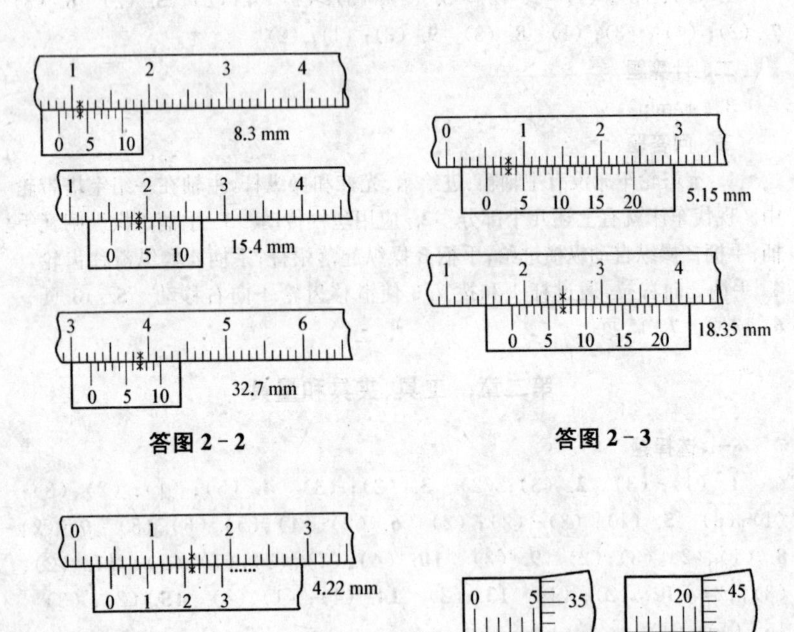

答图 2-2

答图 2-3

答图 2-4

答图 2-5

第三章 车刀与切削

一、选择题

1. (1);(2) **2.** (2) **3.** (1);(2) **4.** (3);(1) **5.** (3) **6.** (2) **7.** (2) **8.** (1) **9.** (1) **10.** (3) **11.** (1);(1) **12.** (3)

二、计算题

1. 39 m/min **2.** 64 r/min

三、问答题

1. 39 页 **2.** 高速钢的硬度用 HRC 表示;硬质合金的硬度用 HRA 表示。$HRA=\frac{HRC}{2}+52$ **3.** W 为钨元素;18 为钨的平均质量分数(%);Cr 为铬元素;4 为铬的平均质量分数(%);V 为钒元素,其含量为 0.10%~0.25% **4.** 指槽的宽度 **5.** 略 **6.** 见本书表 3-6 **7.** 可能变化,也可能不变化。如果前面(或卷屑槽)前后一样深浅,即与基面平行,则主切削刃上的各点前角处处相等。如果不是这样(卷屑槽有深浅),那么就处处不相等 **8.** 刃磨高速钢车刀,用氧化铝砂轮;刃磨硬质合金刀片,用绿色碳化硅砂轮 **9.** 60 页 **10.** 刃磨高速钢车刀时应加冷却液,并且要有足够量,不要断断续续;刃磨硬质合金刀片时,一般不用加冷却液。当然也可以加,但必须连续加,不能间断,否则会使刀片碎裂

第四章 轴类零件的车削方法

一、选择题

1. (3) **2.** (2) **3.** (1);(2) **4.** (2);(1);(3) **5.** (1) **6.** (1) **7.** (1);(3) **8.** (2) **9.** (2) **10.** (3) **11.** (1);(3)

二、问答题

1. 轴有光滑轴、阶台轴和带有螺纹的轴。轴由圆柱表面、端面、沟槽、阶台和倒角等组成 **2.** 66 页 **3.** 66 页 **4.** 能车外圆、端面、倒角,但不能车阶台 **5.** 不用焊接方法,不会因焊接而使刀片产生裂纹,并保持刀片原有的性能;刀片磨损后可以再刃磨或调换一片,节省刀杆材料 **6.** 刀头伸出过长,切削时易产生振动,并使工件表面有振痕,刀刃崩坏;刀头伸长过端,切削时不方便 **7.** 74 页 **8.** 因为铸铁外皮很硬,并有型砂,容易磨损车刀。倒角后,在精车时,刀尖不会再遇到外皮和型砂了 **9.** 一般先车直径大的一端,这样可以保证轴的车削过程的刚度 **10.** 78~79 页 **11.** 车削步骤见下图(答图 4-1):

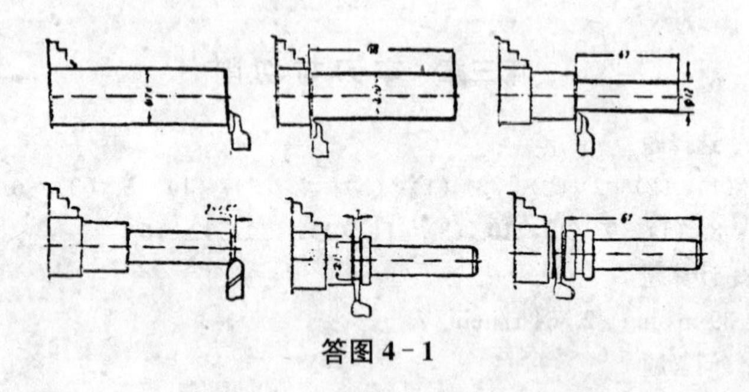

答图 4－1

第五章　套类零件的车削方法

一、选择题

1.（2）　**2.**（1）、（3）　**3.**（1）　**4.**（3）　**5.**（2）　**6.**（2）　**7.**（1）　**8.**（2）　**9.**（2）；（2）；（4）　**10.**（1）；（4）

二、计算题

1. 7.85 m/min　**2.** 17.32 mm

三、问答题

1. 要求内外圆同轴线，这样零件安装在轴上径向跳动小；内孔与端面垂直，这样零件在轴上时摆动很小；表面粗糙度要求高，这样的零件使用寿命长，加工时又准确　**2.** 锋角 2φ 等于 118°，且两钻刃对称；横刃斜角 ψ55°，使其有一定后角；刃磨后的麻花钻不能有烧伤　**3.** 97 页　**4.** 扁钻的主要角度见下图：　**5.** 95 页　**6.** 88 页、99 页　**7.** 101 页

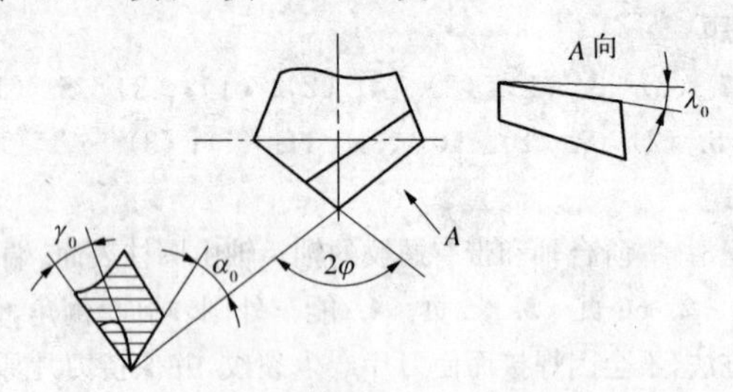

答图 5－1

第六章　角度类零件的车削方法

一、选择题

1.（2）；（1）　**2.**（2）　**3.**（2）　**4.**（2）；（1）　**5.**（2）；（4）；（5）　**6.**（3）

7. (2)；(1)

二、计算题

1. $\alpha=2°52'$；$C=1:20=\frac{1}{20}$　**2.** $d=32$ mm　**3.** $D=34.5$ mm　**4.** 车右斜面时，横滑板向顺时针方向转 20°；车左斜面时，斜滑板在 20°基础上再向顺时针方向转过 140°，这样共转过 160°　**5.** 5 mm

三、问答题

1. 从计算公式中可以看出：$S=\frac{L_1}{2}\times\frac{D-d}{L}$，因 $L_1=L$，所以 $S=\frac{D-d}{2}$。所以公式就简单了　**2.** 这要看角度零件的长度和角度大小来定的。例如较长的圆锥轴它的角度不可能太大，所以只能偏移尾座方法车削。角度较大的齿轮坯，它不可能用偏移尾座方法车削，因为尾座偏移量有限，所以只能用转动斜滑板车削　**3.** 113 页　**4.** 124 页

第七章　螺纹类零件的车削方法

一、选择题

1. (4)；(2)　**2.** (2)；(4)；(5)；(3)　**3.** (1)　**4.** (3)　**5.** (2)　**6.** (1)　**7.** (2)　**8.** (1)、(2)　**9.** (3)　**10.** (2)

二、计算题

1. $d_1=20.752$ mm；$d_2=22.051$ mm；$d=24$ mm；$p=3$ mm　**2.** $d_3=18.5$ mm；$d_2=21.5$ mm；$h_3=2.75$ mm；$d=24$ mm；$P=5$ mm　**3.** $i=\frac{0.75}{6}=\frac{3}{24}=\frac{1}{2}\times\frac{3}{12}=\frac{50}{100}\times\frac{30}{120}=\frac{40}{80}\times\frac{30}{120}=\cdots$　**4.** $i=\frac{127}{6\times10\times5}=\frac{127}{300}=\frac{1\times127}{3\times100}=\frac{40}{120}\times\frac{127}{100}$　**5.** $i=\frac{22}{7}\times\frac{2.5}{6}=\frac{55}{35}\times\frac{50}{60}$　**6.** $i=\frac{4\times3\times5}{127}=\frac{60}{127}$　**7.** $i=\frac{4}{24}=\frac{20}{120}$　**8.** 铭牌上选 2 位置，$i_{原}=\frac{35}{120}$　$i_{新}=\frac{2.4}{2}\times\frac{35}{120}=\frac{72}{60}\times\frac{35}{120}$　手柄 1 放在Ⅲ位置上，手柄 2 放在 8 位置上　**9.** 铭牌上选每英寸 4 牙位置，$i_{原}=\frac{60}{45}\times\frac{50}{63}$　$i_{新}=\frac{4}{2}\times\frac{60}{45}\times\frac{50}{63}=\frac{120}{45}\times\frac{50}{63}$　手柄 1 放在Ⅱ位置上，手柄 2 放在 1 位置上　**10.** 铭牌上选螺距 3 位置，$i_{原}=\frac{48}{96}\times\frac{45}{90}$　$i_{新}=\frac{22}{7}\times\frac{3}{3}\times\frac{48}{96}\times\frac{45}{90}=\frac{22}{7}\times\frac{1}{4}=\frac{11}{7}\times\frac{1}{2}=\frac{44}{7}\times\frac{1}{8}=\frac{44}{70}\times\frac{10}{8}=\frac{44}{70}\times\frac{45}{36}$　手柄 1 放在Ⅱ位置，手柄 2 放在

3位置

三、问答题

1. 不对。应该说不能有刃倾角。见本书第146页 **2.** 梯形螺纹的牙型角为30°,螺纹牙型高度为0.5P+间隙,用螺距表示大小;蜗杆螺纹的牙型角为40°,牙型高度为2.2 m,用模数表示大小 **3.** 149页 **4.** 可以车削。只要按有进给箱车床的交换齿轮计算方法计算交换齿轮和变换手柄位置 **5.** 可以车削。方法与上题相同 **6.** 不一定。有时牙型角是60°,但螺纹牙向一个方向倾斜,即牙型半角不对称,当然是不合格,所以安装螺纹车刀时,刀尖角必须与工件轴线垂直 **7.** 167页 **8.** 导程=螺距×线数,单线螺纹的导程等于螺距。车多线螺纹时应按导程计算交换齿轮 **9.** 可以。例如梯形螺纹也可以用三针测量

第八章 特殊形状零件的加工方法

一、计算题

1. 27.7 mm **2.** 两飞刀之间的距离为28.83 mm,刀盘转动角度为16°05′ **3.** 飞刀伸出9.125 mm **4.** (a) 2.94 mm;(b) 12.57 mm **5.** 刀盘倾斜25°50′ **6.** 斜滑板转过9°35′

二、问答题

1. 见答图8-1 **2.** 见答图8-2

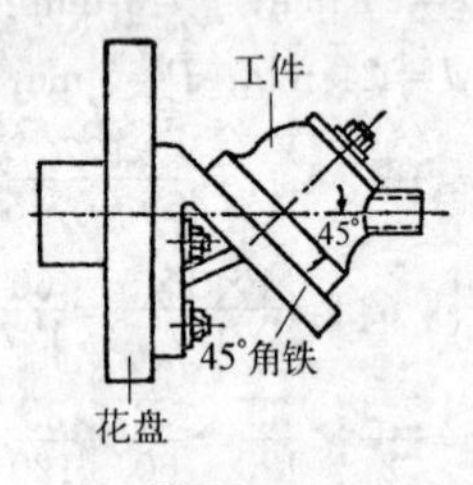

答图8-1

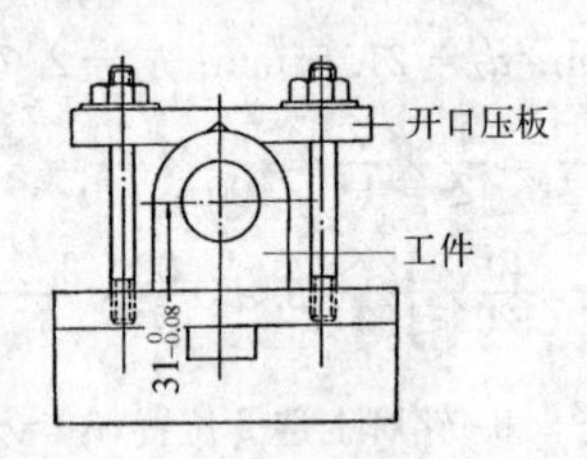

答图8-2